Robot Operating System

嵌入式系统原理及移动机器人控制技术

谢明山 贾 伟 邓艳芳 编著

重庆大学出版社

内容提要

本书将嵌入式系统开发与移动机器人技术有机的结合起来,主要讲述基于 STM32F407 的嵌入式原理及移动机器人控制技术,主要内容包括嵌入式系统原理(ARM Cortex-M4 处理器工作原理、STM32F407 的定时中断原理、STM32F407 的短距离通信原理、STM32F407 数模转换)、移动机器人控制技术(常见传感器、PID 控制、常见电机的控制、平衡机器人控制技术)。本书为通信工程国家一流学科资助教材,是一本讲述嵌入式技术与移动机器人开发技术的教学参考书,可供电子、通信、自动化、计算机、机械工程等学科有关教师、本科生和科技人员教学、自学或进修之用,也可以供机器人爱好者及研究人员参考。

图书在版编目(CIP)数据

嵌入式系统原理及移动机器人控制技术/ 谢明山,
贾伟,邓艳芳编著. --重庆:重庆大学出版社,2023.11
ISBN 978-7-5689-4275-1

Ⅰ.①嵌… Ⅱ.①谢… ②贾… ③邓… Ⅲ.①微型计
算机—应用—移动式机器人—机器人控制—研究 Ⅳ.①TP242

中国国家版本馆 CIP 数据核字(2023)第 236311 号

嵌入式系统原理及移动机器人控制技术

谢明山 贾 伟 邓艳芳 编著
策划编辑:杨粮菊
责任编辑:谭 敏 版式设计:杨粮菊
责任校对:谢 芳 责任印制:张 策

*

重庆大学出版社出版发行
出版人:陈晓阳
社址:重庆市沙坪坝区大学城西路 21 号
邮编:401331
电话:(023)88617190 88617185(中小学)
传真:(023)88617186 88617166
网址:http://www.cqup.com.cn
邮箱:fxk@cqup.com.cn(营销中心)
全国新华书店经销
重庆升光电力印务有限公司印刷

*

开本:787mm×1092mm 1/16 印张:17.5 字数:440 千
2023 年 11 月第 1 版 2023 年 11 月第 1 次印刷
印数:1—1 500
ISBN 978-7-5689-4275-1 定价:49.00 元

前　言

随着人工智能及物联网技术的发展,32 位微控制器在移动通信、通信终端、机器人控制、工业控制、智慧家居控制、车联网、智能交通等领域得到了广泛应用。嵌入式系统作为诸多产业研究的基础,已经成为信息时代开发人员必备的知识。如何将这些知识通俗易懂地介绍给学生,是我们一直思考的问题,尽管作者从事多年的嵌入式系统研究与教学工作,但编写深入浅出、易于学习和便于理解的著作对于我们来说仍然是挑战。在多年教学经验的基础上,参考了国内同行教材和著作,我们开始尝试《嵌入式系统原理及移动机器人控制技术》的编写。

本书针对各高校电子信息类专业本科生教学编写而成,也可以作为研究生及嵌入式开发人员的参考用书。本书以嵌入式系统原理为主线,介绍了基于 STM32F4xx 系列微控制器的系统硬件设计、软件设计,并结合移动机器人的相关知识,介绍了 STM32F4xx 系列微控制器在移动机器人开发方面的应用。本书具有以下几个特色:

(1)严格遵循了循序渐进、赛学结合、以赛促学的原则。以基础为导向和综合应用的编写原则,介绍了嵌入式系统硬件构成,嵌入式软件开发方法,嵌入式操作系统的基础知识,并结合移动机器人介绍了嵌入式技术的应用。

(2)突出基础性原则。本书围绕基于 STM32F4xx 系列微控制器的小型机器人嵌入式硬件系统和软件集成设计展开,学生在掌握了 8 位单片机和 C 语言编程的基础上,拓展学习 32 位微处理器的嵌入式机器人应用系统,进一步提升了机器人应用集成系统的设计能力。

(3)循序渐进,案例丰富。在介绍 STM32F4xx 系列微控制器的同时,也介绍了 ARM 其他系列的微处理器的基础知识,所阐述的设计方法也适用于其他系列的 32 位处理器,并介绍了 ARM 处理器的汇编指令。将机器人作为综合设计的教学实践案例,讲授软件编程,嵌入式系统、智能控制、图像识别及人工智能等专业知识,非常容易激发学生的学习兴趣和学习热情。

本书由谢明山、贾伟、邓艳芳编著,其中贾伟负责第 1—3 章的编写,邓艳芳负责第 4—8 章的编写,谢明山负责第 9 章、第 11 章第 12 章的编写并负责全书的统稿和审核;王蓓、谭伟杰两位老师也参与了本书的审稿。左峰云、李家成、刘峻瑜、李黔黔、罗浩东等参与了本书的程序调试工作,在此一并表示感谢。

本书在编写过程中,编者参考了很多相关资料,并在参考文献中对资料名称、出处做了备注或引用,相关文字、图片的著作权、商标权均属于原作者。

鉴于作者水平有限,尽管做了很多努力,书中难免存在不妥之处,望广大读者给予批评指正,谢谢!

编　者

2023 年夏于贵阳

目　录

第 1 章
嵌入式系统概述

本章学习要点：

1. 掌握嵌入式系统的基本概念；
2. 熟悉嵌入式系统的基本组成；
3. 掌握嵌入式系统的基本设计方法；
4. 了解 STM32 系列微处理器的发展。

21 世纪是大数据、人工智能的大发展时期，计算机系统作为 20 世纪最伟大的发明之一，在 21 世纪得到了极大的普及，计算机系统也向着小型化方向发展。嵌入式系统便是专用的计算机系统，是应用最广泛的专用计算机系统之一，在手机、掌上电脑、智能玩具、工业控制、汽车电子系统、航空航天智能系统等领域，其应用无处不在。

本章主要阐述嵌入式系统的基本定义、嵌入式系统组成、嵌入式微处理器、嵌入式操作系统及嵌入式系统的发展趋势。

1.1 嵌入式系统概念

嵌入式系统是电子系统，也是专用计算机系统，其概念本身比较模糊。但嵌入式系统已经渗透人们生活的每个角落，生活中的嵌入式系统，如图 1.1 所示。嵌入式系统在工业、服务业、消费电子等领域都有应用，而正是这种广泛的应用，使得"嵌入式系统"的概念更加难以明确定义。比如：一台机器人系统是否可以称为嵌入式系统？答案是肯定的。另外，一个工业自动化控制系统可以被称为嵌入式系统吗？当然可以，工业控制是嵌入式系统技术的一个典型应用领域。

电子数字计算机诞生于 1946 年，在其后漫长的历史进程中，计算机很长一段时间是存放于机房的大型设备。直到 20 世纪 70 年代单片机的出现，计算机才出现了历史性的变化，以单片机为核心的微型计算机以其小型、价廉、高可靠性等特点，迅速走出机房。在汽车、家电、工业机器、通信装置以及成千上万种产品中，可以通过内嵌电子装置来获得更佳的使用性能：更容易使用、更快、更便宜、更智能。这些装置已经初步具备了嵌入式的应用特点，但是由于此时单片机是 8 位芯片，仅执行一些单线程的程序，还谈不上"系统"的概念。

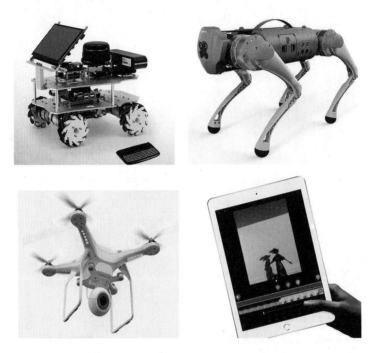

图1.1　生活中的嵌入式系统

嵌入式系统诞生于微型机时代,嵌入式系统的嵌入性本质是将一台计算机嵌入一个对象体系中,从而实现对象的智能化控制,因此,它有着与通用计算机系统完全不同的技术要求与技术发展方向。通用计算机系统的技术要求是高速、海量的数值计算;技术发展方向是总线速度的无限提升,存储容量的无限扩大。而嵌入式计算机系统的技术要求则是对象的智能化控制能力;技术发展方向是与对象系统密切相关的嵌入性能、控制能力与控制的可靠性。

从20世纪80年代开始,嵌入式系统的程序员开始用商业级的操作系统编写嵌入式应用软件,以获取更短的开发周期,更低的开发资金和更高的开发效率,才真正出现了嵌入式系统,但此时的嵌入式操作系统只是一个实时核,它包括了操作系统的任务管理、任务间通信、同步与相互排斥、中断支持、内存管理等机制,如 VRTX,VxWorks,QNX 等。这些嵌入式操作系统都具有嵌入式的典型特点:它们均采用占先式的调度,强调实时性;系统内核小,具有可裁剪性、可扩充和可移植性。20世纪90年代以后,随着嵌入式系统对实时性要求的提高,嵌入式操作系统逐渐发展为实时多任务操作系统(Real Time multi-tasking Operation System,RTOS),并作为一种软件平台逐步成为国际嵌入式系统的主流。这时出现了大量的嵌入式操作系统,如 PalmOS,WinCE、嵌入式 Linux,Lynx,Nucleux 等。

国内嵌入式领域对嵌入式的定义为:嵌入式系统是以应用为中心,以计算机技术为基础,并且软硬件可裁剪,适用于应用系统对功能、可靠性、成本、体积、功耗有严格要求的专用计算机系统。嵌入式系统是由嵌入式硬件和嵌入式软件紧密耦合在一起的系统,其硬件包括微处理器、存储器、各种外设、I/O 控制端口等(微处理器是嵌入式硬件的核心,通常有8位、16位、32位微控制器);软件包括嵌入式操作系统和应用程序。嵌入式系统的组成如图1.2所示。

电气与电子工程师协会(IEEE)对嵌入式系统的定义为:嵌入式系统是控制、监视或者辅助设备、机器和车间运行的装置。这表明嵌入式系统具有嵌入性、专用性和智能性。概括起

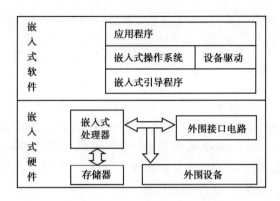

图 1.2　嵌入式系统的组成

来,嵌入式系统具有以下 5 个特点:

①嵌入式系统是面向特定对象的系统,其设计和开发只需要满足特定环境和系统要求,如小型化、结构紧凑、成本低廉等;不追求通用性和高速度。换句话说,嵌入式系统通常需要与某些特定的应用领域紧密结合。

②嵌入式系统是先进计算机技术、电子技术、半导体技术与具体应用结合的产物,其设计开发必须将硬件技术和软件技术相结合,应用开发和行业特点相结合。

③嵌入式系统的硬件和软件都必须具有较高的效率,量体裁衣,在相同资源条件下实现更高的性能,追求性价比的极大化。

④嵌入式系统将计算机系统的底层技术与特定行业特点或特定行业领域融为一体,这使得嵌入式系统的产品生命周期一般比计算机系统更长。

⑤嵌入式系统的软件大多都固化在非易失的存储器中,而不是存储在磁盘中,这大大提高了系统的执行速度和可靠性。

1.2　嵌入式微处理器

嵌入式微处理器是由通用计算机中的 CPU 演变而来的,是嵌入式系统的心脏,与计算机处理器不同的是它只保留和嵌入式应用紧密相关的功能硬件,去除其他的冗余功能部分,配上必要的扩展外围电路,如存储器的扩展电路、I/O 的扩展电路和一些专用的接口电路等,这样就可以以最低的功耗和资源满足嵌入式应用的特殊要求。嵌入式微处理器一般具备以下 4 个特点:

①对实时、多任务有强大的支持能力,能完成多任务并且有较短的中断响应时间,从而使内部的代码和实时内核心的执行时间降到最低限度。

②具有功能很强的存储区保护功能。这是由于嵌入式系统的软件结构已模块化,而为了避免在软件模块之间出现错误的交叉作用,需要设计出强大的存储区保护功能,同时也有利于软件诊断。

③可扩展的处理器结构,以能最迅速地开发出满足应用的最高性能的嵌入式微处理器。

④嵌入式微处理器必须功耗很低,尤其是用于便携式无线及移动通信设备中靠电池供电的嵌入式系统更是如此,如需要功耗只有 mW 甚至 μW 级。

常见的嵌入式微处理器主要有 ARM 系列处理器、DSP56300 系列处理器、TMS320 系列处理器、龙芯系列处理器等。

1.2.1　ARM 微处理器

ARM(Advanced RISC Machines)既是一家公司的名称,又是一类微处理器的通称,也是一种技术的名称。ARM 公司是微处理器行业的知名企业,设计了大量高性能、价廉、低功耗的 RISC(Reduced Instruction Set Computer,精简指令集计算机)芯片,并开发了相关技术和软件。ARM 处理器具有高性能、低成本和低功耗的特点,广泛应用于嵌入式系统。

ARM 的设计实现了小体积、高性能的结构。由于使用精简指令,使得 ARM 处理器的内核非常小,功耗也非常低。ARM 体系结构的主要特点如下:

①统一和固定长度的指令域,简化了指令的译码。

②简单的寻址模式(只有 2~3 种),所有加载/存储的地址只由寄存器的内容和指令域确定。

③使用单周期指令,便于流水线操作。

④数据的处理只对寄存器操作,而不直接对存储器操作,提高了指令执行的效率。

⑤在一条数据处理指令中同时完成算术逻辑处理和移位器处理,实现对 ALU 和移位器的最大利用。

⑥自动地址增减寻址模式实现了程序循环优化。

⑦对寄存器加载和存储指令实现了最大数据吞吐量。

⑧所有指令的条件执行实现了程序快速跳转。

目前,ARM 公司前期推出的 ARM 处理器主要有 6 个产品系列,即 ARM7,ARM9,ARM9E,ARM10E,ARM11 和 SecurCore,但 ARM 公司将经典处理器 ARM11 之后的产品命名为 Cortex,并分成 A,R 和 M 3类,旨在为各种不同的市场提供服务。其中,ARM Cortex-A 系列是基于 v7A 的面向复杂应用的处理器核,ARM Cortex-R 系列是基于 v7R 的面向实时应用的处理器核,ARM Cortex-M 系列是基于 v7M 的面向低成本的微控制核。ARM 系列处理器内核特征比较如图 1.3 所示。

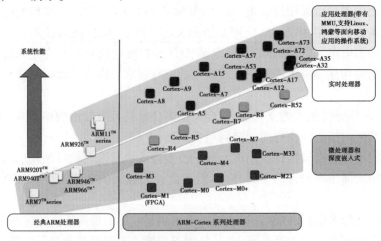

图 1.3　ARM 系列处理器内核特征比较

1.2.2　其他类型的嵌入式微处理器

尽管 ARM 内核的嵌入式微处理器占据了约 80% 的嵌入式系统的市场份额,但嵌入式系统的特点决定了需要多样化的处理器来满足不同用户的需求。除了 ARM 微处理器,还有其他类型的嵌入式微处理器用于不同的领域。在嵌入式系统的发展进程中,它们与 ARM 处理器相互借鉴,取长补短,形成了鲜明的个性和特点。

1)MIPS 嵌入式微处理器

MIPS(Microprocessor without Interlocked Pipelined Stages)是指无内部互锁流水级的微处理器,其机制是利用软件方法来避免流水线中的数据处理问题。MIPS 既是处理器架构的名称,也是开发该处理器公司的名称。例如,中国龙芯处理器采用的就是基于 64 位 MIPS 指令架构。

2)DSP 系列微处理器

DSP 处理器对系统结构和指令进行了特殊设计,使其适合于执行 DSP 算法,编译效率较高,指令执行速度也较高。DSP 处理器主要用于数字滤波、FFT、谱分析、信号处理等方面。

嵌入式 DSP 处理器比较有代表性的产品是 Texas Instruments 的 TMS320 系列和 Motorola 的 DSP56000 系列。TMS320 系列处理器包括用于控制的 C2000 系列,移动通信的 C5000 系列,以及性能更高的 C6000 和 C8000 系列。DSP56000 目前已经发展成为 DSP56000,DSP56100,DSP56200 和 DSP56300 等几个不同系列的处理器。另外 PHILIPS 公司近年也推出了基于可重置嵌入式 DSP 结构低成本、低功耗技术上制造的 R. E. A. L 系列 DSP 处理器,特点是具备双 Harvard 结构和双乘/累加单元,应用目标是大批量消费类产品。

3)嵌入式片上系统(SoC)

SoC 追求产品系统最大包容的集成器件,是目前嵌入式应用领域的热门话题之一。SoC 最大的特点是成功实现了软硬件无缝结合,直接在处理器片内嵌入操作系统的代码模块。而且 SoC 具有极高的综合性,在一个硅片内部运用 VHDL 等硬件描述语言,实现一个复杂的系统。用户不需要再像传统的系统设计一样,绘制庞大复杂的电路板,一点点地连接焊制,只需要使用精确的语言,综合时序设计直接在器件库中调用各种通用处理器的标准,然后通过仿真之后就可以直接交付芯片厂商进行生产。由于绝大部分系统构件都是在系统内部,整个系统就特别简洁,不仅减小了系统的体积和功耗,而且提高了系统的可靠性和设计生产效率。

由于 SoC 往往是专用的,所以大部分都不为用户所知,比较典型的 SoC 产品是 PHILIPS 的 Smart XA。少数通用系列如 Siemens 的 TriCore,Motorola 的 M-Core,某些 ARM 系列器件,Echelon 和 Motorola 联合研制的 Neuron 芯片等。

4)龙芯系列微处理器

龙芯系列微处理器是中国科学院计算所自主研发的处理器,采用自主 LoongISA 指令系统,兼容 MIPS 指令。2002 年 8 月 10 日诞生的"龙芯一号"是我国首枚拥有自主知识产权的通用高性能微处理芯片。龙芯从 2001 年至今共开发了 1 号、2 号、3 号共 3 个系列处理器和龙芯桥片系列,在政企、安全、金融、能源等应用场景得到了广泛的应用。龙芯 1 号系列为 32 位低功耗、低成本处理器,主要面向低端嵌入式和专用应用领域;龙芯 2 号系列为 64 位低功耗单核或双核系列处理器,主要面向工控和终端等领域;龙芯 3 号系列为 64 位多核系列处理器,主要面向桌面和服务器等领域。

1.2.3　嵌入式微处理器的选型

嵌入式系统主要由嵌入式微处理器、硬件电路、嵌入式操作系统及应用软件等组成,嵌入式微处理器的选择是核心,要考虑很多因素,包括硬件接口、操作系统、配套的开发工具、仿真器、技术支持、应用领域、用户的需求、成本、开发的难易程度等因素。选择微处理器应主要从以下几个方面考虑。

1)应用领域

对于嵌入式系统,性能一旦定制下来,其所在的应用领域也随之确定。应用领域的确定可以缩小选型的范围,例如,工业控制领域产品的工作条件通常比较苛刻,因此对芯片的工作温度通常是宽温的,这样就得选择工业级的芯片,民用级的芯片就被排除在外。目前,比较常见的应用领域有航天航空、通信、计算机、工业控制、医疗系统、消费电子、汽车电子等。

2)微处理器性能

①芯片内核:嵌入式处理器芯片都是以某一内核为基础设计的,因此离不开内核的基本功能,这些基本功能决定了实现嵌入式系统最终目标的性能。因此嵌入式处理器的选择的首要任务是考虑基于什么架构的内核。对内核的选择取决于许多性能要求,如对指令流水线的要求、指令集的要求、最高时钟频率限制、最低功耗以及低成本要求等。如果使用 Windows CE或嵌入式 Linux 作为操作系统,则应选择具有 MMU(Memory Management Unit)的处理器芯片,因为这两个操作系统需要 MMU 的支持。如果使用 uClinux 或 RT-Linux 作为操作系统,则应选择没有 MMU 的微处理器芯片,因为这两个操作系统是专门针对无 MMU 的处理器设计的。

②系统时钟:芯片的处理速度与系统时钟相关,时钟系统影响外部总线的速度和外围设备的速度,因此系统时钟选择极为关键,不同的芯片对时钟的处理不同,有的芯片只有一个主时钟,这种芯片不能同时兼顾处理器时钟和外设时钟。有的芯片提供几个时钟,如处理器时钟、外部总线时钟、低速外设时钟(如 UART)和高速外设时钟(如 USB)等。

③存储器:很多微处理器芯片内部存储器的容量都不是很大,核心板一般都有外扩存储器。板上存储器的大小是需要考虑的因素之一,包括内置 Flash 和 SRAM 的大小,要估计一下程序量和数据量,以选取合适的核心板。

④片上中断定时器:定时器和中断是选择芯片的重要参考因素,合理的外部中断可以提升系统的实时特性。ARM 处理器一般带有很多定时器,都可以通过软件方式产生中断,比如:可以通过软件方式配置成上升沿触发、下降沿触发、高电平触发、低电平触发多种中断方式。

⑤扩展接口:接口的多少决定了系统外接资源的多少,大部分微处理器都带有 I^2C、SPI、USB 等常见接口。

⑥算法处理能力:微处理器的算法是嵌入式系统确保系统实现性能目标的一个关键因素,随着 AI 技术的发展,嵌入式系统对算法处理的要求越来越高,要求能够运行诸如深度学习算法的处理器。

⑦功耗:单看"功耗"是一个较为抽象的名词。低功耗的产品既节能又节材,甚至可以减少环境污染,还能增加可靠性,它有如此多的优点,因此低功耗也成了芯片选型时的一个重要指标。

3）微处理器的内置外设及其接口

①GPIO 引脚：如果系统复杂，则应选择 GPIO 多的芯片。但值得注意的是，不能光看芯片资料中 I/O 的总数，在很多芯片中，I/O 引脚与其他内置外设复用，所以在设计中要仔细计算实际可用的 I/O 数量。

②DMA 控制器：许多微处理器集成有 DMA（Direct Memory Access）控制器，用于和外设（如网络、IDE 等）进行高速通信，以减少数据交换占用的 CPU 时间。

③串行总线接口：许多微处理器具有多种串行总线接口（如 SPI，I^2C，I^2S，UART，IrDA），这些接口引脚连线少、使用简单、操作方便，很受开发者的欢迎。如果嵌入式系统的外设具有串行总线设备，则应选择具有这些接口的芯片。例如，Cirrus Logic 公司的 EP9315 就具有 SPI，I^2S，UART 和 IrDA 接口。

④LCD 控制器：有些嵌入式处理器内置有 LCD 控制器，有的甚至内置 64 kB 的彩色 TFT LCD 控制器。在设计手持设备时，选用具有 LCD 控制器的芯片比较方便。例如，Samsung 公司的 S3C2410 和 Cirrus Logic 公司的 EP9315 都具有内置的 LCD 控制器。

⑤网络控制器：很多嵌入式处理器内置有网络控制器，如果打算利用网络接口进行通信，则应该选择具有网络接口的芯片。例如，Cirrus Logic 公司的 EP9315 就内置了 1/10/100 Mbps 的以太网控制器。

4）考虑封装形式

目前嵌入式处理器的封装主要有 QFP，TQFP，PQFP，LQFP，BGA，LBGA 等形式，BGA 封装芯片面积小，可以减少 PCB 板的面积，但是制作工艺要求严格，需要多层布线和专业的焊接设备。

1.3　嵌入式操作系统

嵌入式操作系统是一种用于嵌入式系统的专用操作系统，它是一种稳定性、兼容性好、安全可靠的软件模块的集合，是嵌入式系统的重要组成部分。嵌入式操作系统作为一种操作系统，因而具有操作系统通用的基本任务构成，内容包括存储器管理、设备管理、任务调度和管理、中断处理、多任务处理等操作系统任务。但嵌入式操作系统对代码强度、运行效率，代码大小、兼容性、可靠性等都有特殊需求。嵌入式操作系统与硬件的结合使用提高了嵌入式系统工作效率，并为应用程序的开发提供了极大的便利，同时也加快了嵌入式产品的开发周期。

嵌入式操作系统通常由硬件相关的底层驱动程序、系统内核、驱动程序接口、应用程序接口、通信协议、图形界面标准工具（如 MP4、手机）组成。与通用操作系统相比，嵌入式操作系统在系统实时性、硬件依赖性、软件固化性以及应用专用性方面具有突出特点。

1.3.1　嵌入式操作系统的特点

1）可裁剪性

嵌入式系统是软硬件可裁剪的系统，嵌入式操作系统需要提供可剪裁的内核和其他功能，即能够让用户根据自己的需要对操作系统进行配置，以"需"定"求"。

嵌入式系统的个性化很强，其中嵌入式操作系统的调度机制和硬件的结合非常紧密，一般要针对硬件进行系统的移植,即使在同一品牌、同一系列的产品中也需要根据系统硬件的变化和增减不断进行修改。同时针对不同的任务,往往需要对系统进行较大更改。

2)可移植性

由于嵌入式微处理器的种类繁多,每种处理器都有自己的应用领域,所以嵌入式操作系统要支持尽可能多的处理器,才能满足用户对硬件选择的灵活性。这对微处理器生产商、嵌入式操作系统开发商和用户来说都是一件好事。为了使操作系统具有可移植性,嵌入式操作系统在硬件支持方面通常采用硬件抽象层(Hardware Abstraction Layer,HAL)和板级支持包(Board Support Package,BSP)的结构设计方法。

3)高实时性

实时性是一些嵌入式系统的实现要求,嵌入式操作系统必须满足具体应用所需要的实时性要求。而且软件要求固态存储,以提高速度;软件代码要求高质量和高可靠性。

4)低资源占有性

由于嵌入式系统一般是应用于小型电子装置的,系统资源相对有限,所以内核较之传统的操作系统要小得多。

1.3.2 嵌入式操作系统分类

1)从应用角度分类

从应用角度来看,嵌入式操作系统可分为通用嵌入式操作系统和专用嵌入式操作系统。当使用通用嵌入式操作系统时,一般要经过重新定制以适应具体的硬件环境要求;而专用嵌入式操作系统是针对应用广泛、环境变化较小的嵌入式系统专门设计的,所以可以不经定制和裁减直接使用,或经少量配置即可应用。

常见的通用嵌入式操作系统有 VxWorks,Linux,Windows CE 等。常见的专用嵌入式操作系统有 Smartphone,Pocket PC,Andriod 等。

2)从实时性分类

嵌入式操作系统按实时性可分为以下两类:

①非实时性嵌入式操作系统。主要面向消费电子类产品,如个人数字助理(Personal Digital Assistant,PDA)、移动电话、电子书等。Smartphone 就是微软公司开发的面向手机应用的嵌入式操作系统。

②实时嵌入式操作系统。主要面向工业控制、通信等领域,如 WindRiver 公司的 Vx-Works。

实时嵌入式操作系统又可分为以下两类:

①可抢占式实时操作系统。内核可以抢占正在执行任务的 CPU 的使用权,并将使用权交给优先级更高的任务。可抢占式实时操作系统的实时性好,优先级高的任务可以先于优先级低的任务执行。VxWorks,Linux 和 Windows CE,NET 都是可抢占式实时操作系统,其中 VxWorks 是公认的实时性较好的嵌入式操作系统。

②不可抢占式实时操作系统。CPU 执行某个任务时不能被中断,直到 CPU 交出控制权才可执行下一个任务。显然这种系统的实时性与特定任务的执行时间有关。

1.3.3 常见嵌入式操作系统简介

1)VxWorks

VxWorks 是美国 WindRiver 公司设计开发的一种具有微内核的嵌入式实时操作系统

（Real Time Operating System，RTOS），具有高性能的内核,广泛的网络通信协议支持,良好的开发环境,高度的可裁剪性和开放式结构。VxWorks 以其良好的可靠性和卓越的实时性,在嵌入式操作系统领域占有重要地位,广泛应用于通信、军事、航空、航天等高精尖技术以及实时性要求极高的领域。

2）嵌入式 Linux

另一个重要的嵌入式操作系统是嵌入式 Linux。Linux 是源代码开放软件的先锋,从诞生至今,短短几十年,其发展速度、规模以及影响,却是任何一种操作系统不能比拟的。Linux 起源于 x86 框架的 PC 机开发,随着 Linux 的发展和不断完善,它已经能很好地支持 ARM,M68000,MIPS,PowerPC 等主流处理器架构,已成为嵌入式系统的主流操作系统之一。Linux 除了具有功能强大、高性能、稳定性好以及源代码开放的优势,其最大特点是 Linux 的内核具有非常良好的结构,此特点使得用户可根据系统需求,对内核进行配置和裁剪,这正好满足嵌入式应用中的多样性要求。此外,嵌入式 Linux 是在标准 Linux 的基础上针对嵌入式系统优化而成的,这使得它体积更小,运行更稳定。同时,Linux 是免费的,没有其他商业性嵌入式操作系统需要的许可费用。这也使它具有很强的市场竞争力,成为了主流的嵌入式操作系统。

3）uClinux

uClinux（micro-Control-Linux）是 Lineo 公司开发的源代码开放的操作系统,主要针对没有MMU（Memory Management Unit）的嵌入式微处理器而设计,是众多嵌入式 Linux 家族的重要成员。uClinux 继承了 Linux 的稳定性、移植性、实时性、网络功能、完备文件系统支持等优良特性。编译后的目标文件小于 1 MB,已成功地应用于许多嵌入式系统。

4）RT-Linux

RT-Linux（Real-Time Linux）是美国墨西哥理工学院开发的实时嵌入式 Linux 操作系统,与 uClinux 一样,RT-Linux 也是为没有 MMU 的嵌入式系统设计的。但 RT-Linux 的开发者并不是按实时嵌入式操作系统的特点重写 Linux 内核,而是增加了一个小巧的实时内核,并将标准 Linux 内核作为实时内核的一个进程,同其他进程一起调度。这样做的好处是既对 Linux 的改动最小,又充分继承了 Linux 下的丰富软件资源。

5）Windows CE

Windows CE（Windows Compact Edition）是微软公司开发的嵌入式操作系统,是 Win32 API 的一个子集,是一个全新的操作系统,而不是标准 Windows 系统的精简版本。支持 x86,ARM,MIPS 等近 200 种具有 MMU 的嵌入式处理器。Windows CE 提供了数百个功能模块,开发人员可根据系统需求选择自己需要的支持模块,从而达到功能裁剪的目的。Windows CE 是一个 32 位、多线程、多任务、可抢占式的实时操作系统,同时也是一个有限开放代码的嵌入式操作系统,其允许开发人员对这部分代码进行修改。

6）Android 系统

Android 系统是 Google 在 2007 年 11 月 5 日公布的基于 Linux 平台的开源智能手机操作系统名称,该平台由操作系统、中间件、用户界面和应用软件组成,号称首个为移动终端打造的真正开放和完整的移动软件。Android 运行于 Linux Kernel 之上,但并不是 GNU/Linux。Android 的 Linux Kernel 控制包括安全（Security）、存储器管理（Memory Management）、程序管理（Process Management）、网络堆栈（Network Stack）、驱动程序模型（Driver Model）等。Android 系统的主要特点有:良好的平台开放性、可以实现个性化应用设定和与 Google 应用的无缝结合。

7) Huawei LiteOS

Huawei LiteOS 是华为针对物联网领域推出的轻量级物联网操作系统,是华为物联网战略的重要组成部分,具备轻量级、低功耗、互联互通、组件丰富、快速开发等关键能力,基于物联网领域业务特征打造领域性技术栈,为开发者提供"一站式"完整软件平台,有效降低开发门槛、缩短开发周期,可广泛应用于可穿戴设备、智能家居、车联网、LPWA 等领域。

8) FreeRTOS

由于嵌入式实时操作系统需占用一定的系统资源(尤其是 RAM 资源),只有 μC/OS-Ⅱ、FreeRTOS 等少数实时操作系统能在小 RAM 单片机上运行。相对于 μC/OS-Ⅱ,embOS 等商业操作系统,FreeRTOS 操作系统是完全免费的操作系统,具有源码公开、可移植、可裁剪、调度策略灵活的特点,可以方便地移植到各种单片机上运行,其最新版本为 6.0 版。作为一个轻量级的操作系统,FreeRTOS 提供的功能包括任务管理、时间管理、信号量、消息队列、内存管理、记录功能等,可基本满足较小系统的需要。

1.4　嵌入式系统的设计流程

嵌入式系统本质上作为一种电子产品,其开发过程除满足普通电子产品的基本流程之外,还有一些特殊的开发步骤,由于嵌入式系统需要同时进行软件和硬件的开发,嵌入式系统的项目管理、系统设计、系统开发、系统测试和验证比传统电子系统开发更复杂,在开发过程中,首先要进行产品需求分析,选择适合的微处理器并设计硬件平台,同时要选择软件开发环境和开发工具集,开发过程中还需要硬件和软件调试、系统的验证和测试,直到完成系统开发。嵌入式系统的开发流程如图 1.4 所示。

1) 设计需求

嵌入式系统的典型特征是面向用户、面向产品、面向应用,市场应用是嵌入式开发的导向和前提,一个嵌入式系统的设计取决于系统的需求,这一阶段,需要考虑市场有什么需求,前沿的技术是什么;需要注意分析市场,产品生命周期,系统升级是否方便;需要分析利润与成本等。

2) 系统设计规格

在系统规格说明阶段,开发的任务是将所有的需求,细化成产品的具体规格,比如一个简单的 USB 转串口线,人们需要确定产品的规格,包括外观支持的操作系统,接口形式和支持的规范。在设计规格阶段,还需要考虑系统硬件接口、功耗、外观、防水、便携性、成本、系统性能参数的说明等。

3) 系统总体设计方案

人们需要针对系统复杂性,了解当前有哪些可行的方案,通过几个方案,包括从成本、性能、开发周期、开发难度、开发人力、风险及应对措施等方面进行考虑,最终选择一个最适合自己的产品总体设计方案。

4) 概要设计

概要设计主要是对总体设计方案的进一步细化,具体包括软件和硬件两个方面:

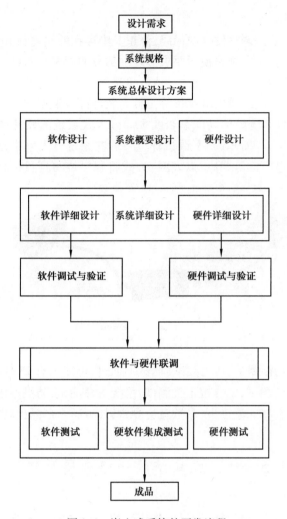

图 1.4　嵌入式系统的开发流程

①硬件模块概要设计,从硬件的角度出发,确认整个系统的架构,并按功能来划分各个模块,确定各个模块的大概实现。首先要根据产品功能进行 CPU 选型(注意:CPU 一旦确定,那么其周围硬件电路就要参考该 CPU 厂家提供的方案电路来设计)。然后再根据产品的功能需求选择芯片,比如是外接 AD 还是用片内 AD,采用什么样的通信方式,有什么外部接口,还有最重要的是要考虑电磁兼容。

②软件模块概要设计,主要依据系统的要求,将整个系统按功能进行模块划分,定义好各个功能模块之间的接口,以及模块内主要的数据结构等。

5)详细设计

硬件模块详细设计,主要是具体的电路图和一些具体要求,包括 PCB 和外壳相互设计,尺寸这些参数。这个阶段需要依据硬件模块详细设计文档的指导,完成整个硬件的设计。包括原理图、PCB 的绘制。软件模块详细设计包括功能函数接口定义、功能实现、数据结构、全局变量、完成任务时各个功能函数接口调用流程。在完成了软件模块详细设计后,就进入具体的编码阶段,在软件模块详细设计的指导下,完成整个系统的软件编码。

6）调试与验证

调试与验证阶段主要是调整硬件或代码,修正其中存在的问题和 BUG,使之能正常运行,并尽量使系统的功能达到需求规格说明要求。硬件部分的调试与验证包括:PCB 板是否存在短路,器件是否焊错,或漏焊接;测试电源对地电阻是否正常;上电测试电源是否正常;分模块调试硬件模块,可借助示波器、逻辑分析仪等工具。软件部分调试与验证包括:验证软件单个功能是否实现,验证软件系统整体功能是否实现。嵌入式系统的软件调试环境一般采用"主机—目标板"模式,如图 1.5 所示,开发调试环境一般在系统开发前搭建,通过交叉编译器生成可执行文件,然后通过串口(USB 或以太网)方式将程序烧写到目标板进行测试,也可以进行在线调试。

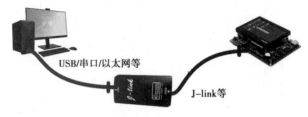

图 1.5　嵌入式系统调试环境

7）测试

常见的测试包括:功能测试、压力测试(测试不通过,可能是有 BUG 或哪里参数设计不合理)、性能测试、工业级的测试,如含抗干扰测试,系统寿命测试,防潮湿测试,高温和低温测试(有的设备电子元器件在特殊温度下,参数就会异常,导致整个产品出现故障或失灵现象)。

1.5　嵌入式系统的研究进展及应用

嵌入式系统是一种专用的计算机系统,作为装置或设备的一部分,通常嵌入式系统是一个控制程序存储在 ROM 中的嵌入式处理器控制板。事实上,所有带有数字接口的设备,如手表、微波炉、录像机、汽车等都使用嵌入式系统,有些嵌入式系统还包含操作系统,但大多数嵌入式系统都是由单个程序实现整个控制逻辑。

嵌入式技术近年来得到了飞速的发展,但是嵌入式产业涉及的领域非常广泛,彼此之间的特点也相当明显,如手机、PDA、车载导航、工控、军工、多媒体终端、网关、数字电视……

手机领域:以手机为代表的移动设备可谓是近年来发展最为迅猛的嵌入式行业之一,甚至针对手机软件开发,还曾经衍生出"泛嵌入式开发"这样的新词汇。一方面,手机得到了大规模普及;另一方面,手机的功能得到了飞速发展。三四年前的手机功能和价格与现在就不能同日而语。随着国内 5G、6G 时代到来,手机领域的软硬件都必将面临一场更大的变革。功耗、功能、带宽、价格、智能等都是手机硬件领域的热门词汇。从软件技术角度来看,手机的软件操作系统平台会趋于标准化和统一化。

汽车领域:随着国产汽车产业的蓬勃发展,汽车电子也有了较大发展,很多国产车电子系统很完善,其中基于北斗系统的电子导航系统已经有了广泛的应用。随着新能源车的发展,嵌入式技术在汽车产业领域的应用将更加广泛,比如:新能源车的充电储能、智能电源系统、故障诊断定位等都是很有前景的发展领域。

消费电子产品：消费类电子产品的销量早就超过了 PC 机若干倍。消费类电子产品主要包括掌上电脑、数码相机、掌上游戏机等。目前，消费类电子产品已形成一定的规模，并且已经相对成熟。对于消费类电子产品，真正体现嵌入式特点的是在系统设计上经常要考虑性价比的折中，如何设计出让消费者觉得划算的产品是比较重要的。

军工航天领域：对于大多数开发者和用户而言，是比较神秘的一个领域。的确，大多数人一生都没有机会给 F117 战机编写控制程序。但是，在军工和航天领域，无论是硬件还是操作系统、编译器，通常并不是市场上可以见到的通用设备，它们大多数都是专用的。但是并不代表这个领域落后，许多最先进的技术、最前沿的成果，往往都会用在这个领域。

工业控制：基于嵌入式芯片的工业自动化设备将获得长足的发展，目前已经有大量的 8，16，32 位嵌入式微控制器在应用中，互联网是提高生产效率和产品质量、减少人力资源主要途径，如工业过程控制、数字机床、电力系统、电网安全、电网设备监测、石油化工系统。就传统的工业控制产品而言，低端型采用的往往是 8 位单片机。但是随着技术的发展，32 位、64 位的处理器逐渐成为工业控制设备的核心，在未来几年内必将获得长足的发展。

物联网及 AI 领域：物联网和 AI 是嵌入式应用的重要领域，物联网是新一代信息通信技术的重要组成部分，是互联网与嵌入式融合的产物，一方面，嵌入式系统作为物联网领域的重要技术，嵌入式系统视角有助于深刻地、全面地理解物联网的本质；另一方面，物联网系统往往包括各种传感器、通信节点，而嵌入式系统低功耗、高实时和高可靠性等优点正好符合物联网需求。

AI 算法的产品化也离不开嵌入式，机器人、无人机、无人驾驶技术等是当前人工智能应用的重要方向，也属于典型的嵌入式系统。近年来，英伟达、寒武纪等企业发布了高性能嵌入式人工智能芯片，如树莓派系列芯片、Jetson Nano、Jetson TX2 等，嵌入式人工智能已经成为人工智能产业发展的重要领域，嵌入式人工智能在智能交通、工业控制、农业、娱乐、智慧医疗等领域具有巨大潜力。而 2023 年以 ChatGPT 为代表的人工智能产品的应用和软硬件结合的嵌入式人工智能应用将出现更加多样化的发展前景。

1.6　本章小结

本章首先介绍了嵌入式系统的概念，并讨论了嵌入式系统的特点，其目的是帮助读者了解嵌入式系统与一般计算机系统的区别。其次介绍了嵌入式微处理器，并对几种常见的嵌入式微处理器(ARM、MIPS、龙芯嵌入式芯片)的内核特征、应用领域进行了总结。通过对嵌入式微处理器特点的分析，进而了解它与一般计算机系统的处理器的差异。同时还从应用的角度提出了选择微处理器芯片时应该考虑的若干问题。最后介绍了嵌入式操作系统，并从应用角度和实时性两个方面对嵌入式操作系统进行了分类。同时还介绍了 VxWorks、嵌入式 Linux、uClinux、RT-Linux、Windows CE、Andriod 等几种常见的嵌入式操作系统，并对它们的特征进行了总结。通过对嵌入式操作系统特点的讨论，可以了解它与一般操作系统的区别。

<h1 align="center">1.7 本章习题</h1>

1. 一个 32 位的嵌入式微处理器,其指针一般是( )个字节。

   A. 2　　　　　　　B. 16　　　　　　　C. 4　　　　　　　D. 32

2. 下列不属于嵌入式操作系统的是( )。

   A. Wince7　　　　B. 嵌入式 Linux　　　C. Windows10　　　D. μC/OS-Ⅱ

3. 下列不属于嵌入式微处理器的是( )。

   A. 麒麟 9000E　　　B. Cortex-M4　　　C. 龙芯 1H　　　D. TMS320F28335

4. 下列关于嵌入式系统和单片机系统的区别,描述错误的是( )。

   A. 嵌入式系统可以带操作系统　　　　B. 嵌入式系统主频更高

   C. 嵌入式系统接口资源更丰富　　　　D. 嵌入式系统带触摸屏

5. 下列关于 STM32F407ZGT6 微处理器描述错误的是( )。

   A. STM32F407ZGT6 处理器内核基于 ARM Cortex-M4

   B. 数字 407 表示高性能且带有 DSP 和 FPU 功能

   C. 字母 F 表示基础型

   D. 字母 Z 表示其有 64 个引脚

6. 什么是嵌入式系统?其本质上是什么系统?

7. 什么是嵌入式操作系统?它有哪些特点?

8. 嵌入式系统设计,如何选择微处理芯片?

9. 嵌入式系统软件开发与 PC 机软件开发的区别是什么?

10. 嵌入式操作系统的作用是什么?嵌入式系统中一定需要操作系统吗?

11. 举例介绍几种您接触过的嵌入式系统。

第**2**章
嵌入式微处理器体系结构

本章学习要点：

1. 掌握嵌入式微处理器架构；

2. 掌握 STM32F4xx 系列微控制器的基本架构、常用的寄存器；

3. 掌握 Cortex-M4 中断和异常机制；

4. 掌握嵌入式系统的总线结构；

5. 掌握 STM32F4xx 系列微控制器存储体系。

在处理器发展过程中，产生了以 x86 为代表的冯·诺依曼结构和以 DSP 为代表的哈佛结构。两者的主要区别在于数据空间和程序空间是否分开。

本章主要阐述嵌入式微处理器体系结构、Cortex-M4 的寄存器、嵌入式微控制器总线结构、存储结构等内容。

2.1 微处理器体系结构

2.1.1 冯·诺依曼结构和哈佛结构

1）冯·诺依曼结构

1945 年，冯·诺依曼第一次提出了"存储程序"的概念和二进制原理，后来，人们把利用这种概念和原理设计的计算机系统结构统称为冯·诺依曼型结构，也称普林斯顿结构。基于冯·诺依曼结构的处理器使用同一个存储器，并经由同一个总线传输，该体系结构如图 2.1 所示。

冯·诺依曼结构是将程序指令存储器和数据存储器合并在一起的存储器结构。程序指令存储地址和数据存储地址指向同一个存储器的不同物理位置，因此程序指令和数据的宽度相同。这种设计使得计算机能够高效地执行指令。冯·诺依曼体系结构还采用了基于二进制表示的数据和指令，从而极大地提高了计算机的可编程性，使得计算机能够处理各种类型的数据和指令。这也为现代计算机技术的发展奠定了基础。此外，冯·诺依曼体系结构还采用了存储程序的计算模型。这种计算模型包括了计算机能够执行的各种指令和操作，并将其存储在系统的存储器中,使得计算机能够按照程序中指定的顺序执行各个操作。这种计算模型极大地提高了计算机的可编程性,使得开发者能够通过编写程序来实现各种计算任务。

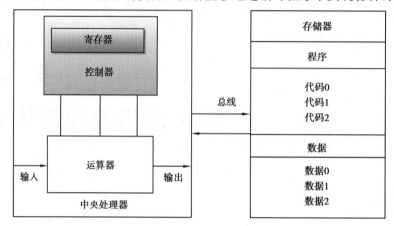

图2.1 冯·诺依曼结构

冯·诺依曼结构处理器具有以下几个特点:必须有一个存储器;必须有一个控制器;必须有一个运算器,用于完成算术运算和逻辑运算;必须有输入和输出设备,用于进行人机通信。冯·诺依曼结构主要提出并实现了"存储程序"的概念。由于指令和数据都是二进制码,指令和操作数的地址又密切相关,因此,当初选择这种结构是自然的。但是,这种指令和数据共享同一总线的结构,使得信息流的传输成为限制计算机性能的瓶颈,影响了数据处理速度的提高。

目前使用冯·诺依曼结构的微处理器有很多。除了英特尔公司的 8086,还有 ARM7、MIPS 公司的 MIPS 处理器、TI 的 MSP430 系列、Freescale 的 HCS08 系列等也采用了冯·诺依曼结构。

2)哈佛结构

如图 2.2 所示,哈佛结构是一种将程序指令存储和数据存储分开的存储器结构。中央处理器首先到程序指令存储器中读取程序指令内容,解码后得到数据地址,再到相应的数据存储器中读取数据,并进行下一步的操作(通常是执行)。程序指令存储和数据存储分开,可以使指令和数据有不同的数据宽度。

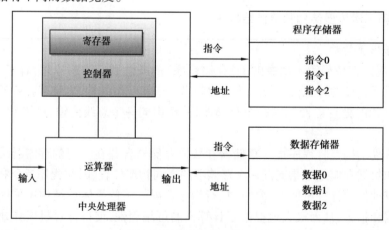

图2.2 哈佛结构

哈佛结构处理器主要有两个主要特点:一是使用两个独立的存储器,分别存储指令和数据,每个存储器都不允许指令和数据并存;二是还使用两条独立的总线,分别作为 CPU 与每个存储器之间的专用通信路径,而这两条总线之间毫无关联。哈佛结构提高了数据处理的速度,由于可以同时读取指令和数据(分开存储的),从而大大提高了数据吞吐率,但缺点是增加了系统的复杂度。

目前使用哈佛结构的微处理器有:DSP 芯片,Micro chip 公司的 PIC 系列芯片、摩托罗拉公司的 MC68 系列、Zilog 公司的 Z8 系列、ATMEL 公司的 AVR 系列和 ARM 公司的 ARM9,ARM10,ARM11,ARM-Cortex 系列,51 单片机也属于哈佛结构。

2.1.2　复杂指令集和精简指令集

指令集是处理器体系结构的重要组成部分,是计算机体系结构中与程序设计有关的部分,包含基本数据类型、指令集、寄存器、寻址模式、存储体系、中断、异常处理以及外部 I/O,它是微处理器执行程序的指令集合,包括操作码和操作数等元素。指令集的设计和选择对芯片的性能、成本和可移植性等方面有很大的影响。主要包括两种指令集架构:复杂指令集(Complex Instruction Set Computer, CISC)和精简指令集(Reduced Instruction Set Computer, RISC)。复杂指令集计算机体系结构最早出现在 20 世纪 70 年代,其最初的设想是将多条简单的指令合并成一条复杂的指令,以提高指令集的设计效率和程序的执行速度。复杂指令集计算机单条指令可以针对一个任务执行多个操作,包括算术运算、逻辑运算、存储等操作。它具有以下特点:

①指令集较为复杂:CISC 体系结构中的指令集非常庞大,涵盖了多种算术运算、逻辑运算、访问存储器等操作,每条指令执行的操作数目较多。

②可以降低程序员的工作量:它具有很强的程序兼容性,程序员可以使用语义丰富、操作多样的指令来编写程序,编程较为简便。

③数据传输能力较强:CISC 指令集支持多种地址寻址方式,可以通过一条指令传输大块数据,节省了时间和空间。

④代码密度较高:CISC 指令具有较长的字长和高代码密度,可以使程序占用的内存较小。

⑤对内存的使用相对较少:由于 CISC 指令集中包含了很多常用的命令,所以相对于 RISC 指令集,CISC 指令可以使程序的执行速度更快,CPU 可以减少内存的使用。

随着时间的推移,CISC 体系结构逐渐暴露出了一些问题。CISC 指令集架构虽然功能强大,但每条指令的执行时间较长,开销很大,导致处理器需要消耗更多的内存和时间来执行指令。

精简指令集计算机体系结构是 20 世纪 80 年代提出的一种新型的计算机架构,其设计思想是通过增加寄存器数量和减少指令集的复杂程度,减少单条指令的执行时间,从而提高处理器的性能和效率。RISC 体系结构具有以下特点:

①指令集较为简单:RISC 指令集中包含的指令种类较少,操作简单,每条指令只完成一项功能。

②程序员工作量相对较大:由于指令集较少,编写程序需要使用更多的指令,程序员需要更多的时间来编写程序。

③简单的控制机制:由于指令集规模小,所以执行控制较为简单易懂。

相对于 CISC 体系结构,RISC 体系结构在性能和效率上都有显著的提高。CISC 指令集与 RISC 指令集各自有优势和劣势,具体比较见表 2.1。

表 2.1 CISC 指令集与 RISC 指令集的比较

CISC(如 8051,8086 等)	RISC(如 ARM,AVR,MIPS,Loongson)
软件易,硬件难	软件难,硬件易
功能多,设计周期长,具有通用性,在各行各业应用较广。VIA 等主板不含内存和存储介质,随时扩充,支持即插即用,功能扩展容易。功耗高,主板功耗都在 40 W 左右或者以上,CPU 发热量大,必须配风扇。因而增加了成本	功能简单,设计周期短,适合于特定方面的应用,无法应用于各行各业。ARM 核心板包含内存和存储介质,外部接口较少,功能扩充较难。在视频多媒体、数据通信等方面接近 x86,某些方面甚至超过了 x86。ARM 主板功耗整体功耗低,价格便宜
指令复杂,多于 200 条,有专用特殊指令功能,特殊功能实现容易效率高。指令较长,译码成几个微指令执行,微代码的使用增加复杂性和每条指令的执行周期,含丰富电路单元,面积大,VLSI 技术无法把 CISC 的全部硬件做在一个芯片上	指令精简,小于 100 条,但使用较复杂,指令位数较短,实现特殊功能时设计复杂,不易实现。指令的格式趋于简单和固定(如 16 位或 32 位固定的长度),指令操作码字段、操作数字段尽可能具有统一的格式,采用大量更精简寄存器-寄存器操作指令,控制部件更简化,含较少电路单元,面积小,采用 VLSI 技术在一个芯片上做大量寄存器实现了 RISC 结构
顺序执行控制简单易懂,但计算机各部分利用率不高,执行效率较差,执行速度慢,处理数据较慢。指令集中包含了类似于程序设计语言结构的复杂指令,减少了程序设计语言和机器语言之间的语义差别,有较强的处理高级语言的能力。简化了编译器的结构,但是优化编译实现很难。处理器研发周期长	指令在流水线中并行操作,执行效率比 CISC 高,执行速度和处理数据较快。指令集强调结构的简单性和高效性,设计使用频率很高的不可缺少的少量指令,并提供一些必要的指令以支持操作系统和高级语言。简捷的设计优化编译实现容易,处理器研发周期较短
大量设置存储器-存储器操作指令,频繁地访问内存,使执行速度降低,但操作直接,降低内存需求	RISC 结构采用装入/存储指令访问内存,其他指令均在寄存器之间对数据进行处理。装入指令从内存中取出数据送到寄存器;在寄存器对数据进行快速处理并暂存,在需要时访问。使用一条存储指令将数据送回内存,可以提高指令执行的速度。控制简单,但需要较大的内存空间
指令格式:一般大于 4	指令格式:一般小于 4
寻址方式:一般大于 4	寻址方式:一般小于 4
指令字长:不固定	指令字长:等长
访存指令:不加限制	访存指令:只有 LOAD/STORE 指令
指令执行时间:相差很大	指令执行时间:统一用单周期指令,绝大多数在一个周期内完成

续表

CISC(如 8051,8086 等)	RISC(如 ARM,AVR,MIPS,Loongson)
各种指令使用频率:相差很大	各种指令使用频率:相差不大
1 条指令执行结束后响应中断	1 条指令内响应中断
控制器用微程序实现	控制器用硬布线实现
x86 无法根据用户的需要灵活裁减配置	ARM 软硬件如 Logo,内存大小,系统驱动程序可以根据用户的需要灵活裁减配置
x86 采用 Windows 系统,采用 U 盘或者硬盘,数据容易被病毒感染或被窃取	ARM 采用 WinCE 或 Linux 系统,数据二进制格式放在 Flash 内部,不会受病毒感染,外部无法直接复制内部数据,数据安全性高
Windows 系统 x86 开机需要一段时间	ARM 主板开机速度一般只有几秒
Pentium, AMD 的 K5,K6 结合了 CISC 和 RISC 的部分优点改进的 CISC;x86VIA 等厂商技术支持和维护方面强大	x86 要调整到 ARM 平台上来,必须对软件平台进行重新编译和调整,而且还要熟悉 ARM 的嵌入式平台工作机制,因此会增加前期的开发工作量。国内生产 ARM 主板的厂家不多,技术支持和维护方面不强

2.2　ARM 微处理器体系结构概述

ARM 有 3 种含义:它是一家公司的名称,也是一类微处理器的通称,是一种技术的名称。ARM 是微处理器行业的一家知名企业,是知识产权供应商,设计基于 ARM 体系的采用 RISC 指令集的微处理器,ARM 公司并不生产芯片,也不出售芯片,而是设计 ARM 的 IP 核,提供半导体厂商生产所需的技术服务并销售。

ARM 的版本主要分为两类:一类是处理器版本;另一类是内核版本。内核版本为 ARM 架构,如 ARMv1,ARMv2,ARMv3,ARMv4,ARMv5,ARMv6,ARMv7,ARMv8 等。处理器版本即 ARM 处理器,如 ARM1,ARM7,ARM11,Cortex-A8,Cortex-A53,Cortex-A57,Cortex-M3/M4,Cortex-R。

ARM 公司把 ARM11 之后的 ARM 处理器以 ARM Cortex 为特征命名,主要包括 ARM Cortex-M,ARM Cortex-R, ARM Cortex-A 系列。

①ARM Cortex-M 系列主要面向通用低端、工业、消费电子领域,偏向于控制方面。ARM Cortex-M 微处理器通常设计成面积很小,能效比很高。另外,这些处理器的流水线很短,最高时钟频率很低(市场上有此类的处理器可以运行在 200 MHz 之上)。ARM Cortex-M 处理器家族设计得非常容易使用。

②ARM Cortex-A 系列,主要面向应用的高端主控制器,在人机互动要求较高的场合,如智能手机、平板电脑等。ARM Cortex-A 系列诸如 S5PV210 和 ARM11 等都是可以运行嵌入式操

作系统,如 Android,Linux 等。

③ARM Cortex-R 系列,实时高性能处理器,主要应用在对实时性要求较高的场合,如硬盘控制器、监控产品、车载控制产品等。表2.2列出了 ARM 微处理器各个系列内核的结构版本。

表2.2　ARM 微处理器版本以及体系结构

ARM 内核结构版本	ARM 处理器版本
v1	ARM1
v2	ARM2
v3	ARM6,ARM610,ARM7,ARM700 等
v4	ARM8,Strong ARM
v5	ARM7TDMI,ARM710T,ARM9TDMI 等
v6	ARM1136J(F)-S,ARM1176JZ(F)-S,ARM11 等
v7	ARM Cortex-M,ARM Cortex-R, ARM Cortex-A
v8	ARM Cortex-A30,Cortex-A50 等

从表2.2可以看出,ARM Cortex-M 系列属于 ARMv7 架构,ARMv7 架构是在 ARMv6 架构的基础上诞生的。ARMv7 架构采用了 Thumb-2 技术,Thumb-2 技术是在 ARM 的 Thumb 代码压缩技术的基础上发展起来的,并且保持了对现存 ARM 解决方案的完整的代码兼容性。Thumb-2 技术比纯32位代码少使用31%的内存,减少了系统的开销。

本章接下来的内容,主要以 Cortex-M4 为例,介绍 ARM 微处理器的结构,为了提供一种存储器访问的保护机制,使得普通的用户程序代码不能意外地,甚至是恶意地执行涉及要害的操作,Cortex-M4 定义了两种操作模式:线程模式和处理器模式。有两种操作权限:特权模式和用户模式。其中处理器模式必须在特权模式下执行,主要用于异常处理。当系统复位时,系统从线程模式执行;当系统遇到异常时,系统进入异常处理模式,执行异常相关的代码;当执行完以后,处理器返回到线程模式。

Cortex-M4 的操作模式和运行方式见表2.3。

表2.3　操作模式和运行方式

代码	特权模式(COTROL[0]=0)	用户模式(COTROL[0]=1)
异常处理代码	处理器模式	无
Main 程序的代码	线程模式	线程模式

当运行 main 函数或 main 函数所调用的子函数时,处理器工作在线程模式之下。当发生中断时,处理器去响应中断服务程序,此时处理器工作在处理器模式下。当处理器处在线程状态下时,既可以使用特权级,也可以使用用户级。处理器模式总是特权级的。在复位后,处理器进入线程模式+特权级。

在特权级下的代码可以通过置位控制寄存器的第 0 位(CONTROL[0])来进入用户级。用户级下的代码不能再试图修改控制寄存器的第 0 位(CONTROL[0])来回到特权级。但在处理器产生异常时,处理器都将以特权级来运行其异常服务例程,异常程序返回后将回到产生异常之前的级别。

　　Cortex-M4 内核体系结构如图 2.3 所示,可以看出,Cortex-M4 内核采用了哈佛结构,系统由内核提供 3 条总线,分别为 I-CODE、D-CODE、系统总线,其中 I-CODE 总线用于取指令;D-CODE 用于数据操作;系统总线用于访问系统空间。

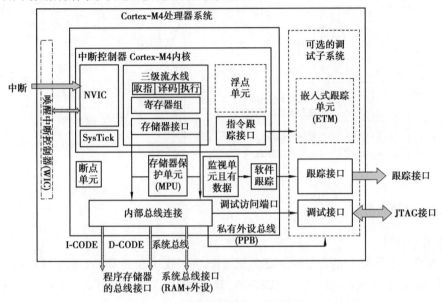

图 2.3　Cortex-M4 内核体系结构

　　Cortex-M4 内核存取 32-bit 数据,其寄存器为 32 位寄存器组,总线也为 32 位。同时,基于 Cortex-M4 内核的微处理器支持三级流水线技术:取址、译码、执行。Cortex-M4 中一个可选的存储器保护单元允许对特权访问和用户程序访问制订访问规则。由于 Cortex-M4 采用 Thumb-2 指令集,因此允许 32 位指令和 16 位指令被同时使用。

2.3　Cortex-M4 的寄存器

　　寄存器是处理器内部用来存放二进制数据的一些小型存储区域,用来暂时存放参与运算的数据和运算的结果,是一种时序逻辑电路。寄存器是由具有存储功能的触发器组合构成的。一个触发器可以存储 1 位二进制代码,故存放 n 位二进制代码的寄存器,需用 n 个触发器来构成。在处理器中,给有特定功能的内存单元取一个别名,这个别名就是人们常说的寄存器,给已经分配好地址的有特定功能的内存单元取别名的过程称为寄存器映射。

　　Cortex-M4 在可编程模式下的寄存器包括通用寄存器(R0-R12)、堆栈寄存器(R13)、程序计数器(R15)、连接寄存器(R14)。图 2.4 所示为 Cortex-M4 的寄存器组。

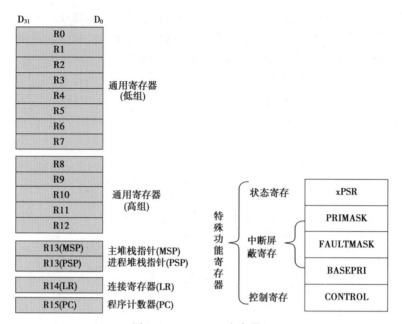

图 2.4　Cortex-M4 寄存器组

2.3.1　普通寄存器

1)通用寄存器

通用寄存器都是 32 位的寄存器,用于数据操作,大多数 16 位的 Thumb 指令只能访问 R0~R7;32 位的 Thumb2 指令可以访问所有的寄存器,其中 R0~R7 为低寄存器,为 32 位寄存器,所有指令都可以访问,R8~R12 为高寄存器组,只有很少的 Thumb 指令可以访问它们,通用寄存器复位后的初始值不变。

2)堆栈寄存器

在 Cortex-M4 处理器中,堆栈寄存器可以写成 SP 或 R13,Cortex-M4 包括两个堆栈指针,分别是 MSP 和 PSP,两个堆栈指针在同一时间只有一个可见,若要使用另一个,则需要指令 MRS 和 MRS 对控制寄存器(CONTROL)第 0 位和第 1 位进行配置。堆栈指针的最低两位总是 0,这意味着它们总是字对齐。

①MSP 为主堆栈指针,也可以写成 SP_main,系统复位后默认为 MSP 指针,主要用于嵌入式操作系统内核和异常服务程序。

②PSP 为进程堆栈指针,也可以写成 SP_main,可以应用于嵌入式操作系统用户进程中。

在 Cortex-M4 内核的处理器中,通常使用 POP 和 PUSH 完成进栈和出栈,这个与 51 系列单片机类似,值得注意的是,在每次使用 POP 和 PUSH 之后,SP 的指针增加一个 32 位存储单元。

在嵌入式系统中,堆栈主要用来保存临时数据、局部变量和中断/调用子程序的返回地址。程序中栈主要是用来存储函数中的局部变量以及保存寄存器参数。具体包括:

①保存现场。

②传递参数,汇编代码调用 C 函数时,需传递参数。

③保存临时变量:包括函数的非静态局部变量以及编译器自动生成的其他临时变量。

3）连接寄存器

连接寄存器 R14 也可以写成 LR,LR 连接寄存器主要用于子程序调用时返回地址。例如,在汇编语句的子程序结束时,我们可以使用 BX LR 汇编语句返回主程序地址。

4）程序计数器

R15 是程序计数器,也可以表示为 PC,程序计数器寄存器 PC 用来存储指向下一条指令的地址,即将要执行的指令代码,由于指令的流水线,读 PC 寄存器时返回值是当前指令的地址再增加 4 个字节的地址。

例如:

```
0x1000 :   MOV R0, PC     ; R0 = 0x1004
```

当向 PC 寄存器写入数据时,会引起程序的分支跳转(不更新 LR 寄存器),其中指令至少是半字节对齐的,所以 PC 的最低有效位总是读回 0。然而在分支时,无论是直接写 PC 的值还是使用分支指令,都必须保证加载到 PC 的数值是奇数(即最低有效位是 4 位),从而表明这是在 Thumb 状态下执行的。若写入 0,则转入 ARM 模式,Cortex-M4 将产生一个 Fault 异常,因为 Thumb2 本身包含了 16 位的 Thumb 指令和 32 位的 ARM 指令。

2.3.2　特殊寄存器

特殊寄存器主要包括程序状态寄存器、中断屏蔽寄存器、控制寄存器。

1）程序状态寄存器

程序状态寄存器(xPSR)是运算器的一部分,主要用来存放当前指令执行的各种状态信息,如有无进位(C 位)、有无溢出(O 位)、结果正负(S 位)、结果是否为零(Z 位)、奇偶标志位(P 位)等。程序状态寄存器(xPSR)的定义如图 2.5 所示。

寄存器名	位													
	31	30	29	28	27	26:25	24	23:20	19:16	15:10	9	8	7	6	5	4:0
APSR	N	Z	C	V	Q											
IPSR											中断编号					
EPSR					ICI/IT	T				ICI/IT						

图 2.5　xPSR 寄存器定义(X = A. I. E)

程序状态寄存器又可以分为 3 个状态寄存器,分别是应用状态寄存器(APSR)、中断状态寄存器(IPSR)和执行状态寄存器(EPSR),这 3 个寄存器可以单独访问,也可以两个或者 3 个组合访问。在特权模式下,也可以通过 MSR 和 MRS 指令访问。

例如:

```
MRS R3,APSR;   读取程序状态寄存器到 R3 中;
MRS R2,EPSR;   读取程序执行状态寄存器到 R2 中;
MSR APSR,R1;   将 R1 的内容写入 APSR 中;
```

①IPSR 寄存器是只读寄存器,主要用于存放当前正在执行的中断服务程序对应的异常编号,当没有异常时,IPSR 的值为 0。

②EPSR 寄存器 T 位必须为 1,表示始终执行 Thumb 指令,EPSR 仅仅在调试状态下使用,处理器正常运行时,其值始终为 0。

③APSR 用来存放应用程序运行的状态,各个状态位的功能描述见表2.4。

表2.4　APSR 的各个状态位的功能描述

标志位	描述	功能
N	负数标志位	当结果为正整数或为 0 时,为 1
Z	零结果标志位	结果为 0 时,为 1
V	溢出标志位	加法运算后产生溢出,则为 1
Q	DSP 溢出和饱和度标志位	在 DSP 乘法运算中产生溢出,则为 1
C	进位/借位标志位	无符号加法有进位或减法有借位,置 1

2)中断屏蔽寄存器

中断屏蔽寄存器主要用于控制中断的使能和禁止,包括 PRIMASK,FAULTMASK 和 BASEPRI,这些寄存器的访问使用 MSR 和 MRS 指令。中断屏蔽寄存器组如图2.6 所示。

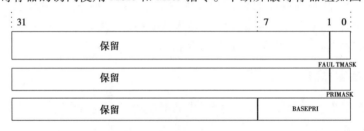

图 2.6　中断屏蔽寄存器组

图2.6 中对应位的功能描述见表2.5。

表2.5　中断屏蔽寄存器组对应位的功能描述

寄存器名	功能描述
PRIMASK	一个 1-bit 寄存器。1:仅允许 NMI 和硬件默认异常,所有其他的中断和异常将被屏蔽;0:开放中断
FAULTMASK	一个 1-bit 寄存器。1:仅允许 NMI,所有中断和默认异常处理包括硬件异常被忽略
BASEPRI	一个 9 位寄存器。它定义了屏蔽优先级。当设置为某值时,所有大于或等于该值的中断被屏蔽(值越大,优先级越低)。全为 0(默认值):不屏蔽任何中断

3)控制寄存器

控制寄存器(CONTROL)主要用来控制内核的运行状态,在处理器特权和非特权模式下都可以读写,主要控制位为第 0 位和第 1 位,第 3:31 位为保留位,控制寄存器对应位的功能描述见表2.6。

表2.6　控制寄存器对应位的功能描述

位	功能
CONTROL[1]	堆栈指针选择
	0:选择主堆栈指针 MSP
	1:选择进程堆栈指针 PSP

续表

位	功能
CONTROL[0]	0:特权级
	1:用户级

可以使用 MRS 和 MSR 指令来访问控制寄存器。

例如:

```
MRS R0,CONTROL    ;读 CONTROL 寄存器到 R0
MSR CONTROL,R0    ;写 R0 到 CONTROL 控制寄存器
```

2.4　Cortex-M4 的中断和异常

很多嵌入式处理器体系结构提供异常和中断机制,允许 CPU 中断正常的执行路径。这个中断可能由应用软件有意地触发,或者由一个错误的、不寻常的条件或某些非计划的外部事件触发。

中断一般分为 3 类,即外部中断、软件中断和内部中断。

①外部中断:也称为硬件中断,一般由处理器 I/O 口的电平信号变化而引起。

②软件中断:完全由处理器内部形成中断处理程序的入口地址并转向中断处理程序的入口地址,再转向中断处理程序,不需要外部提供信息。

③内部中断:也称为异常,是处理器产生异常的情况下,处理器自动产生的同步事件,如程序运行执行过程中产生错误等。

Cortex-M4 内核包含了一个嵌套向量中断控制器(Nested Vectored Interrupt Controller,NVIC)用于处理异常和中断配置、优先级以及中断屏蔽,NVIC 支持中断嵌套功能。当一个中断触发并且系统进行响应时,处理器硬件会将当前运行位置的上下文寄存器自动压入中断栈中,这部分的寄存器包括 PSR、PC、LR、R12、R3-R0 寄存器。Cortex-M4 处理器 NVIC 与中断、异常关系如图 2.7 所示。

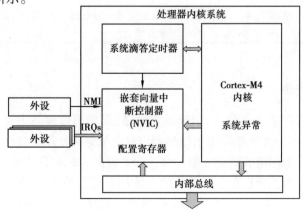

图 2.7　Cortex-M4 处理器 NVIC 与中断、异常关系

Cortex-M4 内核支持 256 个中断(16 个内核中断、240 个外部中断),具有 256 级的可编程中断优先级设置,STM32F407ZGT6 实际上只使用了其中部分中断,10 个内核中断、82 个外部中断。

Cortex-M4 处理器中,使用 NVIC 可以使每一个外部中断都被使能、禁止、挂起、清除,该部分内容将在第 5 章中介绍。

2.4.1 异常类型

Cortex-M4 的系统异常包括系统复位、NMI(不可屏蔽中断)、硬件故障、存储器管理、总线故障、用法故障、SVCall(软件中断)、调试监视器中断、PendSV(系统服务请求)、SysTick(24 位定时器中断)等,具体描述见表 2.7。

表 2.7　Cortex-M4 的系统异常

编号	类型	优先级	描述
1	复位	−3	复位
2	NMI	−2	不可屏蔽中断(来自外部 NMI 输入脚)
3	硬故障	−1	当故障因优先级或可配置的故障处理程序被禁止而无法激活时,所有类型故障都会以硬故障的方式被激活
4	存储器管理	可编程	MPU 不匹配,包括访问冲突和不匹配
5	总线故障	可编程	预取址故障、存储器访问故障和其他地址/存储器相关的故障
6	用法故障	可编程	由于程序错误导致的异常,通常是使用一条无效指令,或都是非法的状态转换
7—10	保留	—	保留
11	SVCall	可编程	执行 SVC 指令的系统服务调用
12	调试监视器	可编程	调试监视器(断点,数据观察点,或是外部调试请求)
13	保留	—	
14	PendSV	可编程	系统服务的可触发(pendable)请求
15	SysTick	可编程	系统节拍定时器
……	……	……	……
255	IRQ#239	可编程	外设中断#239

2.4.2 中断优先级

Cortex-M4 的异常功能非常强大,机制非常灵活,异常可以通过占先、末尾连锁和迟来等处理来降低中断的延迟。优先级决定了处理器何时以及怎样处理异常。

Cortex-M4 支持 3 个固定的高优先级和多达 256 级的可编程优先级,包含 16 个可编程优先级、4 个 bit 位表示,为了对具有大量中断的系统加强优先级控制,Cortex-M4 支持优先级分组,通过 NVIC 控制,设置为占先优先级和次优先级。可通过对应用程序中断及复位控制寄存器(AIRCR,地址为:0xE000_ED0C)的[10∶8]位进行设置。如果有多个激活异常共用相同的组优先级,则使用次优先级区来决定同组中的异常优先级,这就是同组内的次优先级。应用程序中断及复位控制寄存器见表2.8。

表2.8　应用程序中断及复位控制寄存器(AIRCR,地址:0xE000ED0C)

位段	名称	类型	复位值	描述
[31:16]	VECTKEY	RW	—	访问钥匙:任何对该寄存器的写操作,都必须同时把0x05FA写入此段,否则写操作被忽略。若读取此半字,则读回值为0xFA05
15	ENDIANESS	R	—	指示端设置。1:大端,0:小端
[10:8]	PRIGROUP	R/W	0	优先级分组
2	SYSRESETREQ	W	—	请求芯片控制逻辑产生一次复位
1	VECTCLRACTIVE	W	—	清零所有异常的活动状态信息。通常只在调试时用,或在OS从错误中恢复时用
0	VECTRESET	W	—	复位Coretex-M3微控制器内核

2.4.3　嵌套向量中断控制器(NVIC)

1)NVIC的定义

NVIC的全称是Nested Vectored Interrupt Controller,即嵌套向量中断控制器。在STM32F4xx系列的微处理器中,中断的管理是由NVIC实现的,主要管理的中断功能包括中断的使能,中断优先级选择,中断源的选择。在基于Cortex-M3/M4/M7内核的MCU中,每个中断的优先级都是用寄存器中的8位来设置的。即$2^8=256$级中断。实际应用中并没有256级中断,所以芯片厂商根据自己生产的芯片做出了调整。比如STM32F4xx只使用了8位中的高四位[7:4],低四位取零,这样$2^4=16$,表示有16级中断嵌套。

2)NVIC的优先级

在STM32F4xx系列微控制器中,通过中断分组来实现中断管理,即将现有的表示优先级的4位化成两个部分,高位部分用于表示抢占优先级,低位部分用于表示子优先级。高位部分和低位部分的长度由优先级组号表示。优先级组号在寄存器中用了3个位表示,总共8组,但是实际上在低版本Cortex-M4中,只用了0~5个组。这个优先级组号决定了抢占优先级在优先级位数中所占的长度,例如3组,即抢占优先级占高三位,子优先级剩下1位。如果是组0,那么不使用抢占优先级,只使用子优先级。表2.9为抢占优先级和子优先级的分组情况。

表2.9　抢占优先级和子优先级的分组

优先级分组	抢占优先级	子优先级	高4位使用情况描述
NVIC_PriorityGroup0	0级抢占优先级	0~15级子优先级	0 bit用于抢占优先级 4 bit用于子优先级
NVIC_PriorityGroup1	0~1级抢占优先级	0~7级子优先级	1 bit用于抢占优先级 3 bit用于子优先级

续表

优先级分组	抢占优先级	子优先级	高4位使用情况描述
NVIC_PriorityGroup2	0~3级抢占优先级	0~3级子优先级	2 bit 用于抢占优先级 2 bit 用于子优先级
NVIC_PriorityGroup3	0~7级抢占优先级	0~1级子优先级	3 bit 用于抢占优先级 1 bit 用于子优先级
NVIC_PriorityGroup4	0~15级抢占优先级	0级子优先级	4 bit 用于抢占优先级 0 bit 用于子优先级

由表2.10可知,STM32F4xx支持5种优先级分组。系统上电复位后,默认使用的是优先级分组0,即没有抢占式优先级,只有子优先级。有关抢占式优先级和子优先级的理解,可以总结为以下4个方面:

①具有高抢占式优先级的中断可以在具有低抢占式优先级的中断服务程序执行过程中被响应,即中断嵌套。

②在抢占式优先级相同的情况下,有几个子优先级不同的中断同时到来时,则高子优先级的中断优先被响应。

③在抢占式优先级相同的情况下,如果有低子优先级中断正在执行,高子优先级的中断要等待已被响应的低子优先级中断执行结束后才能得到响应,即子优先级不支持中断嵌套。

④Reset,NMI,Hard Fault优先级为负数,高于普通中断优先级,且优先级不可配置。

2.5 Cortex-M4 总线体系

2.5.1 系统总线概述

系统总线是系统中连接主要部件并进行数据通信的通道,是一组信号线的集合,是外设系统与处理器系统直接传输信息的公共通道。系统总线具有物理特性、功能特性、电气特性和时间特性等,这些特性和规范由总线协议定义。

系统总线从功能上分,主要分以下几类:

①数据总线(DB):一般是指在CPU与RAM之间来回传送需要处理或是需要储存的数据。在STM32F40x系列芯片中,D总线是从内核引出,并连接到总线矩阵,从而实现内核数据与RAM数据之间的通信。

②地址总线(AB):用来指定在RAM(Random Access Memory)中储存的数据地址。

③控制总线(CB):将微处理器控制单元(Control Unit)的信号传送到周边设备。在STM32F4xx系列芯片中,I总线由内核控制单元引出,与总线矩阵连接起来,传输控制指令。

④扩展总线(EB):外部设备和计算机主机进行数据通信的总线,如ISA总线、PCI总线、STM32F4xx系列芯片中的S总线等。

按照信息传输设备的位置来分,系统总线还可以分为内部总线和外部总线;按照总线的时间和空间特点来分,还可以分为串行总线和并行总线。

2.5.2 ARM 总线结构

1)AHB 总线

AHB 总线是一种专为高性能同步传输设计的高速总线,层次高于 APB(Advance Peripheral Bus)总线,AHB 总线可以连接 16 个主设备和任意多个从设备,若主设备多于 16,则通过增加层结构,形成多层的 AHB 来扩展。AHB 总线有以下特性:

①突发传输。

②主设备单时钟周期传输。

③单时钟沿操作。

④非三态实现。

⑤宽数据总线配置(64/128 bit)。

典型的 AHB 总线系统包括可支持高带宽传输的主干总线、AHB 主设备(如高性能 CPU 和 DMA 设备等)、AHB 从设备(存储器和 APB 桥等)。典型的 AHB 总线连接图如图 2.8 所示。

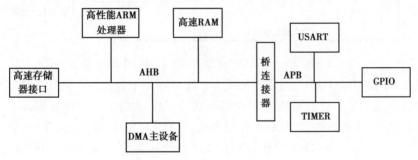

图 2.8 典型的 AHB 总线连接图

2)APB 总线

APB 是 AMBA 总线的一部分,是一种优化的、低功耗的、精简接口总线,可以连接多种不同慢速外设;主要应用在低带宽的外设上,如 UART,I^2C,它的架构不像 AHB 总线是多主设备的架构,APB 总线的唯一主设备是 APB 桥(与 AXI 或 APB 相连),因此不需要仲裁一些 Request/Grant 信号。APB 总线协议包含一个 APB 桥,它用来将 AHB,ASB 总线上的控制信号转化为 APB 从设备控制器上的可用信号。APB 总线上所有的外设都是从设备,这些从设备有以下特点:

①接收有效的地址和控制访问。

②当 APB 上的外设处于非活动状态时,可以将这些外设处于 0 功耗状态。

③译码器可以通过选通信号,提供输出时序(非锁定接口)。

④访问时可执行数据写入。

2.5.3 Cortex-M4 总线接口

Cortex-M4 除了内核内部总线,还有连接外设的总线,这些连接外设的总线基于 AHB 和

APB 总线协议,并从 Cortex-M4 内核引出,构成了总线矩阵,如图 2.9 所示为 STM32F4xx 系列芯片的总线矩阵。

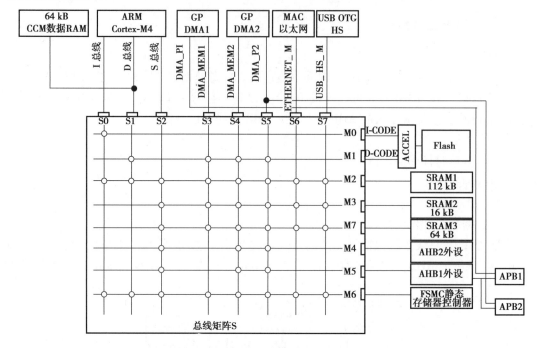

图 2.9　STM32F4xx 系列芯片的总线矩阵

主系统由 32 位多层 AHB 总线矩阵构成。总线矩阵用于主控总线之间的访问仲裁管理。仲裁采取循环调度算法。总线矩阵可实现以下部分互联:8 条主控总线分别是 Cortex-M4 内核引出的 I 总线、D 总线、S 总线、DMA1 存储器总线、DMA2 存储器总、DMA2 外设总线、以太网 DMA 总线、USB OTG HS DMA 总线。7 条被控总线分别是:内部 Flash I-Code 总线、内部 Flash D-Code 总线、主要内部 SRAM1(112 kB)、辅助内部 SRAM2(16 kB)、辅助内部 SRAM3 (64 kB)(仅适用于 STM32F42xx 和 STM32F43xx 系列器件)、AHB1 外设和 AHB2 外设。主控总线的描述见表 2.10。

表 2.10　主控总线的描述

名称	描述
I 总线(S0)	用于将 Cortex-M4 内核的指令总线连接到总线矩阵。内核通过此总线获取指令。此总线访问的对象是包括代码的存储器
D 总线(S1)	用于将 Cortex-M4 数据总线和 64 kB CCM 数据 RAM 连接到总线矩阵。内核通过此总线进行立即数加载和调试访问
S 总线(S2)	用于将 Cortex-M4 内核的系统总线连接到总线矩阵。此总线用于访问位于外设或 SRAM 中的数据
DMA 存储器总线(S3,S4)	用于将 DMA 存储器总线主接口连接到总线矩阵。DMA 通过此总线来执行存储器数据的传入和传出

续表

名称	描述
DMA 外设总线	用于将 DMA 外设主总线接口连接到总线矩阵。DMA 通过此总线访问 AHB 外设或执行存储器之间的数据传输
以太网 DMA 总线	用于将以太网 DMA 主接口连接到总线矩阵。以太网 DMA 通过此总线向存储器存取数据
USB OTG HS DMA 总线(S7)	用于将 USB OTG HS DMA 主接口连接到总线矩阵。USB OTG HS DMA 通过此总线向存储器加载/存储数据

　　需要注意的是,在基于 STM32F4xx 系列芯片的系统架构中,APB 总线又分为 APB1 和 APB2,并且挂载了不同的外设,而大多数外设都挂在了 AHB,APB1 和 APB2 总线上,由于它们的访问速度不同,因此,访问这些外设时需要对这些总线的时钟进行配置,相关内容将在后面章节讨论。如图 2.10 所示为 STM32F4xx 系列芯片的系统架构图。

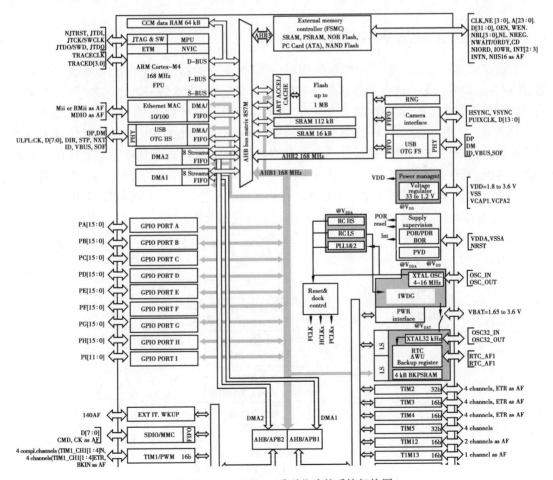

图 2.10　STM32F4xx 系列芯片的系统架构图

2.6 嵌入式系统的存储体系

2.6.1 嵌入式系统存储器的概述

嵌入式系统作为专用的计算机系统,存储器是嵌入式系统中不可或缺的组成部分,嵌入式存储器有的集成到嵌入式微处理器片内部,有的为片外扩展存储器,主要用于存储指令和数据。嵌入式存储器采用的是类似计算机的设计方法,差异主要体现在体积、功耗、价格和嵌入式处理器的存储器大小及可扩展性等。与普通 PC 机不同,嵌入式系统片外存储器一般使用 Flash、小型闪存卡作为嵌入式系统的存储装置,主要用于存放系统软件和用户软件,包括启动引导软件、操作系统和硬件驱动,以及用户用于实现应用目的而设计的软件。嵌入式系统设计中需要考虑如何安排这些存储器的地址,尤其是 NOR Flash 和 SDRAM,因为它们涉及系统的启动步骤等。常用的嵌入式存储器件包 SDRAM、Flash、E2PROM、大容量存储系统(SD卡、U 盘、硬盘)等。

2.6.2 嵌入式系统存储器的分类

根据存储器在嵌入式系统中所起的作用,可分为主存储器、辅助存储器、高速缓冲存储器、控制存储器等。为了解决对存储器要求容量大、速度快、成本低三者之间的矛盾,通常采用多级存储器体系结构,即使用高速缓冲存储器、主存储器和外存储器。嵌入式系统的存储体系结构如图 2.11 所示。其中外部存储器的存储来自远程存储结构,主存储器保存来自外部存储器的数据,片外高速缓存保存来自主存储器的数据,片内高速缓存保存来自片外高速缓存的数据,寄存器数据来源于片内高速缓存,是嵌入式系统中高速的存储单元,由边沿触发方式的触发器、门电路组成,主要是用来暂时存放数码或指令,一个触发器可以存储 1 位二进制代码,故存放 n 位二进制代码的寄存器是由 n 个触发器来构成的。

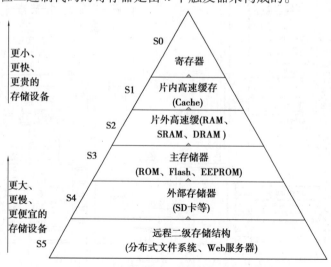

图 2.11 嵌入式系统的存储体系结构

1）高速缓存（Cache）

在嵌入式系统中，Cache 位于 CPU 和内存之间，虽然其存储空间很小，但存取速度很快，Cache 传递数据给 CPU，同时向主存获取数据。Cache 缓解了 CPU 和主存中速度差异，在 CPU 运行时，所访问的数据会趋向于一个较小的局部空间地址内（如循环操作），此时 Cache 用来存储当前最为活跃的程序和数据，直接与 CPU 进行交互。Cache 由半导体材料（通常是 SRAM）构成，其功能对于开发人员来说是透明存在的。值得注意的是 Cache 的存储内容是当前最为活跃的程序和数据，CPU 访问高速缓存 Cache 由命中率判断 [Cache 命中率＝（平均存取时间－主存存取时间）/（高速缓存存取时间－主存存取时间）]，当 CPU 所访问的数据在 Cache 中命中时，直接从 Cache 中读取数据。若 CPU 访问的数据不在 Cache 中，则还是需从主存中读取。

2）内存

内存是嵌入式系统的重要组成之一，内存是与 CPU 进行信息交流的桥梁，嵌入式系统中的所有程序的执行都是在内存中进行的，内存可以直接影响嵌入式的效率，因此，内存通常选择速度较快的存储器。

RAM 是随机存取存储器（Random Access Memory）的简称，是内存的主要组成部分，其存储的内容可以随意取出或者存入，且存取速度与存储单元的位置无关，存储速度快，通常作为操作系统或其他正在运行中的程序的临时数据存储介质。RAM 在断电时将会丢失其存储数据，故用于存储短时间使用的程序和数据。嵌入式开发常见的 RAM 有 SRAM，DRAM，DDRAM（双倍速率随机存储器）。

①SRAM 是静态存储器，因此只要供电它就会保持一个值，不用对它进行周期性刷新。其基本存储单元由触发器构成，每个存储单元由 6 个晶体管组成，因此其成本较高，但它具有较高的速率，可以用来做 Cache。

②DRAM 是动态存储器，需要有规律地定时进行刷新，但价格比 SRAM 低。DRAM 中的每个存储单元由一个晶体管和一个电容器组成，因为组成包括电容器，而电容器会漏电，所以才要定期刷新，刷新周期一般为 1 ms。

③SDRAM（Synchronous DRAM）同步动态随机存储器，即数据的读写需要时钟来同步。其存储采用分页存储。DRAM 和 SDRAM 由于实现工艺问题，容量较 SRAM 大。但是读写速度都不如 SRAM。

④DDRAM（Display Data RAM）是显示数据随机存储器的简称，是为了解决 SDRAM 中读写速度慢的一种 RAM。其基于 SDRAM 技术，引入一种称为双倍预取的技术（即在内存芯片内部的数据宽度是外部接口数据宽度的两倍），使峰值的读写速度达到输入时钟速率的两倍。

3）主存储器

在嵌入式系统中，主存储器常见的有 ROM 和 Flash 两种，一般被用来保存较大容量的数据，在部分文献中也将 Flash 归类为 ROM。ROM（Read Only Memory，一般是指 Mask ROM）是只读存储器，Flash 是从 ROM 和 RAM 发展而来的，Flash 不仅具备电子可擦除可编程（EEPROM）的性能，还可以快速读取数据（RAM 的优势）。

常见的主存储器有：

①Mask ROM（掩膜 ROM）：一次性由厂家写入数据的 ROM，用户无法修改。

②PROM（可编程 ROM）：由用户来编程一次性写入数据，只能写入数据一次。

③EPROM(电可擦写 ROM):可以重复擦除与写入,但是要通过紫外光才能擦除。

④EEPROM(电可擦除可编程 ROM,也就是 E²PROM):解决了 EPROM 的擦除问题,可以通过加电擦除原数据,擦除更加方便。

⑤Flash(闪速存储器):它综合了 EEPROM 的优点,极大幅地提高了读写速度。常见的有 NOR Flash、NAND Flash。NOR Flash 允许程序直接在上面运行,但是价格较贵,NOR Flash 有自己的地址线和数据线,可以采用类似于 memory 的随机访问方式,在 NOR Flash 上可以直接运行程序,所以 NOR Flash 可以直接用来做 boot,采用 NOR Flash 启动时会将地址映射到 0x00 上。NAND Flash 解决了 NOR Flash 成本较贵的问题,Nand Flash 是 I/O 设备,数据、地址、控制线都是共用的,需要软件区控制读取时序,所以不能像 NOR Flash、内存一样随机访问,也不能 EIP(片上运行),因此不能直接作为 boot。

⑥EMMC(Embedded Multi Media Card):将 NAND Flash 芯片和控制芯片设计成 1 颗 MCP 芯片,手机客户只需要采购 eMMC 芯片,放进新手机中,不需处理其他繁复的 NAND Flash 兼容性和管理问题,最大优点是缩短新产品的上市周期和研发成本,加速产品的推陈出新速度。

4)外部存储器

嵌入式系统中,常见的外部存储器有 CF 卡、SD 卡等。一般被用来保存大容量的数据,其特点如下:

①CF 卡:最早推出的存储卡,体积比磁盘储存器和光盘存储器小,抗磁性好、储存性能稳定。

②SD 卡:可以看作 CF 卡的升级版,体积比 CF 卡小,安全性也更高。支持 SD 模式和 SPI 模式,外围只需简单电路就可以用于嵌入式开发。嵌入式领域最常见的外部存储器 SD 可以被用作嵌入式操作系统的启动盘来保存操作系统文件。

2.6.3 嵌入式系统存储器管理

由 2.6.2 节图 2.11 可知,嵌入式系统中的存储器被组织成为一个类似金字塔的层次结构,这些存储器之间的管理单元通常被称为存储器管理单元(MMU),MMU 在 CPU 和物理内存之间进行地址转换,将地址从逻辑空间映射到物理空间,这个过程称为内存映射。MMU 的主要作用包括虚拟存储空间到物理空间的映射,存储器访问权限的控制,设置虚拟存储空间的缓冲特性。Cortex-A 系列的很多微处理器带有 MMU,然而,在 Cortex-M4 内核中,主要采用层次化的总线结构和存储器保护单元(MPU)进行存储器管理。

1)存储器映射

所谓存储器映射是指给存储器分配地址的过程,若再给存储器分配一个地址称为存储区重映射。STM32F4xx 是 32 位的微控制器,其总线也是 32 位,可以访问的地址空间有 4G。为了节省资源,STM32F4xx 将 4G 的存储地址空间划分为不同的功能模块区域,并进行地址映射。

如图 2.12 所示为 STM32F4xx 的存储器映射,存储空间被划分为不同的功能区域。

图 2.12 中,STM32F4xx 系列芯片的存储器映射地址范围和对应的功能见表 2.11。

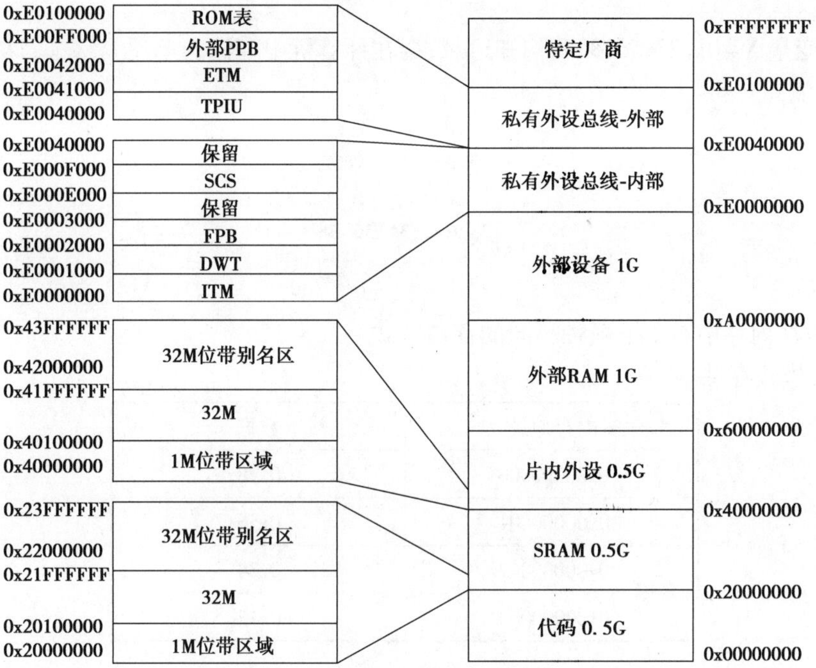

图 2.12　STM32F4xx 的存储器映射

表 2.11　存储器映射地址范围和对应的功能

名称	地址区域	功能描述
代码区	0x00000000 ~ 0x20000000	Flash 存储,用来存储程序代码、数据
SRAM 区	0x20000000 ~ 0x40000000	嵌入式系统的运存区域
片内外设	0x40000000 ~ 0x60000000	各种外设寄存器区域
外部 RAM	0x60000000 ~ 0xA0000000	当内部 SRAM 不够用时,可以在此区域增加 RAM

2)数据的存储格式

在嵌入式系统存储中,每个地址单元都对应着一个字节,一个字节为 8 bit。但是在 C 语言中,除了 8 bit 的 char 型之外,还有 16 bit 的 short 型和 32 bit 的 long 型(要看具体的编译器)。另外,对于位数大于 8 位的处理器,例如 16 位或者 32 位的处理器,由于寄存器宽度大于一个字节,那么必然存在着一个如何将多个字节安排的问题。这样就产生了大端存储模式和小端存储模式。例如,一个 16 bit 的 short 类型变量 X,在内存中的地址为 0x0010,X 的值为 0x1122,那么 0x11 为高字节,0x22 为低字节。常用小端模式存储的处理器有 x86,ARM,DSP,51 单片机则采用大端模式。在 ARM-Cortex 系列处理器中,可以使用 REV,REV16,REVSH 指令进行大小端的切换。

①小端模式:是指数据的低位保存在内存的低地址中,而数据的高位保存在内存的高地址中。

②大端模式:是指数据的低位保存在内存的高地址中,而数据的高位保存在内存的低

地址中。

例如,变量 X = 0x12345678,我们知道,数据在计算机中存储的单位是字节,1Byte = 8 Bit = 2 个十六进制位。

变量 X 在内存中有以下两种不同的存储方式:

①小端模式存储。

内存地址	数据
0x00000000	0x78
0x00000001	0x56
0x00000002	0x34
0x00000003	0x12

②大端模式存储。

内存地址	数据
0x00000000	0x12
0x00000001	0x34
0x00000002	0x56
0x00000003	0x78

通常,在通信协议中的数据传输、数组的存储方式、数据的强制转换等都会牵涉大小端问题,如果字节序不一致,就需要大小端转换。

①对于 16 位字数据,可以通过以下代码实现:

②#define BigtoLittle16(A)((((uint16)(A)& 0xff00)>> 8)│(((uint16)(A)& 0x00ff)<< 8))

③对于 32 位字数据,可以通过以下代码实现:

④#define BigtoLittle32(A) ((((uint32)(A)& 0xff000000)>> 24)│(((uint32)(A)& 0x00ff0000)>> 8)│(((uint32)(A)& 0x0000ff00)<< 8)│(((uint32)(A)& 0x000000ff)<< 24))

3)启动流程

所谓启动,一般来说就是指下载好程序后,重启芯片时,SYSCLK 的第 4 个上升沿,BOOT 引脚的值将被锁存。用户可以通过设置 BOOT1 和 BOOT0 引脚的状态,来选择在复位后的启动模式,启动模式选择见表 2.12。

表 2.12　STM32F4xx 系列芯片启动模式选择

启动模式选择引脚		启动模式	描述
BOOT1	BOOT0		
X	0	主闪存存储器	主闪存存储器被选为启动区域
0	1	系统存储器	系统存储器被选为启动区域
1	1	内置 SRAM	内置 SRAM 被选为启动区域

①主闪存存储器启动:STM32F4xx 一般有一个内置的 Flash,当使用 JTAG 或者 SWD 模式下载程序时,程序被默认下载到内置 Flash,重启后程序从内置 Flash 启动。

②系统存储器启动:这种模式启动的程序功能是由厂家设置的。一般来说,这种启动方式用得较少。系统存储器是芯片内部一块特定的区域,STM32F4xx 在出厂时,由 ST 在这个区域内部预置了一段 BootLoader,也就是人们常说的 ISP 程序,这是一块 ROM,出厂后无法修改。一般来说,人们选用这种启动模式,是为了从串口下载程序,因为在厂家提供的 BootLoader 中,提供了串口下载程序的固件,可以通过这个 BootLoader 将程序下载到系统的 Flash 中。但是这个下载方式需要以下步骤:

Step1:将 BOOT0 设置为 1,BOOT1 设置为 0,然后按下复位键,这样才能从系统存储器启动 BootLoader。

Step2:最后在 BootLoader 的帮助下,通过串口下载程序到 Flash 中。

Step3:程序下载完成后,又有需要将 BOOT0 设置为 GND,手动复位,这样 STM32 才可以从 Flash 中启动看到,利用串口下载程序比较麻烦,需要跳帽跳来跳去,非常不注重用户体验。

③内置 SRAM 启动:这种模式一般用于程序调试。假如用户只修改了代码中一个小小的地方,然后就需要重新擦除整个 Flash,比较费时,可以考虑从这个模式启动代码(即内存区启动),用于快速的程序调试,等程序调试完成后,再将程序下载到 SRAM 中。

④Flash 锁死解决办法:开发调试过程中,由某种原因导致内部 Flash 锁死,无法连接 SWD 以及 JTAG 调试,无法读到设备,可以通过修改 BOOT 模式重新刷写代码。修改为 BOOT0 = 1,BOOT1 = 0,即可从系统存储器启动,ST 出厂时自带 BootLoader 程序,SWD 以及 JTAG 调试接口都是专用的。重新烧写程序后,可将 BOOT 模式重新更换到 BOOT0 = 0,BOOT1 = X 即可正常使用。

2.7　本章小结

本章主要介绍了嵌入式微处理器的体系结构,即冯·诺依曼结构和哈佛结构,同时以 Cortex-M4 为例介绍了 Cortex-M4 在可编程模式下的寄存器。本章还介绍了嵌入式处理器体系结构提供的异常和中断机制,包括嵌套向量中断控制器(NVIC)、NVIC 的优先级、Cortex-M4 的总线体系、嵌入式系统的存储体系等内容。这些内容的阐述,使读者能够较为清楚地认识嵌入式系统的工作原理,为后续相关内容的学习奠定基础。

2.8　本章习题

1. 下面关于哈佛结构描述正确的是(　　)。

A. 程序存储空间与数据存储空间分离　　　B. 存储空间与 I/O 空间分离

C. 程序存储空间与数据存储空间合并　　　D. 存储空间与 I/O 空间合并

2. 在 STM32F4xx 系列微控制器中,寄存器 R13 除了可以作通用寄存器,还可以作为(　　)。

A. 程序计数器　　　B. 程序计数器　　　C. 堆栈指针寄存器　　　D. 基址寄存器

3. Cortex-M4 的代码执行方式是(　　)。

A. 特权方式　　　B. 普通方式　　　C. handle 方式　　　D. thread 方式

4. 以下关于 STM32 存储机制的描述,错误的是(　　)。

A. STM32F4xx 系列芯片在出厂时,内部内存已经被分配好了内存块,每个内存块储存不同的东西

B. 存储器映射是物理内存按一定编码规则分配地址的行为,存储器映射一般是由厂家规定,用户不能随意更改

C. 给已分配好地址(通过存储器映射实现)的有特定功能的内存单元取别名的过程称为寄存器映射

D. 与 STM32 微控制器相比,8 位单片机无法进行带位操作

5. 在嵌入式 STM32F4xx 系列微控制器中,有关 NVIC 说法错误的是(　　)。

A. NVIC 是 Cortex-M4 处理器的一部分

B. NVIC 也称为嵌套中断向量控制器

C. NVIC 的寄存器位于存储器映射的系统控制空间

D. 在 STM32 编程中,NVIC 用于处理异常和中断配置、优先级、复位以及中断屏蔽

6. 存储一个 32 位数 0x2168465 到 2000H～2003H4 个字节单元中,若以大端模式存储,则 2000H 存储单元的内容为(　　)。

A. 0x16　　　B. 0x68　　　C. 0x84　　　D. 0x02

7. 下列描述不属于 RISC 计算机的特点的是(　　)。

A. 流水线每周期前进一步

B. 更多通用寄存器

C. 指令长度不固定,执行需要多个周期

D. 独立的 Load 和 Store 指令完成数据在寄存器和外部存储器之间的传输

8. 在嵌入式系统中,以下有关存储器的描述错误的是(　　)。

A. NOR Flash 因为其读取速度快,多用来存储操作系统等重要信息

B. NAND Flash 适合大容量数据存储,类似硬盘

C. SDRAM 在嵌入式系统中主要用于程序执行时的程序存储、执行或计算,类似内存

D. AT24C02 是一种小容量 IIC 总线的 PROM 存储元件

9. 冯·诺依曼结构处理器有什么特点?

10. 复杂指令集的特点是什么？

11. ARM-Cortex 微控制器有哪些系列，它们各有什么特点？

12. 简述 Cortex-M4 架构的内部总线的各自功能和作用。

13. 简述 NVIC 的优先级配置。

14. 在基于 STM32F4xx 系列微控制器的嵌入式系统中，数据在存储器中的存放格式有哪些？简述它们的特点。

15. 在 Cortex-M4 架构中，寄存器 R14 和 R15 的作用分别是什么？

第**3**章
ARM 嵌入式指令系统

本章学习要点：

1. 掌握嵌入式系统寻址方式；

2. 理解 Cortex-M4 常见的操作指令；

3. 掌握 Cortex-M4 汇编程序的基本结构；

4. 会进行简单的汇编编程。

指令是微处理器理解执行行为的最小工作方式，每条指令都会变成二进制机器代码，从而控制具体的物理单元的执行。同时指令是构成汇编语言的基础，基于 ARM 的嵌入式体系结构不仅支持 C 语言，还支持汇编语言，支持汇编与 C 语言的混合编程，虽然 C 语言编程是嵌入式底层编程的主流，但是汇编编程在嵌入式系统中也具有重要地位，它对于理解嵌入式体系结构具有重要意义。本章给出了 ARM Cortex-M4 中的基本指令及用法、汇编编程的基础知识及实现方法，以及编程中需要注意的问题。

3.1 指令概述

指令是微处理器工作的指示和命令。程序是按一定顺序排列的指令，执行程序的过程是计算机的工作过程。指令集即执行指令的集合，指令集主要分为复杂指令集（简称 CISC）和精简指令集（简称"RISC"），复杂指令集的代表是 x86 架构，精简指令集的代表是 ARM 架构。ARM 指令集是 32 位的，程序的启动都是从 ARM 指令集开始的。ARM 指令集主要包括指令分类及指令格式、条件执行、指令集编码。

ARM 指令属于三地址指令，每条 ARM 指令占有 4 个字节，其指令长度为 32 位。典型的 ARM 指令编码格式为：

31 28	27 26	25	24 21	20	19 16	15 12	11 0
cond	type	I	opcode	S	Rn	Rd	Operand2

其中，cond(bit[31∶28])表示指令执行的条件码，见表 3.1。

表 3.1　指令执行的条件码

条件码	助记符后缀	标志	含义
0000	EQ	Z 置位	相等
0001	NE	Z 清零	不相等
0010	CS	C 置位	无符号数大于或等于
0011	CC	C 清零	无符号数小于
0100	MI	N 置位	负数
0101	PL	N 清零	正数或零
0110	VS	V 置位	溢出
0111	VC	V 清零	未溢出
1000	HI	C 置位 Z 清零	无符号数大于
1001	LS	C 清零 Z 置位	无符号数小于或等于
1010	GE	N 等于 V	带符号数大于或等于
1011	LT	N 不等于 V	带符号数小于
1100	GT	Z 清零且(N 等于 V)	带符号数大于
1101	LE	Z 置位或(N 不等于 V)	带符号数小于或等于
1110	AL	忽略	无条件执行

type(bit[27∶26])表示指令类型码,根据其编码的不同,所代表的类型也不同,指令类型码描述见表 3.2。

表 3.2　指令类型码描述

type(bit[27∶26])	描述
00	数据处理类指令
01	Load/Store 指令
10	批量 Load/Store 指令及分支指令
11	协处理指令与软中断指令

位 I(bit[25])表示第二操作数类型标志码。在数据处理指令里 I=1 时表示第二操作数为立即数,当 I=0 时表示第二操作数是寄存器或寄存器移位形式。

位 Opcode(bit[24∶21])表示指令操作码。

位 S(bit[20])位决定指令的操作结果是否影响 CPSR。

位 Rn(bit[19∶16])表示第一个操作数的寄存器编码。

位 Rd(bit[15∶12])表示目标寄存器编码。

位 Operand2(bit[11∶0])表示指令第二个操作数。

ARM 指令使用的基本格式如下:

⟨Opcode⟩{⟨cond⟩} {S} ⟨Rd⟩,⟨Rn⟩{,⟨Operand2⟩}

其中,< > 是必须项,{}是可选项。

指令格式中的符号说明如下:

①Opcode 指操作码,指令助记符,如 ADD,STR 等。

②cond 可选的条件码,执行条件,如 EQ,NE 等。

③S 为可选后缀,若指定"S",则根据指令执行结果更新 CPSR 中的条件码。

④Rd 表示目标寄存器,Rn 表示存放第 1 操作数的寄存器。

⑤Operand2 指第二个操作数。

例如:

如: ADDS R4, R0, R2; R4=R0+R2

ADDS 表示将寄存器 R0 和 R2 的值相加,同时更新程序状态寄存器(APSR)中的标志位,并将结果保存到 R4 寄存器中。

在数据处理指令中,第二操作数除了可以是寄存器,还可以是一个立即数。若需要将一个常数加到寄存器,而不是两个寄存器相加,则可以用立即数值取代第二操作数,如下例。立即数用前面加一个"#"的数值常量来表示。

```
ADD R3,   R3,   #1    ;   R3 = R3 + 1
AND R8,   R7,   #0xff  ;   R8 = R7&0xff
```

在 ARM 数据处理指令中,第二操作数还有一种特有的形式,即寄存器移位操作,该操作允许第二个寄存器操作数在同第一操作数运算之前完成移位操作,例如:

```
ADD R3,   R2,   R1,   LSL  #3   ;R3 = R2 + 8 × R1
```

ARM 的任何数据处理指令都能通过增加"S"操作码来设置条件码(N,Z,C 和 V),数据处理指令加了"S"后,算术操作(在此包含 CMP 和 CMN)根据算术运算的结果更新程序状态寄存器(CPSR)的标志位。CPSR 寄存器的标志位如图 3.1 所示。

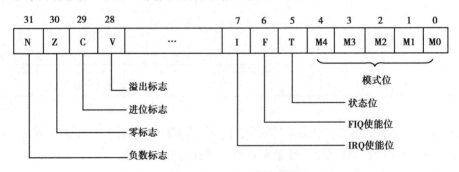

图 3.1　CPSR 寄存器的标志位

3.2　Cortex-M4 指令集

ARM 公司在其 Cortex-M 内核中嵌入了新的 Thumb-2 指令集,新的 Thumb-2 指令集保留了紧凑代码质量并与现有 ARM 代码兼容,提供改进的性能和质量,基于 Cortex-M4 的处理器支持 Thumb-2 指令集技术。

3.2.1　ARM 和 Thumb 指令集

指令集的设计是处理器设计的核心之一,是嵌入式系统中与程序设计相关联的部分,主要用于寄存器操作、寻址操作、存储操作、中断、异常处理以及外部 I\O 处理等高性能的数据处理。ARM 指令的长度是 32 位,对应处理器 ARM 状态。Thumb 指令集由 16 位指令组成,每条 Thumb 指令都可以通过等效的 32 位 ARM 指令来执行。然而,并不是所有的 ARM 指令都在 Thumb 子集中可用,例如,Thumb 指令无法访问状态或协处理器寄存器。此外,一些可以在 ARM 指令中完成的功能只能通过 Thumb 指令序列来模拟。实际上,ARM 只包含一种指令集,那就是 32-bit 的 ARM 指令集。当处理器运行在 Thumb 状态时,处理器把从内存中读取的 Thumb 指令扩展成与它等价的 32-bit 的 ARM 指令后执行。Thumb 指令和与它等价的 ARM 指令并不是功能上的不同,而是在指令执行前的取指(fetch)和译码(interpret)的不同。由于将 16-bit 的指令扩展成 32-bit 的指令是通过芯片上专门的硬件完成的,所以这一过程并不会影响整个执行的速率,反而更狭小的 16-bit 的 Thumb 指令在内存的利用上更有优势。Thumb 指令集提供了典型应用程序所需的大部分功能,例如,算术和逻辑操作,加载/存储数据移动,以及条件和无条件的分支跳转。任何用 C 编写的代码都可以在 Thumb 状态下成功执行。但设备驱动程序和异常处理程序通常有部分在 ARM 状态下编写。

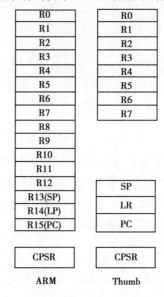

在 ARM 状态的用户模式下,17 个寄存器是可见的,Thumb 状态下 12 个寄存器可见,并且它们是在物理上和 ARM 状态下完全相同的寄存器。因此软件运行在 ARM 状态和 Thumb 状态时,可以通过 R0～R7 来传递数据,这在实际的应用中非常普遍。在 Thumb 状态下,SP 寄存器的操作由专门的助记符 PUSH 和 POP 完成,但在 ARM 状态下,PUSH 和 POP 是不存在的,它们以 R13 为堆栈指针,并将助记符转换成 ARM 状态下的 LDR 和 STR 指令。

在 ARM 处理器中,CPSR 寄存器用来保存处理器模式(用户或异常标志)、中断掩码位、条件代码和 Thumb 状态位。Thumb 状态位(T)表示处理器的当前状态:当该位为 0 时表示

ARM 状态(默认),为 1 时表示 Thumb 状态。虽然 CPSR 中的其他位可能在软件中被修改,但直接写入 T 是危险的,不适当的状态改变会产生不可预测的结果。

3.2.2　Thumb-2 指令集

Thumb-2 是 Thumb 指令集的一项主要增强功能,它由 ARMv6T2 和 ARMv7M 体系结构定义。Thumb-2 提供了几乎与 ARM 指令集完全一样的功能。它兼有 16 位和 32 位指令,并可检索与 ARM 类似的性能,但其代码密度与 Thumb 代码类似。如图 3.2 所示,Thumb-2 指令集在现有的 Thumb 指令的基础上做了如下的扩充并增加了一些新的 16 位 Thumb 指令来改进程序的执行,流程增加了一些新的 32 位 Thumb 指令以实现一些 ARM 指令的专有功能,32 位的 ARM 指令也得到了扩充,增加了一些新的指令来改善代码性能和数据处理的效率,增加 32 位指令解决了原 Thumb 指令集不能访问协处理器、特权指令和特殊功能指令的局限。

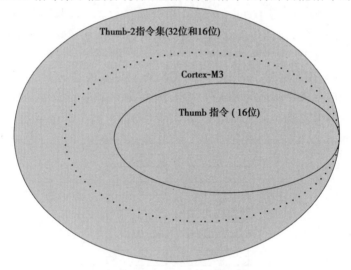

图 3.2　Thumb-2 与 Thumb 指令集的关系

新的 Thumb-2 技术可以带来很多好处,可以实现 ARM 指令的所有功能,增加了 12 条新指令,可以改进代码性能和代码密度之间的平衡代码性能,达到了纯 ARM 代码性能的 98%。相对于 ARM 代码,Thumb-2 代码的大小仅有其 74% 代码密度,比现有的 Thumb 指令集更高效,代码大小平均降低 5%,代码速度平均提高 2% ~3%。

3.3　Cortex-M4 的寻址方式

寻址方式是处理器根据指令中给出的地址信息来寻找有效地址的方式,是确定本条指令的数据地址以及下一条要执行的指令地址的方法。在处理器中,操作数或指令字写入或读出的方式包括地址指定方式、相联存储方式和堆栈存取方式。几乎所有的计算机系统,在内存中都采用地址指定方式。当采用地址指定方式时,形成操作数或指令地址的方式称为寻址方式。寻址方式分为两类,即指令寻址方式和数据寻址方式。形成操作数的有效地址的方法称为操作数的寻址方式。

在 Cortex-M4 内核的处理器中,与大多数微型计算机系统类似,主要有以下几种寻址方式。

3.3.1　立即数寻址

立即寻址也称为立即数寻址,在立即寻址中的操作码字段后面的地址码部分就是操作数本身,即数据包含在指令当中,取出指令就取出了立即数。

例如:

```
MOV R1,#0xffee   ;R1 = 0xffee
ADD R1,#1        ;R1 = r1 + 1
```

指令中的第二操作数都是立即数,并以"#"为前缀,对于以十六进制表示的立即数,还要求在"#"后加上"0x"或"&",需要注意的是,ARM 处理器立即数寻址中的立即数是一个有限的数值。

3.3.2　寄存器寻址

寄存器寻址中操作数的值在寄存器中,就是利用指令中的地址码字段指出的寄存器中的数值作为操作数,指令执行时直接取出寄存器值操作。该寻址方式是各类微处理器经常采用的一种方式,也是一种执行效率较高的寻址方式。

例如:

```
SUB R0,R1,R2    ;  R0 = R1 − R2
MOV R1,R2       ;  R1 = R2
```

以上指令中,第一条指令是将寄存器 R1 和 R2 的内容相减,其结果存放在寄存器 R0 中,第二条指令是将寄存器 R2 的内容存放在寄存器 R1 中。

3.3.3　寄存器间接寻址

寄存器间接寻址指令中的地址码给出的是一个通用寄存器的编号,所需的操作数保存在寄存器指定地址的存储单元中,即寄存器为操作数的地址指针。例如:

```
LDR   R1,[R2]   ;将 R2 指向的存储单元的数据读出,保存在 R1 中
SWP   R1,R1,[R2]   ;将寄存器 R1 的值和 R2 指定的存储单元的内容交换
```

3.3.4　寄存器移位寻址

寄存器移位寻址是 ARM 指令集特有的寻址方式。当第 2 个操作数是寄存器移位方式时,第 2 个寄存器操作数在与第 1 个操作数结合之前,选择进行移位操作。

例如:

```
MOV R0,R2,LSL #3   ;R2 的值左移 3 位,结果放入 R0,即是 R0 = R2×8
ANDS R1,R1,R2,LSL R3   ;R2 的值左移 R3 位,然后和 R1 相加,"与"操作,结果放入 R1
```

3.3.5　基址寻址

基址寻址就是将基址寄存器的内容与指令中给出的偏移量相加,形成操作数的有效地

址。基址寻址用于访问基址附近的存储单元,常用于查表、数组操作、功能部件寄存器访问等。

例如:

```
LDR R2,[R3,#0x0C]    ;读取 R3+0x0C 地址上的存储单元的内容,放入 R2
STR R1,[R0,#-4]!     ;先 R0=R0-4,然后把 R1 的值保存到 R0 指定的存储单元
```

3.3.6 多寄存器寻址

多寄存器寻址一次可传送几个寄存器值,允许一条指令传送 16 个寄存器的任何子集或所有寄存器。多寄存器寻址指令举例如下:

```
LDMIA   R1!,{R2-R7,R12}    ;将 R1 指向的单元中的数据读出到 R2～R7、R12 中
(R1 自动加 1)
STMIA   R0!,{R2-R7,R12}    ;将寄存器 R2～R7、R12 的值保存到 R0 指定的存储单
元中(R0 自动加 1)
```

3.3.7 堆栈寻址

堆栈是一种数据结构,按先进后出(First In Last Out,FILO)的方式工作,使用一个称为堆栈指针的专用寄存器指示当前的操作位置,堆栈指针总是指向栈顶。当堆栈指针指向最后压入堆栈的数据时,称为满堆栈(Full Stack),而当堆栈指针指向下一个将要放入数据的空位置时,称为空堆栈(Empty Stack)。同时,根据堆栈的生成方式,又可以分为递增堆栈或升序堆栈(Ascending Stack)和递减堆栈或降序堆栈(Decending Stack),当堆栈由低地址向高地址生成时,称为递增堆栈;当堆栈由高地址向低地址生成时,称为递减堆栈。这样就有 4 种类型的堆栈工作方式,Cortex-M4 微处理器本身的 PUSH 和 POP 指令是支持满降序堆栈,由于 Cortex-M4 还配有了多寄存器加载指令 LDM 和 STM,因此它配以不同的指令后缀组合后就可支持所有这 4 种类型的堆栈工作方式。这里的后缀见表 3.3,同一行的几种后缀对应的堆栈属性是一致的。

表 3.3 多寄存器处理指令后缀

面向堆栈的后缀	对于存储或推入指令	对于加载或弹出指令
FD(满降序堆栈)	DB(之前递减)	IA(之后递增)
FA(满升序堆栈)	IB(之前递增)	DA(之后递减)
ED(空降序堆栈)	DA(之后递减)	IB(之前递增)
EA(孔升序堆栈)	IA(之后递增)	DB(之前递减)

①满升序:堆栈通过增大存储器的地址向上增长,堆栈指针指向内含有效数据项的最高地址,如图 3.3 所示。

②空升序:堆栈通过增大寄存器的地址向上增长,堆栈指针指向堆栈上的第一个空位置,如图 3.4 所示。

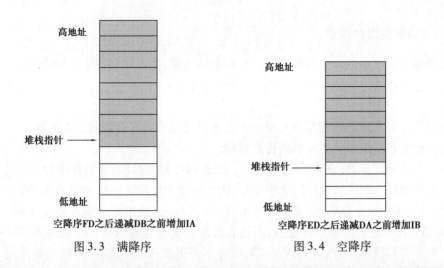

图 3.3 满降序   图 3.4 空降序

STMFD   SP!,{R1-R7,LR}   ;寄存器 R1 ~ R7,LR 中的值入栈,满降序堆栈。
LDMFD   SP!,{R1-R7,LR}   ;将数据出栈,放入寄存器 R1 ~ R7,LR 中,满降序堆。

3.4 Cortex-M4 的常见指令

Cortex-M4 处理器的指令可以按功能分为以下几类:

①处理器内传送数据。
②存储器访问。
③算术运算和逻辑运算。
④移位和循环移位运算。
⑤转换(展开和反转顺序)运算。
⑥位域处理指令。
⑦程序流控制(跳转、条件跳转、条件执行和函数调用)。
⑧乘累加(MAC)指令。
⑨除法指令。
⑩存储器屏障指令。
⑪异常相关指令。
⑫SIMD 运算和打包指令。
⑬快速乘法和 MAC 指令。
⑭饱和运算。
⑮浮点指令(前提是浮点单元存在)。
⑯其他指令。

这些指令的详细描述可以参考 Cortex-M4 设备用户指南(参考文献 2 和参考文献 3,可在 ARM 网站下载)。本节的后部分内容,将会介绍主要的指令用法。

3.4.1　数据传送类指令

微处理器中最基本的操作为处理器内部数据的传输,主要包括以下 5 种情况:
①数据在寄存器之间的传送(包括特殊功能寄存器)。
②将立即数传送到寄存器。
③在内核寄存器组中的寄存器和浮点单元寄存器组中的寄存器间传送数据。
④在浮点寄存器组中的寄存器间传送数据。
⑤在浮点系统寄存器(如 FPSCR——浮点状态和控制寄存器)和内核寄存器间传送。

表 3.4 为处理器中传输数据的常用指令,表中除了因使用 S 后缀会更新 APSR 中的标志,MOVS 指令和 MOV 指令类似,对于将一个 8 位立即数送到通用目的寄存器组中的一个寄存器来说,MOVS 指令是完全可以胜任的,而且若目的为低寄存器(R0~R7),16 位 Thumb 指令也可以实现。若要将立即数送到高寄存器,或者不必更新 APSR 寄存器,则需要使用 32 位的 MOV/MOVS 指令。

表 3.4　处理器内传送数据的指令

指令	目的操作数	源操作数	功能描述
MOV	R4	R0	从寄存器 R0 搬运数据到寄存器 R4
MOVS	R4	R0	从寄存器 R0 搬运数据到寄存器 R4,并更新 APSR(标志)
MRS	R7	PRIMASK	将数据从 PRIMASK(特殊寄存器)复制到 R7
MSR	CONTROL	R2	将数据从 R2 复制到 CONTROL(特殊寄存器)
MOV	R3	#0x34	设置 R3 为 0x34
MOVS	R3	#0x34	设置 R3 为 0x34,且更新 APSR
MOVW	R6	#0x1234	设置 R6 为 16 位常量 0x1234
MOVT	R6	#0x8765	设置 R6 的高 16 位为 0x8765
MVN	R3	R7	将 R7 中数据取反后送至 R3

使用 MOV 搬运操作中,若立即数位于 9~16 位,MOV 或 MOVS 会被自动转换为 MOVW。若需要将 32 位的立即数搬运到寄存器,则可以使用 LDR 伪指令。
例如:

```
LDR R0 , =0x32440970        ;将 R0 设置为 0x32440970
```

LDR 不是一个实际的指令,汇编器会将其转换为存储器传输指令及存储在程序映像中的常量。

```
LDR   R0, [PC, #offset]
DCD   0x12345678
```

LDR 读取[PC+偏移]位置的数据,并将其存入 R0。注意:由于处理器的流水线结构,PC 的值并非 LDR 指令的地址。不过,汇编器会计算偏移,因此也不必担心。

3.4.2　存储器访问指令

Cortex-M4 处理器支持许多存储器访问指令,这是因为寻址模式及数据大小和数据传输方向具有多种组合方式。对于普通的数据传输,可用的指令见表 3.5。

表 3.5　各种数据大小的存储器访问指令

数据类型	加载(读存储器)	存储(写存储器)
8 位无符号	LDRB	STRB
8 位有符号	LDRSB	STRB
16 位无符号	LDRH	STRH
16 位有符号	LDRSH	STRH
32 位	LDR	STR
多个 32 位	LDM	STM
双字(64 位)	LDRD	STRD
栈操作(32 位)	POP	PUSH

注:LDRSB 和 LDRSH 会对被加载数据自动执行有符号展开运算,将其转换为有符号的 32 位数据。例如,若 LDRB 指令读取的是 0x83,则数据在被放到目的寄存器前会被转换为 0xFFFFFF83。

LDR 指令通常用于从存储器中读取数据到通用寄存器,然后对数据进行处理。当程序计数器 PC 作为目的寄存器时,指令从存储器中读取的字数据被当作目的地址,从而可以实现程序流程的跳转。

例如:

LDR R0,[R1] ;R1 中代表存储器地址,在存储器中将 R1 地址处的数据加载到寄存器 R0 中。

LDR R0,=0x00000040;将立即数装入 R0 中,如果立即数小,该指令等效 MOV R0, #64;如果立即数很大,比如占据 32 bit,那么该指令将变成伪指令。

LDR R0,=0xF0000000;立即数很大,无法将立即数和指令合并成 32 bit,指令会被编译器拆分为 LDR R0,[PC, #offset]; . word 0xF00000000 两条指令,即先将立即数利用.word 指令存储在该 LDR 指令附近,编译器计算立即数与当前正在执行指令 PC(Program Counter)指针的偏差 offset,注意 ARM 是流水线指令,采用取指令、译指令和执行指令。

STR 指令用于从源寄存器中将数据传送到存储器中。LDR 和 STR 指令示例:

LDR 　　 R2　 [R4] 　　 ;加载[R10]地址的字数据到 R8
LDRNE 　 R2, 　[R5,#960]! ;条件加载[R5]的字数据到 R2,然后 R5+=960
STRH 　　 R3, 　[R4], 　#4 　 ;存储 R3 的半字数据到 R4,然后 R4+4

3.4.3　算术运算指令

Cortex-M4 处理器提供了用于算术运算的多个指令,这里只介绍一些常见的指令。许多数据处理指令可以有多种形式。表3.6列出了一些常用的算术指令。这些指令若带有 S 后缀,则表示对 APSR 进行更新。

表3.6 算术数据运算指令

常用算术指令(可选后缀未列出来)		操作
ADD Rd,Rn,Rm	;Rd=Rn+ Rm	ADD 运算
ADD Rd,Rn,# immed	;Rd=Rn+#immed	
ADC Rd,Rn,Rm	;Rd=Rn+ Rm+进位	带进位的 ADD
ADC Rd,#immed	:Rd=Rd+#immed +进位	
ADDW Rd,Rn,#immed	;Rd=Rn+#immed	寄存器和12位立即数相加
SUB Rd,Rn,Rm	;Rd=Rn-Rm	减法
SUB Rd,#immed	;Rd=Rd-#immed	
SUB Rd,Rn,#immed	;Rd=Rn-#immed	
SBC Rd,Rn,#immed	:Rd=Rn-#immed-借位	带借位的减法
SBC Rd,Rn,Rm	;Rd=Rn-Rm-借位	
SUBW Rd,Rn,#immed	;Rd=Rn-#immed	寄存器和12位立即数相减
RSB Rd,Rn,#immed	;Rd =#immed-Rn	减反转
RSB Rd,Rn,Rm	;Rd=Rm-Rn	
MUL Rd,Rn,Rm	;Rd=Rn * Rm	乘法(32位)
UDIV Rd,Rn,Rm	;Rd=Rn/Rm	无符号和有符号除法
SDIV Rd,Rn,Rm	;Rd=Rn /Rm	

3.4.4 逻辑运算指令

Cortex-M4 处理器支持多种逻辑的运算指令,支持逻辑与、或、异或等操作,与算数指令类似,这些指令在执行过程中会更新 APSR 寄存器标志位。当未指定后缀 S 时,汇编器会将它们转换为32 位指令。常用的逻辑运算指令见表3.7。

表3.7 常用的逻辑运算指令

指令(可选的 S 后缀未列出来)		操作
AND Rd,Rn	Rd=Rd & Rn	按位与
AND Rd,Rn,#immed	Rd=Rn&#immed	
AND Rd,Rn,Rm	Rd=Rn & Rm	
ORR Rd,Rn	Rd=Rd ∣Rn	按位或
ORR Rd,Rn,#immed	Rd=Rn ∣#immed	
ORR Rd,Rn,Rm	Rd=Rn ∣Rm	

续表

指令(可选的 S 后缀未列出来)		操作
BIC Rd,Rn	Rd = Rd &(~ Rn)	位清除
BIC Rd,Rn,#immed	Rd = Rn&(~ #immed)	
BIC Rd,Rn,Rm	Rd = Rn&(~ Rm)	
ORN Rd,Rn,#immed	Rd = Rn ∣ (w#immed)	按位或非
ORN Rd,Rn,Rm	Rd = Rn ∣ (wRm)	
EOR Rd,Rn	Rd = Rd^Rn	按位异或
EOR Rd,Rn,#immed	Rd = Rn ∣#immed	
EOR Rd,Rn,Rm	Rd = Rn ∣Rm	

注:ORN 指令没16位的形式,当操作数为16位时,则操作中只能包括两个寄存器,且必须是低寄存器(R0 ~ R7),目的寄存器需要为源寄存器之一。

3.4.5 移位和循环移位指令

Cortex-M4 处理器支持多种移位和循环移位指令,见表3.8和图3.5所示。

表 3.8 移位和循环移位指令

指令(可选的 S 后缀未列出来)		操作
ASR Rd,Rn,#immed	Rd = Rn>>immed	算术右移
ASR Rd,Rn	Rd = Rd>>Rn	
ASR Rd,Rn,Rm	Rd = Rn>>Rm	
LSL Rd,Rn,#immed	Rd = Rn<<immed	逻辑左移
LSL Rd,Rn	Rd = Rd<<Rn	
LSL Rd,Rn,Rm	Rd = Rn<<Rm	
LSR Rd,Rn,#immed	Rd = Rn>>immed	逻辑右移
LSR Rd,Rn	Rd = Rd>>Rn	
LSR Rd,Rn,Rm	Rd = Rn>>Rm	
ROR Rd,Rn	Rd 右移 Rn	循环右移
ROR Rd,Rn,Rm	Rd = Rn 右移 Rm	
RRX Rd,Rn	(C,Rd} = (Rn,C}	循环右移并展开

这些指令中若使用了S后缀,这些循环和移位指令也会更新APSR中的进位标志。若移位运算移动了寄存器中的多个位,进位标志C的数据就会为移出寄存器的最后一位。在ARM中,循环左移运算可以由循环右移一定数量代替。例如,循环左移4位可以写作循环右移28位,这样得到的目的寄存器中的结果是一样的(注意,循环左移的C标志不同),而且执

行时间也相同。

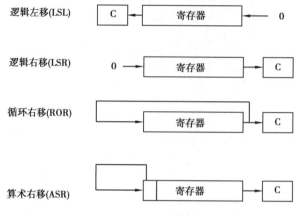

图 3.5　移位和循环移位运算

3.4.6　比较和测试指令

比较和测试指令会改变状态寄存器 APSR 中的标志位,因而这些指令经常用于条件跳转或条件执行。表 3.9 为比较和测试指令的用法。

表 3.9　比较和测试指令

指令	操作
CMP<Rn>,<Rm>	比较:计算 Rn-Rm,APSR 更新但结果不会保存
CMP<Rn>,#<immed>	比较:计算 Rn-立即数
CMN<Rn>,<Rm	负比较:计算 Rn+Rm,APSR 更新但结果不会保存
CMN<Rn>,#<immed>	负比较:计算 Rn+立即数,APSR 更新但结果不会保存
TST<Rn>,<Rm′	测试(按位与):计算 Rn 和 Rm 相与后的结果,APSR 中的 N 位和 Z 位更新,但与运算的结果不会保存,若使用了桶形移位则更新 C 位
TST<Rn>,#<immed>	测试(按位与):计算 Rn 和立即数相与后的结果,APSR 中的 N 位和 Z 位更新,但与运算的结果不会保存
TEQ<Rn>,<Rm>	测试(按位异或):计算 Rn 和 Rm 异或后的结果,APSR 中的 N 位和 Z 位更新,但运算的结果不会保存,若使用了桶形移位则更新 C 位
TEQ<Rn>,#<immed>	测试(按位异或):计算 Rn 和立即数异或后的结果,APSR 中的 N 位和 Z 位更新,但运算的结果不会保存

注:由于 APSR 总是会更新,因此这些指令中不存在 S 后缀。

3.4.7　程序流控制指令

Cortex-M4 处理支持多种程序流控制的指令,常用的包括:

1)跳转指令

跳转指令用于实现程序流程的跳转,在 ARM 程序中有两种方法可以实现程序流程的跳转:

①使用专门的跳转指令。

②直接向程序计数器 PC 写入跳转地址值。

通过向程序计数器 PC 写入跳转地址值,可以实现在 4 GB 的地址空间中的任意跳转,在跳转之前结合使用 MOV LR,PC 等类似指令,可以保存将来的返回地址值,从而实现在 4 GB 连续的线性地址空间的子程序调用。

ARM 指令集中的跳转指令可以完成从当前指令向前或向后的 32 MB 的地址空间的跳转,包括以下 4 条指令:

③B 指令。

B 指令的格式为:B{条件}　目标地址

B 指令是最常用的跳转指令。程序执行遇到 B 指令时,ARM 处理器将立即跳转到给定的目标地址,并从该目标地址继续执行。注意存储在跳转指令中的实际值是相对当前 PC 值的一个偏移量,而不是一个绝对地址,它的值由汇编器来计算(参考寻址方式中的相对寻址)。它是 24 位有符号数,左移两位后有符号扩展为 32 位,表示的有效偏移为 26 位(前后 32 MB 的地址空间)。

例如:

```
B     Label      ;程序无条件跳转到标号 Label 处执行。
CMP   R1,#0      ;当 CPSR 寄存器中的 Z 条件码置位时,程序跳转到标号 Label 处执行。
BEQ Label
```

④BL 指令。

BL 指令的格式为:BL{条件} 目标地址

BL 是另一个跳转指令,但跳转之前,会在寄存器 R14 中保存 PC 的当前内容,因此,可以通过将 R14 的内容重新加载到 PC 中,来返回到跳转指令之后的那个指令处执行。该指令是实现子程序调用的一个基本但常用的手段。

例如:

```
BL    Label    ;当程序无条件跳转到标号 Label 处执行时,同时将当前的 PC 值保存到
R14 中。
```

①BLX 指令。

BLX 指令可以表示为:BLX　目标地址

BLX 指令从 ARM 指令集跳转到指令中所指定的目标地址,并将处理器的工作状态由 ARM 状态切换到 Thumb 状态,该指令同时将 PC 的当前内容保存到寄存器 R14 中。因此,当子程序使用 Thumb 指令集,而调用者使用 ARM 指令集时,可以通过 BLX 指令实现子程序的调用和处理器工作状态的切换。同时,子程序的返回可以通过将寄存器 R14 值复制到 PC 中来完成。

②BX 指令。

BX 指令的格式为:BX{条件}　目标地址

BX 指令跳转到指令中所指定的目标地址,目标地址处的指令既可以是 ARM 指令,也可以是 Thumb 指令。

2）条件跳转

条件跳转基于 APSR 的当前值条件执行（N、Z、C 和 V 标志，见表 3.10）。

表 3.10　APSR 中的标志（状态位），可用于条件跳转控制

标志	FSR 位	描述
N	31	负标志（上一次运算结果为负值）
Z	30	零（上一次运算结果得到零值，例如，比较两个数值相同的寄存器）
C	29	进位（上一次执行的运算有进位或没有借位，还可以是移位或循环移位操作中移出的最后一位）
V	28	溢出（上一次运算的结果溢出）

APSR 受到以下情况的影响：

①多数 16 位数据处理指令。

②带有 S 后缀的 32 位（Thumb-2）数据处理指令，如 ADDS.W。

③比较（如 CMP）和测试（如 TST,TEQ）。

④直接写 APSR/xPSR。

bit[27]为另外一个标志，也就是 Q 标志，用于饱和算术运算而非条件跳转。

条件跳转发生时所需的条件由后缀指定（在表 3.11 中表示为<cond>）。条件跳转指令具有 16 位和 32 位的形式，它们的跳转范围不同，见表 3.11。

表 3.11　条件跳转指令

指令	操作
B<cond><label>>　B<cond>.W<label˜	若条件为 True 则跳转到 label，例如，CMP R0,#1BEQ loop；若 R0 等于 1 则跳转到"loop"，若所需的跳转范围超过了±254 字节，则可能需要指定使用 32 位版本的跳转指令，以增加跳转范围

在表 3.12 中，<cond>为 14 个可能的条件后缀之一。

表 3.12　条件执行和条件跳转用的后缀

后缀	条件跳转	标志（APSR）
EQ	相等	Z 置位
NE	不相等	Z 清零
CS/HS	进位置位/无符号大于或相等	C 置位
CC/LO	进位清零/无符号小于	C 清零
MI	减/负数	N 置位（减）
PL	加/正数或零	N 清零
VS	溢出	V 置位
VC	无溢出	V 清零
HI	无符号大于	C 置位 Z 清零

续表

后级	条件跳转	标志(APSR)
LS	无符号小于或相等	C 清零或 Z 置位
GE	有符号大于或相等	N 置位 V 置位,或 N 清零 V 清零(N==V)
LT	有符号小于	N 清零 V 清零,或 N 清零 V 置位(N!=V)
GT	有符号大于	Z 清零,或 N 置位 V 置位, 或 N 清零 V 清零(Z==0,N==V)
LE	有符号小于或相等	Z 置位,或 N 置位 V 清零, 或 N 清零 V 置位(Z==1 或 N!=V)

例如:下面程序实现简单的跳转指令的应用,程序流程如图 3.6 所示。

```
__main
    MOV    R1,#3
    CMP    R1,#2          ; 比较 R1 和 2
    BNE    Label1         ;若相等则跳转到 Label1
    MOV R5,#2             ;R5 =2
Label1  MOVS    R4,#4     ;R4 =4
    B Label2              ; 跳转到 Label2
MOV r2,#4
Label2  MOVS    R3,#2
Label3
    end
```

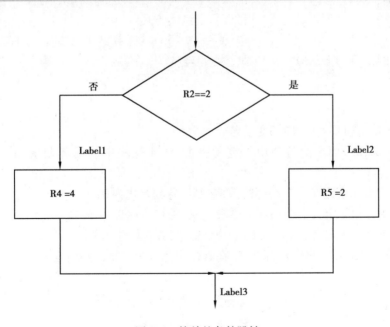

图 3.6 简单的条件跳转

3）ARM 汇编器所支持的伪指令

在 ARM 汇编语言程序里，有一些特殊指令助记符，这些助记符与指令系统的助记符不同，没有相对应的操作码，通常称这些特殊指令助记符为伪指令，它们所完成的操作称为伪操作。伪指令在源程序中的作用是为了完成汇编程序作各种准备工作，这些伪指令仅在汇编过程中起作用，一旦汇编结束，伪指令的使命就完成。

在 ARM 的汇编程序中，有如下 4 种伪指令：符号定义伪指令、数据定义伪指令、汇编控制伪指令、宏指令以及其他伪指令。

（1）符号定义伪指令

符号定义伪指令用于定义 ARM 汇编程序中的变量、对变量赋值以及定义寄存器的别名等操作。常见的符号定义伪指令有如下 4 种：

①GBLA，GBLL 和 GBLS。

语法格式：

GBLA（GBLL 或 GBLS）　全局变量名

GBLA，GBLL 和 GBLS 伪指令用于定义一个 ARM 程序中的全局变量，并将其初始化。其中：

GBLA 伪指令用于定义一个全局的数字变量，并初始化为 0；

GBLL 伪指令用于定义一个全局的逻辑变量，并初始化为 F（假）；

GBLS 伪指令用于定义一个全局的字符串变量，并初始化为空。

由于以上 3 条伪指令用于定义全局变量，因此在整个程序范围内变量名必须唯一。

例如：

GBLA	X1	;定义一个全局的数字变量，变量名为 X1
X1	SETA 0xaa	;将该变量赋值为 0xaa
GBLL	X2	;定义一个全局的逻辑变量，变量名为 X2
X2	SETL {TRUE}	;将该变量赋值为真
GBLS	X3	;定义一个全局的字符串变量，变量名为 Test3
X3	SETS "Testing"	;将该变量赋值为"Testing"

②LCLA，LCLL 和 LCLS。

语法格式：

LCLA（LCLL 或 LCLS）　局部变量名

LCLA，LCLL 和 LCLS 伪指令用于定义一个 ARM 程序中的局部变量，并将其初始化。其中：

LCLA 伪指令用于定义一个局部的数字变量，并初始化为 0；

LCLL 伪指令用于定义一个局部的逻辑变量，并初始化为 F（假）；

LCLS 伪指令用于定义一个局部的字符串变量，并初始化为空。

以上 3 条伪指令用于声明局部变量，在其作用范围内变量名必须唯一。

例如：

LCLA	X4	;声明一个局部的数字变量，变量名为 X4
X4	SETA 0xaa	;将该变量赋值为 0xaa

LCLL	X5		;声明一个局部的逻辑变量,变量名为 X5
X5	SETL	{TRUE}	;将该变量赋值为真
LCLS	Test6		;定义一个局部的字符串变量,变量名为 Test6
Test6	SETS	"Testing"	;将该变量赋值为"Testing"

③SETA,SETL 和 SETS。

语法格式:

变量名   SETA(SETL 或 SETS)表达式

伪指令 SETA,SETL,SETS 用于给一个已经定义的全局变量或局部变量赋值。

SETA 伪指令用于给一个数学变量赋值;

SETL 伪指令用于给一个逻辑变量赋值;

SETS 伪指令用于给一个字符串变量赋值。

其中,变量名为已经定义过的全局变量或局部变量,表达式为将要赋给变量的值。

例如:

| X3 | SETA | 0xaa | ;将该变量赋值为 0xaa |
| X4 | SETL | {TRUE} | ;将该变量赋值为真 |

(2)数据定义伪指令

数据定义伪指令一般用于为特定的数据分配存储单元,同时可完成已分配存储单元的初始化。常见的数据定义伪指令有如下 9 种:

①DCB。

语法格式:

标号   DCB 表达式

DCB 伪指令用于分配一片连续的字节存储单元并用伪指令中指定的表达式初始化。其中,表达式可以为 0~255 的数字或字符串。DCB 也可用"="代替。

例如:

| Str | DCB "This is a test!"   ;分配一片连续的字节存储单元并初始化。 |

②DCW(或 DCWU)。

语法格式:

标号   DCW(或 DCWU)   表达式

DCW(或 DCWU)伪指令用于分配一片连续的半字存储单元并用伪指令中指定的表达式初始化。其中,表达式可以为程序标号或数字表达式。

用 DCW 分配的字存储单元是半字对齐的,而用 DCWU 分配的字存储单元并不严格半字对齐。

例如:

| DataTest | DCW | 1,2,3   ;分配一片连续的半字存储单元并初始化。 |

③DCD(或 DCDU)。

语法格式:

标号　　　DCD（或 DCDU）　　表达式

DCD（或 DCDU）伪指令用于分配一片连续的字存储单元并用伪指令中指定的表达式初始化。其中，表达式可以为程序标号或数字表达式。DCD 也可用"&"代替。

用 DCD 分配的字存储单元是字对齐的，而用 DCDU 分配的字存储单元并不严格字对齐。

例如：

DataTest	DCD	4,5,6	;分配一片连续的字存储单元并初始化。

④SPACE。

语法格式：

标号　　　　SPACE　　表达式

SPACE 伪指令用于分配一片连续的存储区域并初始化为 0。其中，表达式为要分配的字节数。SPACE 也可用"%"代替。

例如：

DataSpace	SPACE	100	;分配连续 100 字节的存储单元并初始化为 0。

⑤MAP。

语法格式：

MAP　　　　表达式{,基址寄存器}

MAP 伪指令用于定义一个结构化的内存表的首地址。MAP 也可用"^"代替。

表达式可以为程序中的标号或数学表达式，基址寄存器为可选项，当基址寄存器选项不存在时，表达式的值即为内存表的首地址；当该选项存在时，内存表的首地址为表达式的值与基址寄存器的和。

MAP 伪指令通常与 FIELD 伪指令配合使用来定义结构化的内存表。

例如：

MAP 0x100,R0	;定义结构化内存表首地址的值为 0x100+R0。

⑥FILED。

语法格式：

标号　　　　FIELD　　表达式

FIELD 伪指令用于定义一个结构化内存表中的数据域。FILED 也可用"#"代替。

表达式的值为当前数据域在内存表中所占的字节数。

FIELD 伪指令常与 MAP 伪指令配合使用来定义结构化的内存表。MAP 伪指令定义内存表的首地址，FIELD 伪指令定义内存表中的各个数据域，并可以为每个数据域指定一个标号供其他的指令引用。

注意：MAP 和 FIELD 伪指令仅用于定义数据结构，并不实际分配存储单元。

例如：

MAP	0x100		;定义结构化内存表首地址的值为 0x100
A	FIELD	16	;定义 A 的长度为 16 字节，位置为 0x100
B	FIELD	32	;定义 B 的长度为 32 字节，位置为 0x110
S	FIELD	256	;定义 S 的长度为 256 字节，位置为 0x130

（3）汇编控制伪指令

汇编控制伪指令用于控制汇编程序的执行流程,常用的汇编控制伪指令包括以下 4 条:

①IF,ELSE,ENDIF。

语法格式:

IF　　逻辑表达式

　　　指令序列 1

ELSE

　　　　指令序列 2

ENDIF

IF,ELSE,ENDIF 伪指令能根据条件的成立与否决定是否执行某个指令序列。当 IF 后面的逻辑表达式为真,则执行指令序列 1,否则执行指令序列 2。其中,ELSE 及指令序列 2 可以没有,此时,当 IF 后面的逻辑表达式为真,则执行指令序列 1,否则继续执行后面的指令。

IF,ELSE,ENDIF 伪指令可以嵌套使用。

例如:

```
GBLL      Test              ;声明一个全局的逻辑变量,变量名为 Test
……
IF    Test = TRUE
```

指令序列 1

ELSE

指令序列 2

ENDIF

②MACRO,MEND。

语法格式:

$ 标号　　宏名　　$ 参数 1,$ 参数 2,…

指令序列

MEND

MACRO,MEND 伪指令可以将一段代码定义为一个整体,称为宏指令,然后就可以在程序中通过宏指令多次调用该段代码。其中,$ 标号在宏指令被展开时,标号会被替换为用户定义的符号。

宏指令可以使用一个或多个参数,当宏指令被展开时,这些参数被相应的值替换。

宏指令的使用方式和功能与子程序有些相似,子程序可以提供模块化的程序设计、节省存储空间并提高运行速度。但在使用子程序结构时需要保护现场,从而增加了系统的开销,因此,在代码较短且需要传递的参数较多时,可以使用宏指令代替子程序。

包含在 MACRO 和 MEND 之间的指令序列称为宏定义体,在宏定义体的第一行应声明宏的原型(包含宏名、所需的参数),然后就可以在汇编程序中通过宏名来调用该指令序列。在源程序被编译时,汇编器将宏调用展开,用宏定义中的指令序列代替程序中的宏调用,并将实际参数的值传递给宏定义中的形式参数。

MACRO,MEND 伪指令可以嵌套使用。

（4）其他常用的伪指令

还有一些其他的伪指令，在汇编程序中经常会被使用，包括以下 13 条：

①AREA。

语法格式：

AREA 段名　　属性 1，属性 2，…

AREA 伪指令用于定义一个代码段或数据段。其中，段名若以数字开头，则该段名需用"|"括起来，如|1_test|。

属性字段表示该代码段（或数据段）的相关属性，多个属性用逗号分隔。常用的属性如下：

a. CODE 属性：用于定义代码段，默认为 READONLY。

b. DATA 属性：用于定义数据段，默认为 READWRITE。

c. READONLY 属性：指定本段为只读，代码段默认为 READONLY。

d. READWRITE 属性：指定本段为可读可写，数据段的默认属性为 READWRITE。

e. ALIGN 属性：使用方式为 ALIGN 表达式。在默认时，ELF（可执行连接文件）的代码段和数据段是按字对齐的，表达式的取值范围为 0～31，相应的对齐方式为 2 表达式次方。

f. COMMON 属性：该属性定义一个通用的段，不包含任何的用户代码和数据。各源文件中同名的 COMMON 段共享同一段存储单元。

一个汇编语言程序至少要包含一个段，当程序太长时，也可以将程序分为多个代码段和数据段。

例如：

```
AREA        Init,CODE,READONLY
该伪指令定义了一个代码段，段名为 Init，属性为只读
```

②ALIGN。

语法格式：

ALIGN 　　{表达式{，偏移量}}

ALIGN 伪指令可通过添加填充字节的方式，使当前位置满足一定的对齐方式。其中，表达式的值用于指定对齐方式，可能的取值为 2 的幂，如 1，2，4，8，16 等。若未指定表达式，则将当前位置对齐到下一个字的位置。偏移量也为一个数字表达式，若使用该字段，则当前位置的对齐方式为：2 的表达式次幂+偏移量。

例如：

```
AREA        Init,CODE,READONLY,ALIEN = 3        ;指定后面的指令为 8 字节对齐。指
令序列
    END
```

③CODE16，CODE32。

语法格式：

CODE16（或 CODE32）

CODE16 伪指令通知编译器，其后的指令序列为 16 位的 Thumb 指令；

CODE32 伪指令通知编译器，其后的指令序列为 32 位的 ARM 指令。

若在汇编源程序中同时包含 ARM 指令和 Thumb 指令时,可用 CODE16 伪指令通知编译器其后的指令序列为 16 位的 Thumb 指令;CODE32 伪指令通知编译器其后的指令序列为 32 位的 ARM 指令。因此,在使用 ARM 指令和 Thumb 指令混合编程的代码里,可用这两条伪指令进行切换,但注意它们只通知编译器其后指令的类型,并不能对处理器进行状态的切换。

例如:

```
AREA        Init,CODE,READONLY

……

CODE32                    ;通知编译器其后的指令为 32 位的 ARM 指令
LDR R0 , = NEXT+1         ;将跳转地址放入寄存器 R0
BX   R0                   ;程序跳转到新的位置执行,并将处理器切换到 Thumb 工作
状态
……
CODE16                    ;通知编译器其后的指令为 16 位的 Thumb 指令
NEXT      LDR R3 , = 0x3FF
……
END                      ;程序结束
```

④ENTRY。

语法格式:ENTRY

ENTRY 伪指令用于指定汇编程序的入口点。在一个完整的汇编程序中至少要有一个 ENTRY(也可以有多个,当有多个 ENTRY 时,程序的真正入口点由链接器指定),但在一个源文件里最多只能有一个 ENTRY(可以没有)。

例如:

```
AREA        Init,CODE,READONLY
ENTRY                                    ;指定应用程序的入口点
……
```

⑤END。

语法格式:

END

END 伪指令用于通知编译器已经到了源程序的结尾。

例如:

```
AREA        Init,CODE,READONLY
……
END                                      ;指定应用程序的结尾
```

⑥EQU。

语法格式:

名称 EQU 表达式{,类型}

EQU 伪指令用于为程序中的常量、标号等定义一个等效的字符名称,类似于 C 语言中的 #define。其中 EQU 可用"*"代替。

名称为 EQU 伪指令定义的字符名称,当表达式为 32 位的常量时,可以指定表达式的数据类型,可以有以下 3 种类型:

CODE16,CODE32 和 DATA

例如:

```
Test      EQU 50                    ;定义标号 Test 的值为 50
 Addr EQU 0x55,CODE32               ;定义 Addr 的值为 0x55,且该处为 32 位的 ARM
指令。
```

⑦EXPORT(或 GLOBAL)。

语法格式:

EXPORT   标号{[WEAK]}

EXPORT 伪指令用于在程序中声明一个全局的标号,该标号可在其他的文件中引用。EXPORT 可用 GLOBAL 代替。标号在程序中区分大小写,[WEAK]选项声明其他的同名标号优先于该标号被引用。

例如:

```
AREA        Init,CODE,READONLY
EXPORT        Stest                ;声明一个可全局引用的标号 Stest
……
END
```

⑧IMPORT。

语法格式:

IMPORT   标号{[WEAK]}

IMPORT 伪指令用于通知编译器要使用的标号在其他的源文件中定义,但要在当前源文件中引用,而且无论当前源文件是否引用该标号,该标号均会被加入当前源文件的符号表中。

标号在程序中区分大小写,[WEAK]选项表示当所有的源文件都没有定义这样一个标号时,编译器也不给出错误信息,在多数情况下将该标号置为 0,若该标号为 B 或 BL 指令引用,则将 B 或 BL 指令置为 NOP 操作。

例如:

```
AREA        simplecode,CODE,READONLY
IMPORT        Main                 ;通知编译器当前文件要引用标号 Main
但 Main 在其他源文件中定义
……
END
```

3.5　C 语言中内嵌汇编

嵌入式系统开发过程中,有时需要在 C 程序中嵌入汇编语句,这样可以提高程序的运行效率。C 程序中内嵌汇编的语法格式如下:

asm("指令")

例如:

```
#include<stdio. h>
int main( )
{
asm("MOV    R6, #5");
asm("MOV    R7, #3");
asm("ADD    R3, R7, R6");
}
```

该例中将寄存器 R6,R5 的值相加,结果保存在 R3 中,C 语言中适当地调用汇编程序可以提高 C 程序的执行效率。

3.6　Cortex-M4 汇编语言编程实例

3.6.1　Cortex-M4 汇编程序格式

在 ARM 处理器中,汇编语言的语法结构如下所示:

标号　操作码　操作数 1,操作数,…;注释

其中标号是代表地址的符号,必须在一行的顶格书写,其后不能添加冒号":",而所有指令均不能顶格书写。ARM 汇编语言对标识符的大小写敏感,但在基于 KEIL 的编译器中,Cortex-M4 的汇编编程可以混合大小写,每行从第一个分号开始到本行结束为注释内容,所有的注释内容均被汇编器忽略。Cortex-M4 汇编指令之间可以有空格,从而增加了程序的可读性。

实例 1:在基于本书的实验开发板上,采用汇编程序实现点亮 LED0 灯,并使 LED0 闪烁。实验中的电路连接如图 3.7 所示。

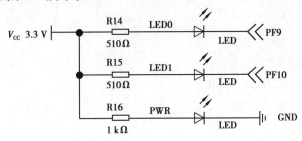

图 3.7　电路连接

　　图 3.10 中,LED0 连接的端口为 GPIOF,若使 LED 灯点亮,则需要实验板 STM32F407ZGT6 的 PF9 引脚输出低电平,反之,当 PF9 为高电平时,LED 灯熄灭,因此,问题的突破口在于如何使得 PF9 输出高低电平。根据 STM32F407ZGT6 数据手册(存储器映射)的相关内容,GPIOF 端口的映射基地址为 0x40021400,其端口的输入输出方式由工作方式寄存器(GPIOx_MODER)决定,工作方式寄存器映射地址为(0x40021400+0x00),而 GPIOF 输出的高低电平则由数据输出寄存器(GPIOx_ODR)决定,数据输出寄存器的映射地址为(0x40021400 + 0x14),由于 GPIO 作为外设挂载在 APB1 总线,为了使得 GPIO 工作,还需配置系统时钟 RCC,GPIO 端口的时钟由 RCC 的 RCC_APB1ENR 寄存器控制,该寄存器的映射地址为 (0x40023800 + 0x30)。因此,本实例的程序实现如下:

```
;=========================================
;led. s
;引脚配置 PF9
;实现 LED0 闪烁
;=========================================
GPIOF_MODER      EQU      (0x40021400 + 0x00);工作方式寄存器
GPIOF_ODR        EQU      (0x40021400 + 0x14);数据输出寄存器
RCC_APB1ENR      EQU      (0x40023800 + 0x30);RCC_APB1ENR 寄存器
DELAYVAL         EQU      0X0xfffff            ;延时循环次数
    area    simplecode,    code,    readonly
      entry
      EXPORT __main
__main
      PUSH {R0,R1};R0,R1 中的值放入堆栈
      ;控制时钟
      LDR R0,=RCC_APB1ENR;LDR 是把地址装载到寄存器中(如 R0)。
      ORR R0,R0,#0x20 ;按位或 ORR R0,R0,#0x20; R0=R0 |0x20
      LDR R1,=RCC_APB1ENR;R1 存了 RCC_APB2ENR 的地址
      STR R0,[R1];使能端口 F 的时钟
      ;初始化 GPIOF_MODER
      LDR R0,=GPIOF_MODER
      BIC R0,R0,#0x0fffff;BIC 先把立即数取反,再按位与,BIC R0,R0,#0xF;等同于
R0 & = ~(0xF)
      LDR R1,=GPIOF_MODER
      STR R0,[R1]
      LDR R0,=GPIOF_MODER
      ORR R0,#0x00010000
      LDR R1,=GPIOF_MODER
      STR R0,[R1]
```

```
    ;将 PF9 置 1,LED 熄灭
    MOV R0,#0x0400
    LDR R1,=GPIOF_ODR
    STR R0,[R1]
    POP {R0,R1};将栈中之前存的 R0,R1 的值返还给 R0,R1
LED_ON_F    ;点亮 LED 灯
    MOV R2,#0x0000
    LDR R3,=GPIOF_ODR
    STR R2,[R3]
    LDR R6,=DELAYVAL
    BL      DELAY    ;跳转到延时函数
LED_OFF_F
    MOV R2,#0x0400
    LDR R3,=GPIOF_ODR
    STR R2,[R3]
    b  LED_ON_F
DELAY
    SUB R6, R6, #1
    CMP R6,#0x0
    BNE DELAY
    BX LR
END
```

汇编 LED 闪烁的运行效果如图 3.8 所示。

图 3.8　汇编 LED 闪烁的运行效果

3.6.2　STM32F4xx 系列芯片的启动程序分析

STM32F4xx 系列芯片启动时首先要通过汇编程序完成系统的初始化,从何处启动运行代码则是通过 BOOT0 和 BOOT1 两个引脚的不同电平状态来决定的(详见第 2 章启动流程)。KEIL MDK 自带的 STM32F4xx 系列芯片的启动文件为 startup_stm32f40xx. s,该文件主要完成了堆和栈的初始化、向量表定义、地址重映射及中断向量表的转移、设置系统时钟频率、中断寄存器的初始化、如何进入 C 应用程序等功能。下面对汇编代码进行逐一解析。

1)堆和栈的初始化

```
Stack_Size        EQU         0x00000400
    AREA       STACK, NOINIT, READWRITE, ALIGN = 3
Stack_Mem        SPACE       Stack_Size
__initial_sp
```

EQU 相当于#define,用来定义栈区大小,AREA 用于定义一个新的数据段或者代码段,后面参数表示这个段名字为 STACK,NOINIT 即不初始化,可读可写,8(2^3)字节对齐。SPACE 指令用于分配一段连续的内存空间,这里分配了一个大小为 0x400 的连续存储区域,并初始化为 0,并且该区域的起始地址为 Stack_Mem。__initial_sp 表示栈空间顶地址。

```
Heap_SizeEQU 0x00000200
            AREAHEAP, NOINIT, READWRITE, ALIGN = 3
__heap_base
Heap_Mem        SPACEHeap_Size
__heap_limit
```

定义堆的大小为 0X00000200(即 512 字节),用 AREA 定义堆名为 HEAP,NOINIT 即不初始化,READWRITE 表示可读可写,8(2^3)字节对齐。__heap_base 表示堆的起始地址,__heap_limit 表示堆的结束地址。由于堆是由低向高生长的,恰恰跟栈的生长方向相反。堆主要用来动态内存的分配。

2)初始化中断向量表

```
__Vectors        DCD        __initial_sp            ; Top of Stack
            DCD        Reset_Handler           ; Reset Handler
            DCD        NMI_Handler             ; NMI Handler
            DCD        HardFault_Handler       ; Hard Fault Handler
            DCD        MemManage_Handler       ; MPU Fault Handler
            DCD        BusFault_Handler      ; Bus Fault Handler
            DCD        UsageFault_Handler      ; Usage Fault Handler
            DCD        0                       ; Reserved
            DCD        0                       ; Reserved
            DCD        0                       ; Reserved
            DCD        0                       ; Reserved
            DCD        SVC_Handler             ; SVCall Handler
            DCD        DebugMon_Handler        ; Debug Monitor Handler
            DCD        0                       ; Reserved
```

```
        DCD        PendSV_Handler            ; PendSV Handler
        DCD        SysTick_Handler        ; SysTick Handler
        ; External Interrupts
        DCD        WWDG_IRQHandler          ; Window WatchDog
        ……
__Vectors_End
```

Cortex-M4 内核支持 256 个中断,当有中断发生时,会返回一个编号给内核,内核通过中断向量表查找对应中断服务函数的地址,中断向量表中存放的内容为中断服务函数的地址。代码中 DCD 指令表示在存储器上分配一片连续的字存储单元,并用 DCD 后面的字符串初始化刚分配的存储单元。当第一次使用 DCD 时,所分配的地址从 0 开始,每次分配 4 字节,因此 0x00000000 地址存放__initial_sp,0x00000004 存放 Reset_Handler。

3)配置系统时钟

```
; Reset handler
Reset_Handler        PROC
                     EXPORT   Reset_Handler                [ WEAK ]
        IMPORT    SystemInit1
        IMPORT    __main

                     LDR        R0,  =SystemInit1
                     BLX        R0
                     LDR        R0,  =__main
                     BX         R0
                     ENDP
```

WEAK 表示弱声明,即如果程序的其他地方没有定义该变量,则执行此处的定义;若其他地方已经定义了该变量,则执行定义的变量。

EXPORT 是用来定义全局变量

IMPORT 引入外部全局变量

"LDR R0, =SystemInit"是将函数 SystemInit 函数地址放到寄存器 R0 中。

"BLX R0"是跳转到 R0 寄存器存储的地址处运行。

SystemInit 函数主要完成系统时钟、寄存器初始化等功能,初始化完成后,程序正式跳转到 main( )(C 程序)。

4)堆和栈的初始化

```
        IF         :DEF:__MICROLIB
        EXPORT     __initial_sp
        EXPORT     __heap_base
        EXPORT     __heap_limit
        ELSE
        IMPORT     __use_two_region_memory
```

```
                    EXPORT __user_initial_stackheap
  __user_initial_stackheap
                    LDRR0，=Heap_Mem
                    LDRR1，=（Stack_Mem + Stack_Size）
                    LDRR2，=（Heap_Mem +Heap_Size）
                    LDRR3，=Stack_Mem
                    BXLR
                    ALIGN
                    ENDIF
                    END
```

首先通过 IF 语句判断是否定义了__MICROLIB（在 KEIL 魔法棒中配置），若定义了这个宏则赋予标号__initial_sp（栈顶地址）、__heap_base（堆起始地址）、__heap_limit（堆结束地址）全局属性,可供外部文件调用,然后堆栈的初始化就由 C 库函数_main 来完成;如果没有定义__MICROLIB,需要编写 __user_initial_stackheap 堆栈初始化函数,并将其声明为外部全局标签,以供 __main()函数在初始化 C 语言环境时使用。

3.7　本章小节

本章主要介绍了 ARM 的指令的概念、编码格式、Cortex-M4 支持的指令集,通过相关概念的学习,使读者对基于 ARM 的嵌入式指令系统有了基本的认识。本章接着介绍了 Cortex-M4 处理器的寻址方式,包括立即数寻址、间接寻址、寄存器寻址、寄存器基址寻址等内容,这些内容都是理解嵌入式引导以及深入理解微处理器体系结构的基础。本章接下来的章节主要介绍了常见的汇编指令,包括数据处理指令、加载存储指令、程序控制、条件跳转等指令,以及 ARM 汇编器所支持的常用伪指令,最后通过具体的实例介绍了这些指令的使用。

3.8　本章习题

1. area simplecode, code, readonly;
   entry;
   export __main
   __main
   mov r0,#0x00018
   mov r1,r0
   end
执行该程序段后,寄存器 R1 的值为(　　),程序中 area 的含义是(　　)。
A.0x00018,定义一个新的代码段或者数据段　　　B.00018,定义一个地址

　　C. 18,定义入口地址　　　　　　　　　　　　　　　　D. 0,定义一个全局变量

2. 若寄存器 R0 的值为 0x1,执行完指令 MOV　R0,R0,lsl#4 后,R0 的值为(　　)。

　　A. 0x10　　　　　　　B. 0x2　　　　　　　C. 0x04　　　　　　　D. 0x08

3. 按照 ATPCS 规则,返回值为 int 型的子程序或函数,其返回值通过(　　)返回。

　　A. R0　　　　　　　　B. R1　　　　　　　C. R14　　　　　　　D. R8

4. 如下图所示,则执行 LDR R0,[R2,0x0]后 R0 的值为(　　)。

存储器	0x40000000	0xA

R2	0x40000000
R0	

　　A. 0xA　　　　　　　B. 0x40000000　　　　　C. 0x0　　　　　　D. 0x4000000A

5. 如下图所示,执行指令 LDMIA　R1!,{R2-R4,R6}后,R6 寄存器的值为(　　)。

R6	0x??
R4	0x??
R3	0x??
R2	0x??
R1	0x40000010

0x04	0x4000000C
0x03	0x40000008
0x02	0x40000004
0x01	0x40000000

存储器

　　A. 0x03　　　　　　　B. 0x02　　　　　　　C. 0x04　　　　　　D. 0x01

6. 下列 32 位数中,不可作为立即数的是(　　)。

　　A. 0x　　　　　　　　B. 0x04401102　　　　C. 0x00003412　　　D. 0x7011007

7. ARM 伪指令中,可用于大范围地址读取的是(　　)。

　　A. ADD　　　　　　　B. SUB　　　　　　　C. LDR　　　　　　　D. NOP

8. 下列条件码中表示不相等的是(　　)。

　　A. Eq　　　　　　　　B. gt　　　　　　　　C. ne　　　　　　　　D. cs

9. 若 R1 = 2000H,(2000H) = 0x86,(2008H) = 0x39,则执行指令 LDR　R0,[R1,#8]! 后 R0 的值为(　　)。

　　A. 0x2000　　　　　　B. 0x0086　　　　　　C. 0x2008　　　　　　D. 0x39

10. 简述 ARM 指令集的特点。

11. 试比较逻辑左移、算术左移、循环左移之间的差别。

12. ARM 数据处理指令具体的寻址方式有哪些? 如果程序计数器 PC 作为目标寄存器,会产生什么结果?

13. 编写程序实现将数值 0x56 存入寄存器 R5;将寄存器 APSR 的读取值放入 R6;从存储器地址[R2+18]中取出有符号半字存入 R2,并将 R2 更新为 R2+16。

14. 编写程序实现将一个任意常数存入 0x20000000 开始的存储单元中。

15. 编写程序实现将一串数据从一个存储位置复制到另一个位置。

第 **4** 章
嵌入式微控制器的通用输入/输出

本章学习要点：

1. 掌握 STM32F4xx 系列嵌入式微控制器的主要的 GPIO 引脚功能；
2. 理解 GPIO 的基本控制寄存器工作原理，RCC 时钟模块的使能寄存器；
3. 掌握 STM32F4xx 系列嵌入式微控制器的 GPIO 基本操作及应用；
4. 掌握初步的固件库编程方法。

在 STM32F4xx 系列微控制器中，GPIO（General Purpose Input/Output）引脚占用了大多数的引脚资源，GPIO 的基本功能是输入输出的控制，此外还有部分 GPIO 具有复用功能。本章主要介绍 STM32F4xx 系列微控制器的基本引脚以及使用方法、GPIO 常用的寄存器控制原理、通过 C 语言直接访问 GPIO 引脚以及通过 GPIO 的固件库函数访问方法。

4.1　STM32 系列嵌入式微控制器概述

意法半导体（STMicroelectronics，ST）集团于 1988 年 6 月成立，是由意大利的 SGS 微电子公司和法国 Thomson 半导体公司合并而成的。1998 年 5 月公司名称改为意法半导体有限公司，是世界最大的半导体公司之一。

STM32 是由意法半导体有限公司生产的基于 ARM Cortex-M 内核的 32 位的 MCU 系列微控制器。采用标准的 ARM 架构，具有高性能、低电压、低功耗等优点。Cortex-M 系列微控制器虽然频率不是很高，但常用于工业与控制，稳定可靠、使用寿命长，因此大受工程师和市场的青睐。

意法半导体主推有 STM32 基础型系列（STM32F1 系列）、增强型系列（STM32F4 系列）等，STM32 从内核上分有 Cortex-M0，M3，M4 和 M7 这几种，每个内核又大概分为主流、高性能和低功耗，见表 4.1。F1 代表了基础型，基于 Cortex-M3 内核，主频为 72 MHz；F4 代表了高性能型，基于 Cortex-M4 内核，主频为 168 MHz（这里指 F407 型，F429 型是 180M）。新系列采用 LQFP64，LQFP100 和 LFBGA100 3 种封装，不同的封装保持引脚排列一致性，结合 STM32 平台的设计理念，开发人员通过选择产品可重新优化功能、存储器、性能和引脚数量，以最小的硬件变化来满足个性化的应用需求。

表 4.1　**STM32 系列型号表**

STM32 内核	系列	描述
Cortex-M0 系列	STM32-F0	入门级
	STM32-L0	低功耗
Cortex-M3 系列	STM32-F1	主频 72 MHz 基础型
	STM32-F2	高性能
	STM32-L1	低功耗
Cortex-M4 系列	STM32-F3	混合型
	STM32-F4	主频 168 MHz 高性能型
	STM32-L4	低功耗
Cortex-M7 系列	STM32-F7	高性能

跟其他 ARM 系列微控制器命名规则类似,STM32 系列微控制器的命名有其特点,以 STM32F407ZGT6 型号的芯片为例,该型号的组成为 7 个部分,其命名规则见表 4.2。

表 4.2　**STM32F407ZGT6 命名规则表**

产品系列	STM32	其中 ST 意法半导体公司名称,没有什么特别的含义,M 表示的是微控制器,32 指基于 ARM 的 32 位微控制器
产品类型	F	F 表示为通用类型
产品子系列	407	401 代表基础型,407 代表高性能型且带 DSP(数字信号处理)和 FPU(浮点单元)
引脚数目	Z	T:36 引脚,C:48 引脚,R:64 引脚,V:100 引脚,Z:144 引脚
闪存储存器数量	G	4:16K 字节闪存存储器,6:32K 字节闪存存储器,8:64K 字节闪存存储器,B:128K 字节闪存存储器,C:256K 字节闪存存储器,D:384K 字节闪存存储器,E:512K 字节闪存存储,G:1024K 字节闪存存储器
封装	T	H:BGA 封装,T:LQFP 封装,U:VFQFPN 封装,Y:WLCSP64 封装
温度范围	6	6:-40~85 ℃,7:-40~105 ℃

4.2　STM32F4xx 系列微控制器通用输入/输出

输入/输出(Input/Output 简称:I/O)端口是微控制器必须具备的最基本外设功能。在基于 Cortex-M 内核的 ARM 中,所有 I/O 都是通用的,称为 GPIO(General Purpose Input/Output)。STM32F4xx 系列芯片的 GPIO 引脚与外部设备连接起来,可实现与外部通信、控制外部硬件或者采集外部硬件数据的功能。同一系列芯片不同型号端口数目不一样,例如,STM32F407ZGT6 基于 Cortex-M4 内核,共有 7 组 GPIO。分别为 GPIOA ~ GPIOG,通常称为 PAx,PBx,PCx,PDx,PEx,PFx,PGx,其中 x 表示每类端口的 0 ~ 15 个引脚,外加两个 PH0 和 PH1,一共 114 个 I/O 引脚,GPIO 端口内部结构如图 4.1 所示。

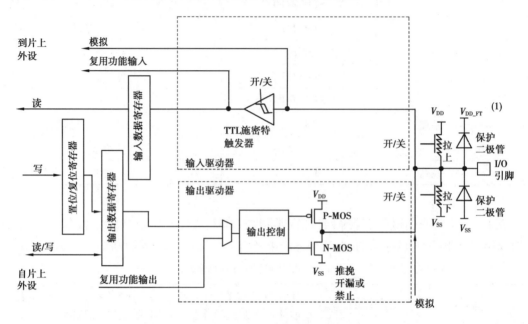

图 4.1　STM32F4xx 系列微控制器的 GPIO 端口内部结构

由图 4.1 可知,GPIO 端口内部是由一个个寄存器组成的,一个引脚对应一个寄存器或多个引脚对应一个多位的寄存器,改变寄存器中的数据就可以改变外设的工作方式。例如,现需要通过 GPIO 控制一个 LED 的点亮,硬件上,我们可以连接成如图 4.2 所示的图形,功能实现上我们只需要配置该引脚对应的数据输出寄存器,从而使引脚输出高低电平(1/0)。

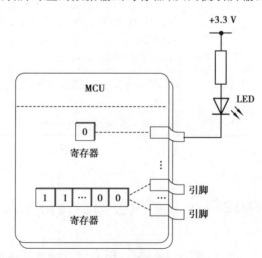

图 4.2　LED 灯与控制器连接图

在 STM32F4xx 系列芯片中,每个 GPIO 端口包括 4 个 32 位配置寄存器(GPIOx_MODER,

GPIOx_OTYPER, GPIOx_OSPEEDR 和 GPIOx_PUPDR）、两个 32 位数据输入/输出寄存器（GPIOx_IDR 和 GPIOx_ODR）、1 个 32 位置位/复位寄存器（GPIOx_BSRR）、1 个 32 位锁定寄存器（GPIOx_LCKR）和两个 32 位复用功能选择寄存器（GPIOx_AFRH 和 GPIOx_AFRL）。以 STM32F407ZGT6 芯片为例,其内部的主要寄存器的结构如图 4.3 所示。

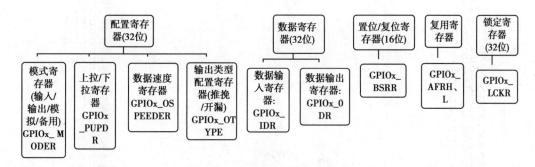

图 4.3　GPIO 的寄存器及结构

4.3　GPIO 端口功能特性

STM32F4xx 系列微控制器的 GPIO 端口具备以下特性:

①每组 GPIO 有 16 个引脚,可以用来与外设通信。

②输出状态包括推挽、开漏、上拉、下拉。

③从输出数据寄存器（GPIOx_ODR）或外设（复用功能输出）输出数据。

④每个 I/O 可以设置不同的速度。

⑤当用于数据输入时,输入状态包括浮空、上拉、下拉、模拟 4 种。

⑥将数据输入寄存器（GPIOx_IDR）或外设（复用功能输入）。

⑦置位和复位寄存器（GPIOx_BSRR）,对 GPIOx_ODR 具有按位写权限。

⑧锁定机制（GPIOx_LCKR）,可冻结 I/O 配置。

⑨复用功能输入/输出选择寄存器（一个 I/O 最多可具有 16 个复用功能）。

⑩快速翻转,每次翻转最快只需要两个时钟周期。

⑪引脚复用非常灵活,允许将 I/O 引脚用作 GPIO 或多种外设功能中的一种。

4.4　STM32F4xx 系列微控制器的 GPIO 引脚分布

以 STM32F407ZGT6 芯片为例,该芯片总共有 144 个引脚,其中 GPIO 引脚数为 114 个,其引脚分布如图 4.4 所示。

在图 4.4 中,STM32F407ZGT6 微控制器引脚共分为 6 大类:

电源引脚:V_{DD},V_{SS},V_{REF+},V_{REF-},V_{DDA},V_{SSA},V_{BAT}。

晶振引脚:PC14,PC15 和 OSC_IN,OSC_OUT。

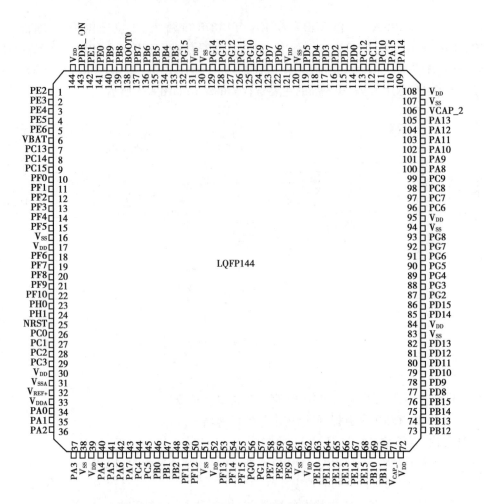

图 4.4 STM32F407ZGT6 的引脚分布图

复位引脚:NRST。

BOOT 引脚:BOOT0,BOOT1。

GPIO 引脚:共有 7 组 GPIO,外加两个引脚 PH0,PH1,其引脚分组为:

PA 组:PA0~PA15;PB 组:PB0~PB15;PC 组:PC0~PC15;PD 组:PD0~PD15;

PE 组:PE0~PE15;PF 组:PF0~PF15;PG 组:PG0~PG15;PH 组:PH0~PH1。

4.5 GPIO 的输入/输出模式

GPIO 引脚最主要的功能是输入/输出高低电平,总共有 8 种模式,描述如下:

①上拉输入模式:I/O 内部上拉电阻输入。

②下拉输入模式:I/O 内部下拉电阻输入。

③浮空输入模式:可用于外部按键的输入。

④模拟输入模式:可用于 ADC 模拟输入,或低功耗模式下的节能操作。

⑤开漏输出模式:不输出电压,控制输出低电平时引脚接地,控制输出高电平时引脚既不

输出高电平,也不输出低电平,为高阻态,如果外接上拉电阻,则在输出高电平时电压会拉到上拉电阻的电源电压。这种方式适合于连接的外设电压低于芯片电压时。

⑥推挽输出模式:I/O 低电平接地,高电平接 V_{CC}。

⑦带复用功能的推挽输出:用于片内外设功能(如 I^2C 总线引脚)。

⑧带复用功能的开漏输出:用于片内外设功能(如 SPI 总线引脚)。

4.6　GPIO 的引脚复用

STM32F4xx 系列微控制器有很多的内置外设,为了弥补微控制器有限的引脚,提高 I/O 端口的利用效率,这些外设的外部引脚都是与 GPIO 复用的,即一个 GPIO 可以复用为内置外设的功能引脚,当这个 GPIO 作为内置外设使用时,就称为复用。

STM32F4xx 系列微控制器 I/O 引脚通过一个多路复用器连接到内置外设或模块。该复用器一次只允许一个外设的复用功能(AF)连接到对应的 I/O 口。这样可以确保共用同一个 I/O 引脚的外设之间不会发生冲突。每个 I/O 引脚都有一个复用器,该复用器采用 16 路复用功能输入(AF0 到 AF15),可通过 GPIOx_AFRL(针对引脚 0 ~ 7)和 GPIOx_AFRH(针对引脚 8 ~ 15)寄存器对这些输入进行配置,每四位控制一路复用。

如图 4.5 所示,对于引脚 0 ~ 7,控制寄存器为 GPIOx_AFRL;而对于引脚 8 ~ 15,控制寄存器为 GPIOx_AFRH。从图 4.5 可以看出,当需要使用复用功能时,可以配置相应的寄存器 GPIOx_AFRL 或者 GPIOx_AFRH,让对应引脚通过复用器连接到对应的复用功能外设。完成复位后,所有 I/O 都会连接到系统的复用功能 0(AF0)。所有的外设复用功能映射到 AF1 ~ AF13,EVENTOUT 事件映射到 AF15。

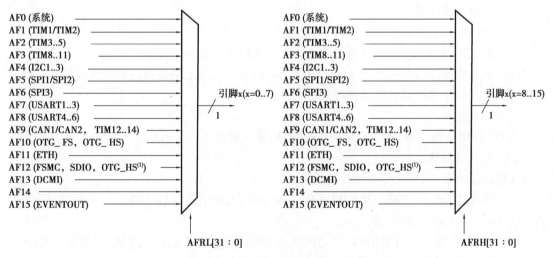

图 4.5　GPIO 引脚的多路复用器和复用配置

例如,若开发板端口对应的 11 号引脚 PC11 可以作为 SPI1_MISO/U3_Rx/U4—Rx 等复用功能,而在使用中,我们需要配置 PC11 为 SPI1_MISO 功能,11 号引脚的复用功能将通过 GPIOx_AFRH[15：12]来进行配置,因此需要选择 AF5,即 GPIOx_AFRH[15：12] = AF5。

4.7　GPIO 的功能配置

常用的 GPIO 配置主要包括输入配置、输出配置、复用配置、时钟配置等。

1）输入配置

当 GPIO 引脚用作输入时，需要输入配置，输入配置如图 4.6 所示。

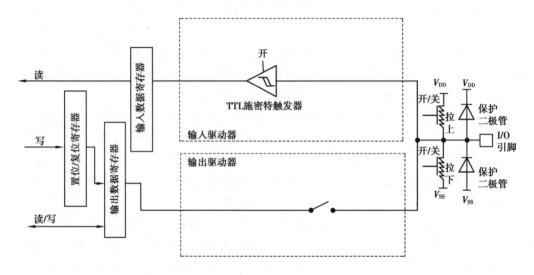

图 4.6　I/O 端口位的输入配置

输入配置的具体内容包括：

①关闭输出缓冲器。

②打开施密特触发器输入。

③根据 GPIOx_PUPDR 寄存器中的值决定是否打开上拉和下拉电阻。

④输入数据寄存器每隔 1 个 AHB1 时钟周期对 I/O 引脚上的数据进行一次采样。

⑤对输入数据寄存器的读访问可获取 I/O 状态。

2）输出配置

当 GPIO 引脚用作输出时，需要输出配置，输出配置如图 4.7 所示。

输出配置的具体内容包括：

①输出缓冲器被打开，分为两种情况：

a. 开漏模式：输出寄存器中的"0"可激活 N-MOS，而输出寄存器中的"1"会使端口保持高组态（Hi-Z）（P-MOS 始终不激活）。

b. 推挽模式：输出寄存器中的"0"可激活 N-MOS，而输出寄存器中的"1"可激活 P-MOS。

②施密特触发器输入被打开。

③根据 GPIOx_PUPDR 寄存器中的值决定是否打开弱上拉电阻和下拉电阻。

④输入数据寄存器每隔 1 个 AHB1 时钟周期对 I/O 引脚上的数据进行一次采样。

⑤对输入数据寄存器的读访问可获取 I/O 状态。

⑥对输出数据寄存器的读访问可获取最后的写入值。

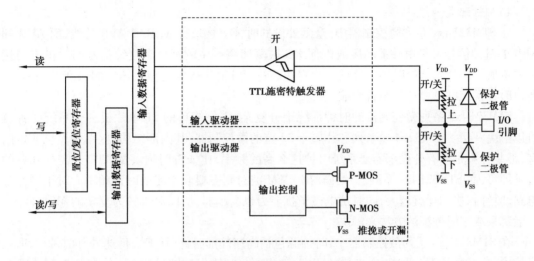

图 4.7　I/O 端口位的输出配置

3）复用配置

当 GPIO 引脚需要复用功能时,其配置如图 4.8 所示。

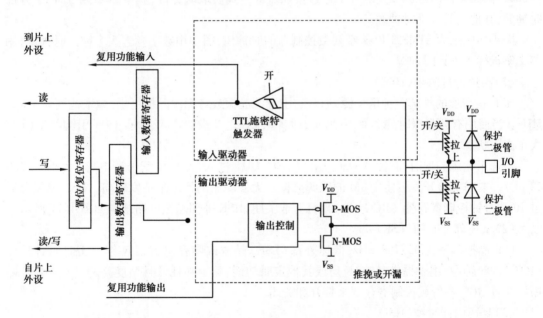

图 4.8　I/O 端口位的复用配置

GPIO 的复用功能的 GPIO 配置内容包括:

①可将输出缓冲器配置为开漏或推挽。

②输出缓冲器由来自外设的信号驱动(发送器使能和数据)。

③施密特触发器输入被打开。

④根据 GPIOx_PUPDR 寄存器中的值决定是否打开弱上拉电阻和下拉电阻。

⑤输入数据寄存器每隔 1 个 AHB1 时钟周期对 I/O 引脚上的数据进行一次采样。

⑥对输入数据寄存器的读访问可获取 I/O 状态。

4)时钟配置

在 STM32F4xx 系列微控制器中,众多外设的时钟信号来自 AHB 或 APB 总线,而 AHB 和 APB 的时钟信号又是由外部晶振或内部 RC 振荡回路产生的。众多时钟信号的提供方与接收方构成了芯片内部的时钟系统网络。它在芯片内部的作用就类似人体内的血液循环网络,所以时钟系统的重要性就不言而喻了。

STM32F4xx 系列微控制器的时钟系统十分复杂,不像简单的 51 单片机一个系统时钟就可以解决一切。STM32F4xx 系列芯片属于 32 位的微控制器,其内部结构复杂,外设也非常的多,但是并不是所有外设都需要系统时钟这么高的频率,比如看门狗以及 RTC 只需要几兆的时钟即可,而 STM32F4xx 系列芯片在输出 PWM 波时则需要几十兆的时钟频率。对于同一个电路,时钟越快功耗就越大,同时抗电磁干扰能力也会越弱,所以对于较为复杂的 MCU 问题,一般都采取多时钟源的方法来解决。

在 STM32F4xx 系列微控制器中,时钟源包括高速外部时钟(HSE)、低速外部时钟(LSE)、高速内部时钟(HSI)、低速内部时钟(LSI)、锁相环倍频输出时钟(PLL)。其中 PLL 分为两个时钟源,分别为主 PLL 和专用 PLL(PLLI2S)。从时钟频率来分,可以分为高速时钟源和低速时钟源,其中 HSI,HSE,PLL 是高速时钟,LSI 和 LSE 是低速时钟;从来源可分为外部时钟源和内部时钟源,外部时钟源就是从外部通过接晶振的方式获取时钟源,其中 HSE 和 LSE 是外部时钟源,其他的是内部时钟源。

图 4.9 所示为 STM32F40xx 系列微控制器的时钟树,图中用数字标志 5 个输入时钟源,用英文字母标志外设时钟源。

(1)高速外部时钟(HSE)

HSE 是高速的外部时钟信号源,通常它由有源晶振或者无源晶振提供,频率范围为 4~26 MHz。当使用有源晶振时如图 4.10 所示,时钟从 OSC_IN 引脚进入,OSC_OUT 引脚悬空(HIZ 表示高阻状态)。

当选用无源晶振时,时钟从 OSC_IN 和 OSC_OUT 进入,并且要配谐振电容(大小一般为 22 pF)。本书实验开发板使用 8M 的无源晶振。无源晶振的特点是精度较高。HSE 晶振可通过 RCC 时钟控制寄存器 (RCC_CR)来打开或关闭,HSE 外部晶振电路结构如图 4.11 所示。

(2)低速外部时钟(LSE)

LSE 晶振频率为 32.768 kHz,低速外部(LSE)晶振或陶瓷谐振器可作为实时时钟外设(RTC)的时钟源,用来提供时钟/日历或其他定时功能,具有功耗低且精度高的优点。LSE 晶振可通过 RCC 备份域控制寄存器来打开和关闭。

(3)高速内部时钟(HSI)

HSI 时钟信号由内部 16 MHz 的 RC 振荡器生成,可直接用作系统时钟,或者用作 PLL 输入。HSI 的 RC 振荡器的优点是成本较低(无须使用外部组件)。此外,其启动速度也要比 HSE 晶振快,但即使校准后,其精度也不及外部晶振或陶瓷谐振器高。

注意:如果我们使用 HSE 或者 HSE 经过 PLL 倍频之后的时钟作为 SYSCLK 系统时钟,当 HSE 出现故障时,不仅 HSE 会被关闭,PLL 也会被关闭,此时高速内部时钟信号会作为备用的系统时钟,直到 HSE 恢复正常。

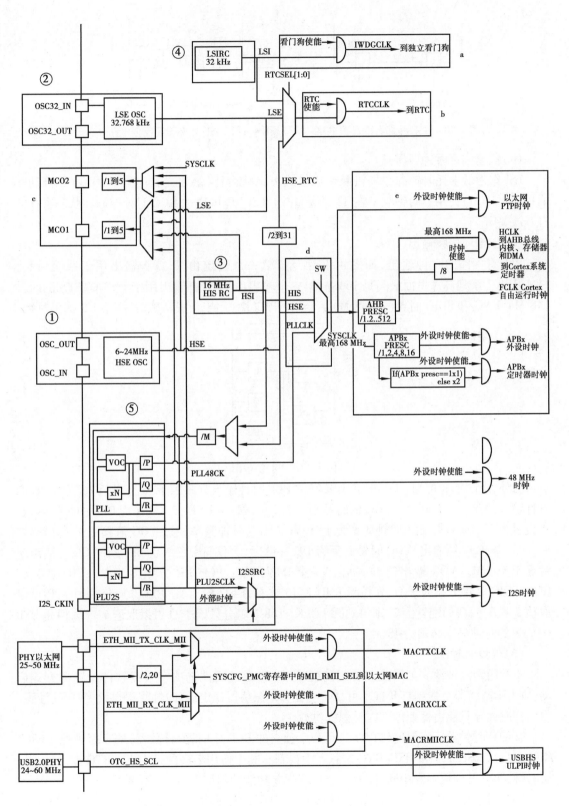

图 4.9　STM32F4xx 的时钟树

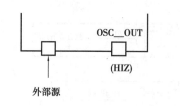

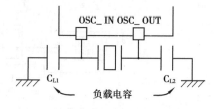

图 4.10　HSE 外部有源晶振电路　　　　图 4.11　HSE 外部无源晶振电路

（4）低速内部时钟（LSI）

LSI 作为低功耗时钟源在停机和待机模式下保持运行,供独立看门狗（IWDG）和自动唤醒单元（AWU）使用。时钟频率在 32 kHz 左右。LSI RC 可通过 RCC 时钟控制和状态寄存器打开或关闭。

（5）锁相环倍频输出（PLL）

PLL 有两路的时钟输出,如图 4.12 所示,第一个输出由/P 管脚输出用于系统时钟,STM32F407 系列芯片里面最高是 168 M,第二个输出由/Q 管脚输出用于 USB OTGFS 的时钟（48 M）、RNG 和 SDIO 时钟（<=48 M）。专用的 PLLI2S 用于生成精确时钟,给 I^2S 提供时钟。

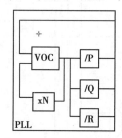

图 4.12　PLL 结构图

另外,由图 4.8 可知,HSE 或者 HSI 经过 PLL 时钟输入分频因子 M 分频后,成为 VOC 的时钟输入,如图 4.11 所示。VOC 的时钟必须为 1~2 M,当 HSE=25 M 作为 PLL 的时钟输入,M 设置为 25,则 VOC 输入时钟频率为 1 M,VOC 输入时钟频率经过 VOC 倍频因子 N 倍频之后,成为 VOC 时钟输出,VOC 时钟必须为 192~432 M。我们配置 N 为 336,则 VOC 的输出时钟等于 336 M。VOC 输出时钟之后有 3 个分频因子:PLLCLK 分频因子 P,USB/OTGFS/RNG/SDIO 时钟分频因子 Q、分频因子 R（F446 才有,F407 没有）。PLLCLK 分频因子 P 可以取值 2,4,6,8,我们配置为 2,则得到 PLLCLK=168 M。分频因子 Q 可以取值 4~15,但是 USB OTGFS 的时钟频率必须为 48 M。

（6）外设时钟源

①看门狗时钟源。如果独立看门狗（IWDG）已通过硬件选项字节或软件设置的方式启动,则 LSI 振荡器将强制打开且不可禁止。在 LSI 振荡器稳定后,时钟将提供给 IWDG（注意:看门狗时钟源只能由低速内部时钟源提供）。

②RTC 时钟源。实时时钟（RTC）是一个独立的 BCD 定时器/计数器,RTC 时钟源—RTC-CLK 可以从 LSE,LSI 和 HSE_RTC 这三者中得到。其中使用最多的是 LSE。RTC 提供一个日历时钟、两个可编程闹钟中断,以及一个具有中断功能的周期性可编程唤醒标志。

RTC 时钟源可以是 HSE 1 MHz（HSE 由一个可编程的预分频器分频）、LSE 或者 LSI 时钟。选择方式是编程 RCC 备份域控制寄存器（RCC_BDCR）中的 RTCSEL[1:0]位和 RCC 时钟配置寄存器(RCC_CFGR)中的 RTCPRE[4∶0]位。所做的选择只能通过复位备份域的方式修改。我们通常的做法是由 LSE 给 RTC 提供时钟,大小为 32.768 kHz。LSE 由外接的晶体谐振器产生,所配的谐振电容精度要求高,不然很容易不起振。

③输出时钟 MCO1 与 MCO2。MCO(Microcontroller Clock Output)是微控制器时钟输出引脚,主要作用是可以对外提供时钟,相当于一个有源晶振。STM32F407ZGT6 中有两个 MCO,由 PA8/PC9 复用所得。MCO1 所需的时钟源通过 RCC 时钟配置寄存器(RCC_CFGR)中的 MCO1PRE[2∶0]和 MCO1[1∶0]位选择;MCO2 所需的时钟源通过 RCC 时钟配置寄存器(RCC_CFGR)中的 MCO2PRE[2∶0]和 MCO2 位选择。有关 MCO 的 I/O、时钟选择和输出速率的具体信息见表 4.3。

表 4.3　时钟输出信息表

时钟输出	I/O 端口	时钟来源	I/O 口输出速度
MCO1	PA8	HSI,HSE,LSE,PLL	<=100 M
MCO2	PC9	HSE,PLL,PLLI2S,SYSCLK	<=100 M

④系统时钟。SYSCLK 系统时钟来源于 HSI,HSE 和 PLL。一般情况下,都是采用 PLL 作为 SYSCLK 时钟源。若 VOC 输入时钟等于 1 M,经过倍频因子 $N=336$ 倍频之后,在经过 PLLCLK 分频因子 $P=2$,输出时钟 PLL$=168$ M 即可作为系统时钟。

如果系统时钟是由 HSE 经过 PLL 倍频之后的 PLL 得到,当 HSE 出现故障时,系统时钟会切换为 HSI,直到 HSE 恢复正常为止。

⑤挂在系统时钟 SYSCLK 上的诸多外设时钟。以太网 PTP 时钟、AHB 时钟、APB2 高速时钟、APB1 低速时钟都是来源于 SYSCLK 系统时钟。其中以太网 PTP 时钟是使用系统时钟。AHB,APB2 和 APB1 时钟是经过 SYSCLK 时钟分频得来的。这里大家记住,AHB 最大时钟为 168 MHz,APB2 高速时钟最大频率为 84 MHz,而 APB1 低速时钟最大频率为 42 MHz。

4.8　STM32F4xx 的 GPIO 常用寄存器

寄存器是 STM32F4xx 系列微控制器中最基本的组件之一,在 GPIO 的编程中,我们可通过寄存器设置不同的值,实现 GPIO 端口的输入输出控制。对于 ARM 系列芯片,寄存器编程是基础,而固件库是将寄存器编程代码封装成函数库,固件库编程可以实现快速的项目开发。实际上,在 8 位或者 16 位单片机中,更多地采用寄存器编程,在一定程度上影响了项目开发效率。

1)GPIO 的地址映射

正如第 2 章所述,在 STM32F4xx 芯片中,GPIO 作为一种外设,挂载在 APB 总线上,因此,GPIO 也有自己的地址范围,GPIO 的地址映射范围见表 4.4。

表 4.4　GPIO 端口的地址映射范围

外设名称	外设基地址	相对于 AHB1 总线的偏移地址
GPIOA	0X40020000	0X0

续表

外设名称	外设基地址	相对于 AHB1 总线的偏移地址
GPIOB	0X40020400	0X00000400
GPIOC	0X40020800	0X00000800
GPIOD	0X40020C00	0X00000C00
GPIOE	0X40021000	0X00001000
GPIOF	0X40021400	0X00001400
GPIOG	0X40021800	0X00001800
GPIOH	0X40021C00	0X00001C00

从表4.4 中可以看出,GPIOA 的基址相对于 AHB1 总线的地址偏移为 0,因此,AHB1 总线的第一个外设就是 GPIOA。

2)GPIO 寄存器地址

在 STM32F4xx 系列芯片中,GPIO 主要包括 7 个控制寄存器,每一个都有特定的功能。每个寄存器为 32 bit,占 4 个字节,在 GPIO 的基地址上按照顺序排列,寄存器的位置都以相对该外设基地址的偏移地址来描述,以 GPIOA 端口为例,表 4.5 为 GPIOA 端口的寄存器地址列表。

表 4.5 GPIOA 端口的寄存器地址列表

寄存器名称	寄存器地址	相对于 GPIO 基址的偏移地址
GPIOA_MODER	0X40020000	0X00
GPIOA_OTYPE	0X40020004	0X04
GPIOA_OSPEEDR	0X40020008	0X08
GPIOA_PUPDR	0X4002000C	0X0C
GPIOA_IDR	0X40020010	0X10
GPIOA_ODR	0X40020014	0X14
GPIOA_BSRR	0X40020018	0X18
GPIOA_LCKR	0X4002001C	0X1C
GPIOA_AFRL	0X40020020	0X20
GPIOA_AFRH	0X40020024	0X24

3)GPIO 常用的寄存器功能描述

(1)GPIO 端口模式寄存器(GPIOx_MODER)(x = A..I)

GPIOx_MODER 寄存器偏移地址为 0x00,当系统复位时,GPIOA 的值为 0xA8000000,GPIOB 的值为 0x00000280,其他端口值为 0x00000000。

31	30	29	28	27	26	25	24	23	22	21	20	19	18	17	16
MODER15[1:0]		MODER14[1:0]		MODER13[1:0]		MODER12[1:0]		MODER11[1:0]		MODER10[1:0]		MODER9[1:0]		MODER8[1:0]	
RW	RW	RW	RW	RW	RW	RW	RW	RW	RW	RW	RW	RW	RW	RW	RW
15	14	13	12	11	10	9	8	7	6	5	4	3	2	1	0
MODER7[1:0]		MODER6[1:0]		MODER5[1:0]		MODER4[1:0]		MODER3[1:0]		MODER2[1:0]		MODER1[1:0]		MODER0[1:0]	
RW	RW	RW	RW	RW	RW	RW	RW	RW	RW	RW	RW	RW	RW	RW	RW

GPIOx_MODER 寄存器中,所有位通过软件写入,用于配置 I/O 方向模式,每两位确定一个端口引脚,总共有 4 种输入输出模式,分别为:

00:输入(复位状态);

01:通用输出模式;

10:复用功能模式;

11:模拟模式。

例如,GPIOA 端口的第 9 引脚控制 LED 灯,使其点亮,则需要将该寄存器配置为输出模式,采用寄存器编程的实现代码为:

＊((volatile unsigned long ＊)(0x40020000+0x00))|=(1<<18)//其中括号中 1<<18 表示右移 18 位,0x40020000+0x00 表示端口 A 的基地址加偏移地址,再进行按位或操作。

(2)GPIO 端口输出类型寄存器(GPIOx_OTYPER)(x=A..I)

GPIOx_OTYPER 寄存器偏移地址为 0x04,系统复位时,其值为 0x00000000。

31	30	29	28	27	26	25	24	23	22	21	20	19	18	17	16
Reserved															
15	14	13	12	11	10	9	8	7	6	5	4	3	2	1	0
OT15	OT14	OT13	OT12	OT11	OT10	OT9	OT8	OT7	OT6	OT5	OT4	OT3	OT2	OT1	OT0
RW	RW	RW	RW	RW	RW	RW	RW	RW	RW	RW	RW	RW	RW	RW	RW

该寄存器中位 31:16 为保留位,必须保持复位值。

位 15:0 中,每一位有两种状态,表示 I/O 端口的输出类型。

0:输出推挽(复位状态);

1:输出开漏。

(3)GPIO 端口输出速度寄存器(GPIOx_OSPEEDR)(x=A..I)

GPIOx_OSPEEDR 寄存器偏移地址为 0x08,系统复位时,GPIOB 端口值为 0x000000C0,其他端口复位值为 0x00000000。

31	30	29	28	27	26	25	24	23	22	21	20	19	18	17	16
PUPDR15[1:0]		PUPDR14[1:0]		PUPDR13[1:0]		PUPDR12[1:0]		PUPDR11[1:0]		PUPDR10[1:0]		PUPDR9[1:0]		PUPDR8[1:0]	
RW	RW	RW	RW	RW	RW	RW	RW	RW	RW	RW	RW	RW	RW	RW	RW
15	14	13	12	11	10	9	8	7	6	5	4	3	2	1	0
PUPDR7[1:0]		PUPDR6[1:0]		PUPDR5[1:0]		PUPDR4[1:0]		PUPDR3[1:0]		PUPDR2[1:0]		PUPDR1[1:0]		PUPDR0[1:0]	
RW	RW	RW	RW	RW	RW	RW	RW	RW	RW	RW	RW	RW	RW	RW	RW

31	30	29	28	27	26	25	24	23	22	21	20	19	18	17	16
OSPEEDR15[1:0]		OSPEEDR14[1:0]		OSPEEDR13[1:0]		OSPEEDR12[1:0]		OSPEEDR11[1:0]		OSPEEDR10[1:0]		OSPEEDR9[1:0]		OSPEEDR8[1:0]	
RW	RW	RW	RW	RW	RW	RW	RW	RW	RW	RW	RW	RW	RW	RW	RW
15	14	13	12	11	10	9	8	7	6	5	4	3	2	1	0
OSPEEDR7[1:0]		OSPEEDR6[1:0]		OSPEEDR5[1:0]		OSPEEDR4[1:0]		OSPEEDR3[1:0]		OSPEEDR2[1:0]		OSPEEDR1[1:0]		OSPEEDR0[1:0]	
RW	RW	RW	RW	RW	RW	RW	RW	RW	RW	RW	RW	RW	RW	RW	RW

该寄存器两位决定一个 GPIO 端口引脚速度,总共有 4 种速度配置,分别为:

00:2 MHz(低速);

01:25 MHz(中速);

10:50 MHz(快速);

11:30 pF 时为 100 MHz(高速)(15 pF 时为 80 MHz 输出(最大速度))。

(4)GPIO 端口上拉/下拉寄存器（GPIOx_PUPDR）(x=A..I/)

GPIOx_PUPDR 寄存器偏移地址为 0x0C,系统复位时,GPIOA 端口的值为 0x64000000,GPIOB 端口复位值为 0x00000100,其他端口值为 0x00000000。

31	30	29	28	27	26	25	24	23	22	21	20	19	18	17	16
PUPDR15[1:0]		PUPDR14[1:0]		PUPDR13[1:0]		PUPDR12[1:0]		PUPDR11[1:0]		PUPDR10[1:0]		PUPDR9[1:0]		PUPDR8[1:0]	
RW	RW	RW	RW	RW	RW	RW	RW	RW	RW	RW	RW	RW	RW	RW	RW
15	14	13	12	11	10	9	8	7	6	5	4	3	2	1	0
PUPDR7[1:0]		PUPDR6[1:0]		PUPDR5[1:0]		PUPDR4[1:0]		PUPDR3[1:0]		PUPDR2[1:0]		PUPDR1[1:0]		PUPDR0[1:0]	
RW	RW	RW	RW	RW	RW	RW	RW	RW	RW	RW	RW	RW	RW	RW	RW

该寄存器两位确定一个端口引脚,这些位通过软件写入,用于配置 I/O 上拉或下拉。

00:无上拉或下拉;

01:上拉;

10:下拉;

11:保留。

(5)GPIO 端口输入数据寄存器 (GPIOx_IDR)(x = A..I)

GPIOx_IDR 寄存器偏移地址为 0x14,系统复位时,其值为 0x00000000。

31	30	29	28	27	26	25	24	23	22	21	20	19	18	17	16
Reserved															
15	14	13	12	11	10	9	8	7	6	5	4	3	2	1	0
IDR15	IDR14	IDR13	IDR12	IDR11	IDR10	IDR9	IDR8	IDR7	IDR6	IDR5	IDR4	IDR3	IDR2	IDR1	IDR0
RW	RW	RW	RW	RW	RW	RW	RW	RW	RW	RW	RW	RW	RW	RW	RW

其中位 31:16 保留,必须保持复位值。位 15:0 为端口引脚输出数据,这些位可通过软件读取和写入。

注意:对于原子置位/复位,通过写入 GPIOx_BSRR 寄存器,可分别对 ODR 位进行置位和复位 (x = A..I/)。

(6)GPIO 端口输出数据寄存器 (GPIOx_ODR)(x = A..I)

GPIOx_ODR 寄存器的偏移地址为 0x14,复位值为 0x0000 0000。

31	30	29	28	27	26	25	24	23	22	21	20	19	18	17	16
Reserved															
15	14	13	12	11	10	9	8	7	6	5	4	3	2	1	0
ODR15	ODR14	ODR13	ODR12	ODR11	ODR10	ODR9	ODR8	ODR7	ODR6	ODR5	ODR4	ODR3	ODR2	ODR1	ODR0
RW	RW	RW	RW	RW	RW	RW	RW	RW	RW	RW	RW	RW	RW	RW	RW

其中位 31:16 为保留位,必须保持复位值。位 15:0 表示端口引脚输出数据,这些位可通过软件读取和写入。

注意:对于原子置位/复位,通过写入 GPIOx_BSRR 寄存器,可分别对 ODR 位进行置位和复位 (x = A..I/)。

例如,GPIOA 端口的第 9 引脚控制 LED 灯,使其点亮,则需要第 9 个引脚输出高低电平,采用寄存器编程的实现代码为:

```
*((volatile unsigned long *)(0x40020000+0x14))|=(1<<9)
```

(7)GPIO 端口置位/复位寄存器 (GPIOx_BSRR)(x = A..I)

GPIOx_ODR 寄存器的偏移地址为 0x18,复位值为 0x00000000。

31	30	29	28	27	26	25	24	23	22	21	20	19	18	17	16
BR15	BR14	BR13	BR12	BR11	BR10	BR9	BR8	BR7	BR6	BR5	BR4	BR3	BR2	BR1	BR
W	W	W	W	W	W	W	W	W	W	W	W	W	W	W	W
15	14	13	12	11	10	9	8	7	6	5	4	3	2	1	0
BS15	BS14	BS13	BS12	BS11	BS10	BS9	BS8	BS7	BS6	BS5	BS4	BS3	BS2	BS1	BS0
W	W	W	W	W	W	W	W	W	W	W	W	W	W	W	W

其中位 31：16 表示端口引脚复位位,这些位为只写形式,只能在字、半字或字节模式下访问。读取这些位可返回值 0x0000。

0:不会对相应引脚的输出寄存器 ODRx 位执行任何操作;

1:对相应引脚的 ODRx 位进行复位。

注意:如果同时对 BSx 和 BRx 置位,则 BSx 的优先级更高。

位 15：0 表示对端口引脚置位位,有两种状态:

0:不会对相应引脚的 ODRx 位执行任何操作;

1:对相应引脚的 ODRx 位进行置位。

(8)GPIO 复用功能低位寄存器（GPIOx_AFRL）（x＝A..I）

31	30	29	28	27	26	25	24	23	22	21	20	19	18	17	16
AFRL7[3：0]				AFRL6[3：0]				AFRL5[3：0]				AFRL4[3：0]			
RW	RW	RW	RW	RW	RW	RW	RW	RW	RW	RW	RW	RW	RW	RW	RW

GPIOx_AFRL 寄存器的偏移地址为 0x20,复位值为 0x00000000。

15	14	13	12	11	10	9	8	7	6	5	4	3	2	1	0
AFRL3[3：0]				AFRL2[3：0]				AFRL1[3：0]				AFRL0[3：0]			
RW	RW	RW	RW	RW	RW	RW	RW	RW	RW	RW	RW	RW	RW	RW	RW

其中 GPIOx_AFRL 寄存器用于低位 8 个端口引脚的复用功能选择,该寄存器每三位确定一个端口引脚,这些位通过软件写入,用于配置复用功能 I/O。

AFRLy（y＝0..7)选择为:

0000	0001	0010	0011	0100	0101	0110	0111
AF0	AF1	AF2	AF3	AF4	AF5	AF6	AF7

(9)GPIO 复用功能高位寄存器（GPIOx_AFRH）（x = A . . I）

GPIOx_AFRH 寄存器的偏移地址为 0x24,复位值为 0x00000000。GPIOx_AFRH 寄存器用于低 8 个端口引脚的复用功能选择,这些位通过软件写入,用于配置复用功能 I/O。

31	30	29	28	27	26	25	24	23	22	21	20	19	18	17	16
AFRH15[3：0]				AFRH14[3：0]				AFRH13[3：0]				AFRH12[3：0]			
RW	RW	RW	RW	RW	RW	RW	RW	RW	RW	RW	RW	RW	RW	RW	RW
15	14	13	12	11	10	9	8	7	6	5	4	3	2	1	0
AFRH11[3：0]				AFRH10[3：0]				AFRH9[3：0]				AFRH8[3：0]			
RW	RW	RW	RW	RW	RW	RW	RW	RW	RW	RW	RW	RW	RW	RW	RW

AFRLy(y = 8 . . 15)选择为:

1000	1001	1010	1011	1100	1101	1110	1111
AF8	AF9	AF10	AF11	AF12	AF13	AF14	AF15

4.9　STM32F4xx 系列微控制器的 GPIO 编程

基于 STM32F4xx 系列微控制器的编程主要包括寄存器编程和库函数编程,编程语言可以选择汇编语言或 C 语言。

4.9.1　GPIO 寄存器编程

1)嵌入式 C 语言的按位操作

①位与(&),两个操作数是按照二进制位依次对应位相与,即 1&0 = 0; 0&1 = 0;1&1 = 1; 0&0 = 0。

注意:逻辑与是两个操作数作为整体来相与。

②位或(|),两个操作数是按照二进制位依次对应位相或。即 1|0 = 1;1|1 = 1;0|0 = 0; 0| 1 = 1。

③位取反(~),操作数是按照二进制位逐个按位取反,即 1 变 0,0 变 1。

④位异或(^),两个操作数是按照二进制位依次异或,即 1^1 = 0;0^0 = 0;1^0 = 1;0^1 = 1。

⑤左移位<<和右移位>>。

C 语言的移位要取决于数据类型,对于无符号数,左移时,右侧补 0(相当于逻辑移位);右移时,左侧补 0(相当于逻辑移位)。对于有符号数,左移时,右侧补 0(叫算术移位,相当于逻辑移位);右移时,左侧补符号位,正数补 0,负数补 1(叫算术移位)。嵌入式系统研究和使用的移位,全是无符号数。

2)位与、位或和位异或在寄存器编程时的特殊作用

寄存器的特点是按位进行设计和使用。但是在 32 位嵌入式系统中,寄存器的读写是整体 32 位一起进行的(必须整体 32 位全部写入需要设置的值)。因此,寄存器操作要求在设定特定位时不能影响其他位。ARM 系列微控制器的内存与 I/O 是统一编址的,ARM 中有很多内部外设,应用中微控制器通过这些内部外设的寄存器写入一些特定的值来控制外设,进而操控硬件动作。

(1)特定位清零使用位与

任何数与 1 位与无变化,与 0 位与变成 0。若需要将一个寄存器的某些特定位变成 0 而不影响其他位,可以构造一个合适的 1 和 0 组成的数和这个寄存器原来的值进行位与操作,就可以将特定位清零。

例如,假设原来 32 位寄存器中的值为 0xAAAAAAAA,我们希望将 bit8 ~ bit15 清零而其他位不变,可以将这个数与 0xFFFF00FF 进行位与即可。

(2)特定位置 1 使用位或

任何数与 1 位或变成 1,与 0 位或无变化。在对某个寄存器位置 1 时,同样需要构造这样一个数:要置 1 的特定位为 1,其他位为 0,然后将这个数与原来的数进行位或即可。

(3)特定位取反用异或

任何数与 1 位异或会取反,与 0 位异或无变化,操作手法和上述类似。我们要构造这样一个数:要取反的特定位为 1,其他位为 0,然后将这个数与原来的数进行位异或即可。

3)寄存器特定位的赋值操作

对寄存器特定位进行置1、清零或取反,关键性的难点在于要事先构建一个特别的数,这个数和原来的值进行位与、位或、位异或等操作,即可达到我们对寄存器特定位操作的要求。

方法 1:用工具软件、计算器或者其他方法,直接给出完整的 32 位特定数。

方法 2:使用移位获取特定位为 1 的二进制数,例如需要将一个数 bit3 ~ bit7 置为 1(其他位全为 0),可以通过移位操作实现:(0x1f<<3),再如,获取 bit3 ~ bit7 为 1,同时 bit23 ~ bit25 为 1,其余位为 0 的数:((0x1f<<3)|(7<<23)),再结合位取反获取特定位为 0 的二进制数。

4.9.2　GPIO 寄存器编程举例

下面通过一个实例介绍寄存器编程方法。

实例 1:在本书的配套实验开发板上,使用 GPIOF 的第 9 和第 10 个引脚实现 LED 灯的交替闪烁。硬件电路如图 4.13 所示。

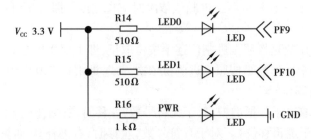

图 4.13　LED 电路连接

分析：由图 4.13 可知，实现 LED 闪烁，需要将 GPIO 的引脚设置成推挽输出模式并且默认下拉，当引脚输出高电平时，LED 熄灭；当引脚输出低电平时，LED 点亮。

首先新建工程文件，其实现过程如下所述：

①按顺序安装 Keil 软件，再安装相应的固件库（这里 Keil.STM32F4xx_DFP.1.0.），采用 Keil Generic Keygen 解码工具对 Keil 解码，打开 Keil 软件，新建一个名为 test04 的工程文件，在弹出的对话框中选择本实验装置的芯片 STM32F407ZGT6，如图 4.14 所示。

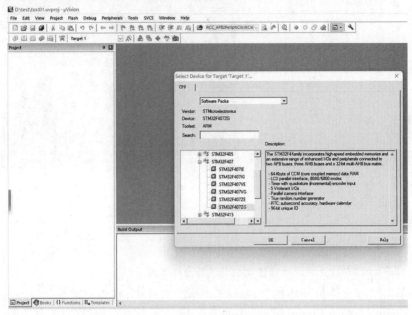

图 4.14　新建工程文件并选择器件

②单击图 4.14 对话框中的"OK"按钮，进入如图 4.15 所示的选择界面，在对话框中选择加载内核文件（CMSIS 下的 CORE）的复选框，以及启动文件（Startup）复选框。

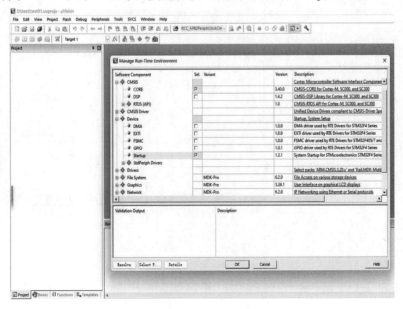

图 4.15　加载内核驱动文件和系统启动文件

③单击图 4.15 所示对话框中的"OK"按钮,从而完成工程文件的新建,如图 4.16 所示。

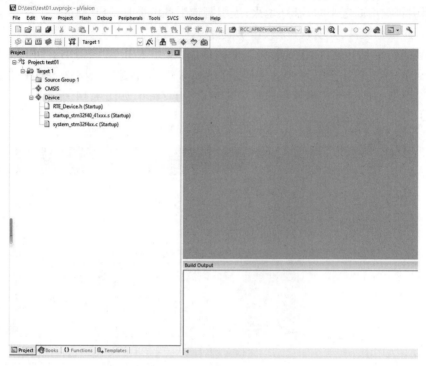

图 4.16　工程文件界面

④右键单击工程文件目录中的"Source Group1"文件夹,在弹出的快捷菜单中选择"Add New Item to Group 'Source Group1'",弹出如图 4.17 所示的对话框,在对话框中新建一个文件名为"main.c"的文件。

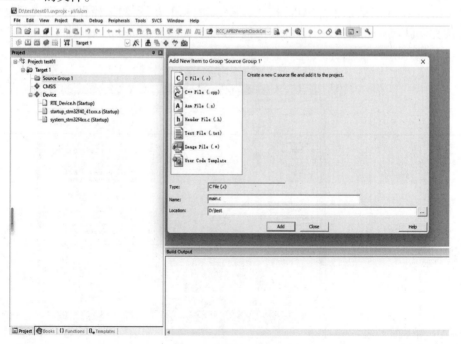

图 4.17　添加"main.c"文件

⑤单击图 4.17 中的"Add"按钮，完成工程文件的新建。

程序源代码实现：

STM32F407ZGT6 程序运行首先进入启动文件 startup_stm32f40xx. s，并调用 SystemInit 初始化函数进行系统初始化，该段程序为：

```
; Reset handler
Reset_Handler        PROC
                     EXPORT   Reset_Handler              [ WEAK]
         IMPORT   SystemInit
         IMPORT   __main
                     LDR      R0, =SystemInit
                     BLX      R0
                     LDR      R0, =__main
                     BX       R0
                     ENDP
```

当系统初始化完成后，系统会进入 __main 程序。为了不让程序进入 SystemInit 函数执行，在本实例中，我们只需要重写 SystemInit 初始化函数，并将该函数重命名为 SystemInit1，替换上述代码中的 SystemInit，即为：

```
Void SystemInit1( )
{

}
```

程序在执行完 SystemInit1 函数以后，接下来会进入 __main 函数执行。

Main 函数需要实现 GPIO 端口输入输出模式设置、输出类型设置、输出速度设置、系统时钟设置等，详细实现代码如下。

```
/ *******************************************************
 * @ file     main. c
 * @ author  WeiJia
 * @ version  V1. 0
 * @ date    2023-05-06
 * @ brief    寄存器编程实现 LED 灯闪烁
 * 实验平台:本教程配套实验板
 *******************************************************/
void delay( unsigned int x)//简单的延时函数
{
for( ;x>0;x--) ;
}
int main( )
{
```

```
    * (unsigned int * )(0x40023800+0x30)|=(1<<5);//RCC 端口配置寄存器,打开
GPIOF 时钟
    * (unsigned int * )(0x40021400+0x00)|=(1<<18);//配置 GPIOF 端口的第 9 引
脚为输出方式
        while(1)
        {
        * (unsigned int * )(0x40021400+0x14)|=(1<<9);//数据输出寄存器输出高电
平,LED 灭灯
        delay(0xfffff);//延时
        * (unsigned int * )(0x40021400+0x14)&=~(1<<9);//数据输出寄存器输出低
电平,LED 灯点亮
        delay(0xfffff);//延时
        }
    }
    /****************************END OF FILE *********************/
```

注意:STM32f4xx.h 文件定义了 STM32 各个寄存器的地址,并对地址进行宏定义,因此,main 程序中的地址可以用 STM32f4xx.h 文件中宏定义名代替。

4.9.3 GPIO 固件库编程

1)GPIO 关联的数据结构

STM32F4xx_GPIO.c,STM32F4_GPIO.h,STM32F4.h 文件定义了 GPIO 操作相关的结构体和固件库函数,其中 GPIO 配置寄存器相对应的结构体为 GPIO_TypeDef,该结构体中成员数据类型为只读只写(__IO),其详细定义如下:

```
    typedef struct
    {
        __IO uint32_t MODER;        //工作方式寄存器, 偏移地址为: 0x00
        __IO uint32_t OTYPER;       //输出类型寄存器, 偏移地址为:0x04
        __IO uint32_t OSPEEDR;      //速度寄存器,偏移地址为: 0x08
        __IO uint32_t PUPDR;        //上拉/下拉寄存器,偏移地址为: 0x0C
        __IO uint32_t IDR;          //输入数据寄存器,偏移地址为: 0x10
        __IO uint32_t ODR;          //输出数据寄存器,偏移地址为: 0x14
        __IO uint16_t BSRRL;        //置位/复位寄存器低位,偏移地址为: 0x18
        __IO uint16_t BSRRH;        //置位/复位寄存器低高位,偏移地址为: 0x1A
        __IO uint32_t LCKR;         //端口配置锁定寄存器,偏移地址为: 0x1C
        __IO uint32_t AFR[2];       //复用功能寄存器(低位高位),偏移地址为:
    : 0x20-0x24
    } GPIO_TypeDef;
```

STM32F4_GPIO.h 文件中的 GPIO_InitTypeDef 结构体定义了 GPIO 操作的详细配置参

数,这些参数包括工作模式、上拉/下拉、输出速度、功能复用等,此外,该文件中还定义了 GPIO 的 16 个引脚,分别为 GPIO_PIN_0,GPIO_PIN_1,…,GPIO_PIN_15。GPIO_PinState 是枚举类型,其中 GPIO_PIN_RESET 表示低电平;GPIO_PIN_SET 表示高电平。GPIO_InitTypeDef 结构体详细定义如下所示:

```
typedef struct
{
uint32_t GPIO_Pin;                  // 需要配置的 GPIO 引脚
GPIOMode_TypeDef GPIO_Mode;         //工作方式配置
GPIOSpeed_TypeDef GPIO_Speed;       //输出速度配置
GPIOOType_TypeDef GPIO_OType;       //输出类型配置
GPIOPuPd_TypeDef GPIO_PuPd;         //上拉/下拉配置
} GPIO_InitTypeDef;
```

2)GPIO 关联的固件库函数

GPIO 常用的固件库函数见表4.6。

表 4.6　部分常用 GPIO 固件库函数功能描述

函数名称	功能描述
Void RCC_AHB1PeriphClockCmd(uint32_t RCC_AHB1Periph, FunctionalState NewState)	使能 AHB1 总线时钟
Void GPIO_Init(GPIO_TypeDef* GPIOx, GPIO_InitTypeDef* GPIO_InitStruct)	根据 GPIO_InitTypeDef 结构体配置,初始化 GPIO 端口
uint8_t GPIO_ReadInputDataBit(GPIO_TypeDef* GPIOx, uint16_t GPIO_Pin)	读取指定的输入端口引脚
uint16_t GPIO_ReadInputData(GPIO_TypeDef* GPIOx)	读取指定的 GPIO 输入数据端口
uint8_t GPIO_ReadOutputDataBit(GPIO_TypeDef* GPIOx, uint16_t GPIO_Pin)	读取指定的输出端口引脚
uint16_t GPIO_ReadOutputData(GPIO_TypeDef* GPIOx)	读取指定的 GPIO 输出数据端口
void GPIO_SetBits(GPIO_TypeDef* GPIOx, uint16_t GPIO_Pin)	置位端口引脚
void GPIO_ResetBits(GPIO_TypeDef* GPIOx, uint16_t GPIO_Pin)	置零端口引脚

实例 2:针对实例1,采用固件库编程实现,具体实现过程如下:

①首先新建工程目录文件夹,工程目录文件夹下存放的文件见表4.7。

表 4.7　固件库编程工程目录文件夹

文件夹名称	作用
PRO	工程文件
LIB	固件库

续表

文件夹名称	作用
USER	用户应用程序、驱动程序
DOC	工程说明文档
OUTPUT	程序输出文件、输出信息
STARTUP	启动文件

②在表4.7所示的文件夹下面添加文件(包括头文件和源代码文件),其中LIB中的文件在固件库安装路径的StdPeriph_Driver文件夹下,直接复制inc和src文件即可,另外,StdPeriph_Driver文件夹下的stm32f4xx_conf.h,stm32f4xx_it.c,stm32f4xx_it.h放在USER文件夹下,STARTUP文件夹下放startup_stm32f40_41xxx.s,该文件路径为C:\Keil_v5\ARM\PACK\Keil\STM32F4xx_DFP\1.0.8\Device\ST\STM32F4xx\Source\Templates\arm。

③启动Keil软件,新建一个空的工程文件,右键单机弹出菜单,选择Manage Project Items…新建分组,并将.c文件加入对应分组,如图4.18所示。

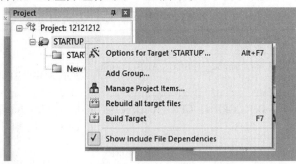

图4.18　新建分组

④在Keil快捷菜单中选择"魔法棒" ,打开如图4.19所示的对话框中添加对应文件的头文件。

固件库工程新建完成后,根据用户应用需求,在USER文件夹下面,建立对应功能的.c文件和.h文件。具体在本实例中,首先在USER文件夹下创建的文件夹LED,再新建led.c和led.h文件,并将两个文件加入工程路径。

Led.c文件中定义了点亮LED的GPIO初始化函数。该初始化函数为:

```
void LED_GPIO_Init( )
{
GPIO_InitTypeDef    LED_Init_1;
RCC_AHB1PeriphClockCmd( RCC_AHB1Periph_GPIOF, ENABLE);//使能时钟
LED_Init_1. GPIO_Pin = GPIO_Pin_9;
LED_Init_1. GPIO_Mode = GPIO_Mode_OUT;
GPIO_Init( GPIOF, &LED_Init_1);
}
```

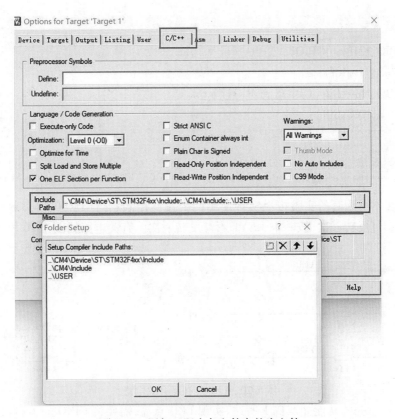

图 4.19　添加工程中各文件夹的头文件

Main.c 需要引用 led.h 文件,代码实现如下:

```
/ *****************************************************************
    * @ file      main.c
    * @ author   WeiJia
    * @ version  V1.0
    * @ date     2023-05-06
    * @ brief    固件库编程实现 LED 灯闪烁
    * 实验平台:本教程配套实验板
    *****************************************************************/
#include "LED.h"
void delay( unsigned int x)
{
for( ;x>0;x--);
}
int main( )
{
    LED_GPIO_Init( );
    while(1)
```

```
    {
      GPIO_SetBits(GPIOF, GPIO_Pin_9);;
        delay(0xfffff);
      GPIO_ResetBits(GPIOF, GPIO_Pin_9);
        delay(0xfffff);
    }
  }
/*****************************END OF FILE *********************/
```

实例 3:在本书配套的实验板上实现使用两个按键控制彩灯(LED0 和 LED1)反转,按一下 KEY_UP 彩灯反转一次,按一下 KEY1 彩灯反转一次。有关电路如图 4.20 所示。

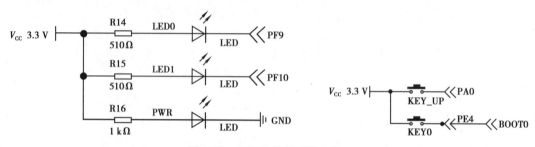

图 4.20   LED 和按键开关电路

分析:LED 点亮的功能如实例 1 所述,实现 LED 点亮,需要将 GPIO 的引脚设置成推挽输出模式并且默认下拉,当引脚输出低电平时,LED 点亮。图 4.19 中按键 KEY_UP 连接到了 PA0 引脚,按键 KEY0 连接到 PE4,当按键按下或者弹起时,引起 PA0 引脚电平的变化,此时只需要将该引脚配置为输入方式,即可通过相关函数读取引脚电平,详细的代码实现过程如下:

(1)LED 引脚初始化函数实现

```
/****************************************************************
  * @file      led.c
  * @author    JiaWei
  * @version   1.0
  * @date      2023-05-06
  * @brief     led 应用函数接口
  * 实验平台:本教程配套实验板
  ****************************************************************/
#include "./led/led.h"
void LED_GPIO_Init(void)
{
    GPIO_InitTypeDef GPIO_LED_InitStructure;
```

```
    RCC_AHB1PeriphClockCmd(RCC_AHB1Periph_GPIOF, ENABLE);/*使能
LED 连接的 GPIOF 的外设时钟*/
        GPIO_LED_InitStructure. GPIO_Pin=GPIO_Pin_9;  /*选择要控制的 GPIO 引脚*/
        GPIO_LED_InitStructure. GPIO_Mode=GPIO_Mode_OUT;  /*设置输出模式*/
        GPIO_LED_InitStructure. GPIO_OType=GPIO_OType_PP;/*设置引脚的输出类型
为推挽输出*/
        GPIO_LED_InitStructure. GPIO_PuPd=GPIO_PuPd_UP;/*设置引脚为上拉模式*/
        GPIO_Init(GPIOF, &GPIO_LED_InitStructure);
    /*GPIO_LED_InitStructure 初始化*/
        GPIO_LED_InitStructure. GPIO_Pin=GPIO_Pin_9;  /*选择要控制的 GPIO 引脚*/
        GPIO_Init(GPIOF, &GPIO_LED_InitStructure);
        GPIO_ResetBits(GPIOF,GPIO_Pin_9);        /*关闭彩灯*/
        GPIO_ResetBits(GPIOF,GPIO_Pin_10);       /*关闭彩灯*/

}
    /***************************END OF FILE********************/
```

（2）按键引脚初始化函数实现

```
    /*******************************************************************
    * @ file     key. c
    * @ author  JiaWei
    * @ version 1. 0
    * @ date    2023-05-06
    * @ brief    按键接口程序(扫描模式)
    * 实验平台:本教程配套实验板
    ********************************************************************/
#include "./key/key. h"
/*不精确的延时*/
void delay(unsigned int x)
{
 for(;x>0;x--);
}
void GPIO_KEY_Init(void)
{
    GPIO_InitTypeDef GPIO_Key_InitStructure;
        RCC_AHB1PeriphClockCmd(RCC_AHB1Periph_GPIOA | RCC_AHB1Periph_
GPIOE,ENABLE);/*开启按键 GPIO 口的时钟*/
    GPIO_Key_InitStructure. GPIO_Pin=GPIO_Pin_0 ;/*按键引脚*/
    GPIO_Key_InitStructure. GPIO_Mode=GPIO_Mode_IN;/*设置为输入模式*/
```

```
      GPIO_Key_InitStructure. GPIO_PuPd = GPIO_PuPd_NOPULL;/*设置引脚不上拉
也不下拉*/
      GPIO_Init(GPIOA, &GPIO_Key_InitStructure);   /*初始化按键*/
      GPIO_Key_InitStructure. GPIO_Pin = GPIO_Pin_4; /*按键的引脚*/
      GPIO_Init(GPIOE, &GPIO_Key_InitStructure);   /*结构体初始化按键*/
  }
```

（3）按键功能实现

```
  uint8_t Key_Scan(GPIO_TypeDef* GPIOx,uint16_t GPIO_Pin)
  {
      if(GPIO_ReadInputDataBit(GPIOx,GPIO_Pin)==1)    /*检测是否有按键按下*/
      {
        while(GPIO_ReadInputDataBit(GPIOx,GPIO_Pin)==0);/*等待按键释放*/
        return 1;
      }
      else
        return 0;
  }
```

（4）整体功能实现

```
  /***************************************************************
   * @file      main. c
    * @author   JiaWei
    * @version  1.0
    * @date     2023-05-06
    * @brief    按键控制彩灯实验
    * 实验平台:本教程配套实验板
  ***************************************************************/
  #include "stm32f4xx. h"
  #include "./led/led. h"
  #include "./key/key. h"
  int main(void)
  {
      GPIO_LED_Init();        /* LED 端口初始化*/
      GPIO_KEY_Config();/*初始化按键*/
      /* 轮询按键状态,若按键按下则反转 LED */
      while(1)
      {
```

```
if( Key_Scan( GPIOA,GPIO_Pin_0)= =1)
 {
    /*反转*/
    GPIO_SetBits( GPIOF,GPIO_Pin_9);
    GPIO_ResetBits( GPIOF,GPIO_Pin_10)
 }
 if( Key_Scan( KEY2_GPIO_PORT,KEY2_PIN)= =KEY_ON)
 {
    /*反转*/
    GPIO_SetBits( GPIOF,GPIO_Pin_10);
    GPIO_ResetBits( GPIOF,GPIO_Pin_9)
 }
 }
}
/*******************************END OF FILE  *********************/
```

4.10　本章小节

嵌入式微控制器的输入/输出引脚占用了大多数的引脚资源,本章在介绍 STM32F4xx 系列微控制器概况的基础上,详细介绍了 GPIO 的工作原理与控制方法,在此基础上,介绍了寄存器编程和固件库编程方法,寄存器编程是绝大多数微处理器的编程基础,通过编程实例帮助读者进一步了解 STM32F40xx 系列微控制器的内部结构,而固件库编程能让读者更加方便地实现系统的开发,这为后面的串口通信、中断定时等相关章节的学习打下了良好的基础。通过本章的学习,读者应始终遵循配置 I/O 的配置步骤,即首先是时钟配置,其次是工作模式配置,最后是输入输出配置。后续章节的串口通信、定时器等内容,均是根据这几步完成配置。

4.11　本章习题

1. 在 PF10 引脚输出高电平,下列选项设置正确的是(　　)。
   A. GPIO_ToggleBits(GPIOF, GPIO_Pin_10)
   B. GPIO_ResetBits(GPIOF, GPIO_Pin_10)
   C. GPIO_WriteBit(GPIOF, GPIO_Pin_10, Bit_RESET)
   D. GPIO_WriteBit(GPIOF, GPIO_Pin_10, Bit_SET)
2. 在 STM32F40xx 系列芯片中,GPIO 的引脚功能复用是如何实现的?
3. 简述 STM32F40xx 系列芯片中工作模式设置。

4.简述通过 MDK 新建固件库编程工程的方法。

5.画图分析 STM32F40xx 系列微控制器的时钟树结构。

6.采用轮询法编写按键识别程序。

7.编写程序,实现 GPIO_Init( )原型。

8.自己焊接如图 4.21 所示电路,并使用 STM32F407ZGT 最小系统板实现 6 个 LED 按照顺序 LED0,LED1,LED2,LED3,LED4,LED5 渐进点亮,然后又渐进熄灭。

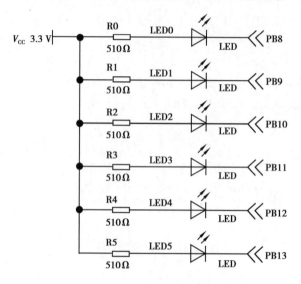

图 4.21　LED 电路连接图

第 **5** 章
嵌入式微控制器定时器与中断

本章学习要点：

1. 理解 STM32F4×× 系列微控制器通用定时器的工作原理；

2. 了解 STM32F4×× 系列微控制器高级定时器工作原理；

3. 掌握 STM32F4×× 系列微控制器的外部中断和事件；

4. 掌握定时器产生 PWM 波形的原理；

5. 掌握 STM32F4×× 系列微控制器的中断编程方法。

在嵌入式应用设计中,微控制器需要与各种各样的外部设备相连,这些外设的结构形式多样,信号种类与大小、工作速度差异很大。因此,微控制器与外设数据传输需要不同的时钟与传输方式。嵌入式微控制器定时器的最基本功能是定时,通常与中断配合使用,在诸如 USART、SPI、I^2C、ADC 等外设的数据传输与外设控制中都有重要应用。

STM32F4xx 系列微控制器提供了功能强大的定时器,每个定时器功能完全独立,根据其功能分类,可以分为通用定时器、高级定时器、基本定时器。本章主要以 STM32F4xx 系列微控制器为例,介绍嵌入式微控制器定时器与中断控制的基本概念、工作原理及编程方法。

5.1 STM32F4xx 系列微控制器定时器概述

STM32F4xx 系列微控制器定时器种类很多,功能强大,这些定时器完全独立、互不干扰,可以同步操作。按照功能分类,主要分为基本定时器、通用定时器、高级定时器。其中基本定时器为 TIM6 和 TIM7,主要用于通用的 16 位计数器及产生 DAC 触发信号,基本定时器的计数模式只有向上计数模式;通用定时器主要包括 TIM2、TIM3、TIM4、TIM5、TIM9 ~ TIM14,功能应用上主要包括定时计数、产生 PWM 波形、输入捕获及输出比较;高级定时器主要有 TIM1,TIM8,高级定时器比基本定时器和通用定时器功能更为强大。有一个重复计数器 RCR,独有 4 个 GPIO,其中通道 1 ~ 3 还有互补输出 GPIO。时钟来自 PCLK2,可实现 1 ~ 65 536 分频。高级定时器 TIM1 还提供控制三相六步电机的接口,具有刹车、死区时间控制等功能,主要用于电机控制。STM32F4xx 系列微控制器定时器的分类及基本功能见表 5.1。

表 5.1　STM32F4xx 系列微控制器定时器的分类及功能

定时器种类	位数	计数模式	所在总线	最大时钟/MHz	产生 DMA 请求	捕获/比较通道	互补输出	应用场景
高级定时器（TIM1,TIM8）	16	向上、向下向上/下	APB2	168	是	4	有	带可编程死区的互补输出
通用定时器（TIM2,TIM5）	32	向上、向下向上/下	APB1	84	是	4	无	定时计数、PWM、输入捕获、输出比较
通用定时器（TIM3,TIM4）	16	向上、向下向上/下	APB1	84	是	4	无	
通用定时器（TIM9~TIM14）	16	向上、向下向上/下	TIM9、TIM10、TIM11 为 APB2，TIM12、TIM13、TIM14 为 APB1	TIM9、TIM10、TIM11 为 168，TIM12、TIM13、TIM14 为 84	否	2（其中 TIM10/TIM11 有 1 个通道）	无	
基本定时器（TIM6,TIM7）	16	向上	APB1	84	是	0	无	计数、触发 DAC

5.2　定时器的结构

5.2.1　定时器的结构框图

定时器要实现定时及计数需要有时钟源,基本定时器时钟来自内部时钟,高级定时器和通用定时器的时钟来源除了内部时钟源之外,还可以选择外部时钟源或者直接来自其他定时器的时钟,一般可以通过 RCC 专用时钟配置寄存器(RCC_DCKCFGR)的 TIMPRE 位设置所有定时器的时钟频率,通常该位默认值为 0,即 TIMxCLK 为总线时钟的两倍。

基本定时器只使用内部时钟,当 TIM6 和 TIM7 的控制寄存器 TIMx_CR1 的 CEN 位置 1 时,启动基本定时器,并且预分频器的时钟来源于 CK_INT。

定时器定时计数的配置主要包括 3 个寄存器,分别是计数器寄存器(TIMx_CNT)、预分频器寄存器(TIMx_PSC)、自动重载寄存器(TIMx_ARR),这 3 个寄存器都是 16 位寄存器,即可设置的计数范围为 0~65 535。

在图 5.1 中,基本定时器的预分频器 PSC 有一个输入时钟 CK_PSC 和一个输出时钟 CK_CNT。输入时钟 CK_PSC 来源于控制器,基本定时器只有内部时钟源,因此 CK_PSC 频率实际等于 CK_INT 的频率。在不同应用场所,经常需要不同的定时频率,通过设置预分频器 PSC 的值可以非常方便地得到不同的 CK_CNT,具体的计算公式为:

$$f_{CK\_CNT} = \frac{f_{CK\_PSC}}{PSC[15:0]+1} \tag{5.1}$$

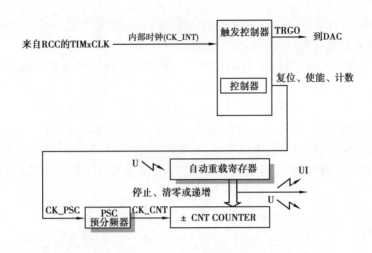

图 5.1　基本定时器功能框图

　　图 5.2 所示为基本定时器将预分频器 PSC 的值从 1 改为 2 时计数器时钟的变化过程。原来是 1 分频,CK_PSC 和 CK_CNT 频率相同。向 TIMx_PSC 寄存器写入新值时,并不会马上更新 CK_CNT 输出频率,而是等到更新事件发生时,把 TIMx_PSC 寄存器值更新到影子寄存器中,使其真正产生效果。更新为 2 分频后,在 CK_PSC 连续出现 2 个脉冲后 CK_CNT 才产生一个脉冲。

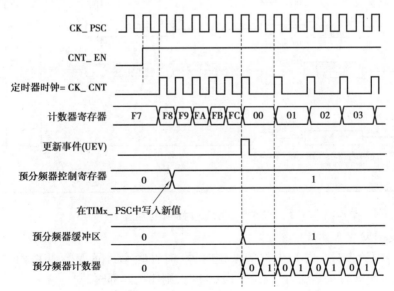

图 5.2　预分频器分频由 1 变为 2 时的计数器时序图

计数器 COUNTER 根据 CK_CNT 频率向上计数,即每来一个 CK_CNT 脉冲,TIMx_CNT 值就加 1。当 TIMx_CNT 值与 TIMx_ARR 的设定值相等时就自动生成事件并 TIMx_CNT 自动清零,然后自动重新开始计数,如此重复以上过程。

定时器的周期主要由 TIMx_PSC 和 TIMx_ARR 两个寄存器值决定。例如,假设需要一个时长为 1 s 的定时,在设置 TIMx_PSC 和 TIMx_ARR 两个寄存器时,可以先设置 TIMx_ARR 寄存器值为 9 999,即当 TIMx_CNT 从 0 开始计算,刚好等于 9 999 时生成事件,总共计数 10 000 次,如果时钟源周期为 100 μs,则可得到刚好 1s(100 μs×10 000＝1s)的定时时间。

图 5.3 所示为高级定时器内部结构框图,高级控制定时器有 4 个时钟源,分别是内部时钟源 CK_INT、外部时钟模式 1、外部时钟模式 2(仅适合于 TIM2、TIM3 和 TIM4)、内部触发输入。

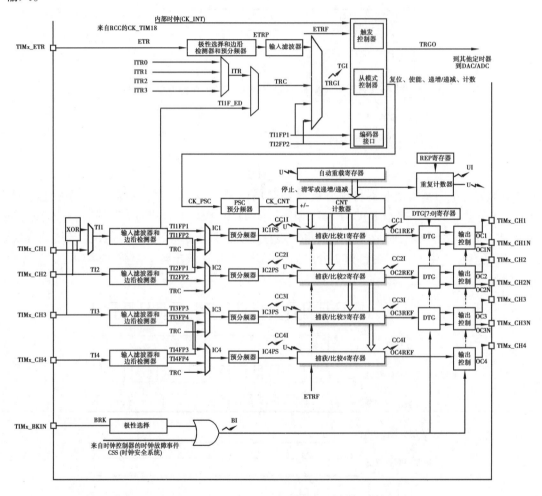

图 5.3　高级定时器结构框图

1)内部时钟源(CK_INT)

内部时钟源为来自于芯片内部的系统时钟(时钟频率:168 M),并由模式控制寄存器 TIMx_SMCR 的 SMS 位决定,当该位设置为 000 时,则使用内部时钟。

2)外部时钟模式 1

当使用外部时钟模式 1 时,时钟信号来自定时器的 4 个输入通道,即 TIMx_CH1、TIMx_CH2、TIMx_CH3、TIMx_CH4。具体选择哪一路信号,则由 TIM_CCMx 的位 CCxS[1：0]配置,其中 CCM1 控制 TI1 和 TI2,CCM2 控制 TI3 和 TI4。

如图 5.4 所示,外部输入的信号需要经过滤波器降频和去除高频干扰。然后边沿检测器进行触发(上升沿或下降沿)选择,当使用外部时钟模式 1 时,触发源有两个,分别为滤波后的定时器输入 1(TI1FP1)和滤波后的定时器输入 2(TI2FP2)。

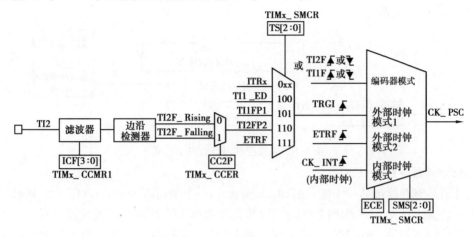

图 5.4　外部时钟模式 1 时钟结构

3)外部时钟模式 2(ETR 引脚)

当使用外部时钟模式 2 时,时钟信号来自定时器的特定输入通道 TIMx_ETR。来自 ETR 引脚输入的信号可以选择为上升沿或下降沿触发,其触发模式由模式控制寄存器 TIMx_SMCR 配置。输入信号经过外部触发预分频器,由于 ETRP 的信号的频率不能超过 TIMx_CLK (180M)的 1/4,当触发信号的频率很高的情况下,就必须使用分频器来降频。再经过滤波器,最后进行从模式选择,经过滤波器滤波的信号连接到 ETRF 引脚后,触发信号成为外部时钟模式 2 的输入,最终等于 CK_PSC,然后驱动计数器 CNT 计数,如图 5.5 所示。

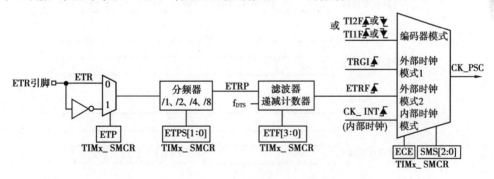

图 5.5　外部时钟模式 2 时钟结构

4)内部触发输入

内部触发输入指使用一个定时器作为另一个定时器的预分频器。硬件上高级控制定时器和通用定时器在内部连接在一起,可以实现定时器同步或级联。主模式的定时器可以对从模式定时器执行复位、启动、停止或提供时钟。高级控制定时器和部分通用定时器(TIM2 至 TIM5)可以设置为主模式或从模式,TIM9 和 TIM10 可设置为从模式。

5.2.2　时基单元

高级控制定时器时基单元包括 4 个寄存器,分别是预分频器寄存器(PSC)、计数器寄存器(CNT)、自动重载寄存器(ARR)和重复计数器寄存器(RCR),其中重复计数器 RCR 是高级定时器独有,如图 5.6 所示。

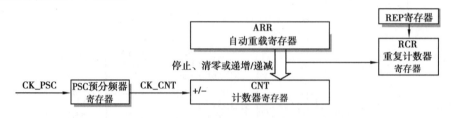

图 5.6　高级控制定时器时基单元

1)预分频器寄存器(PSC)

预分频器寄存器包括一个输入时钟 CK_PSC 和一个输出时钟 CK_CNT。CK_PSC 时钟源为控制器的输出,CK_CNT 则用来驱动计数器寄存器(CNT)计数器。通过设置预分频器 PSC 的值可以得到不同的 CK_CNT,从而实现 1~65 536 分频。由于高级定时器控制寄存器具有缓冲功能,因此可对预分频器进行实时更改。而新的预分频将在下一更新事件发生时被采用,如图 5.7 所示为预分频器分频由 1 变为 2 时的计数器时序图。

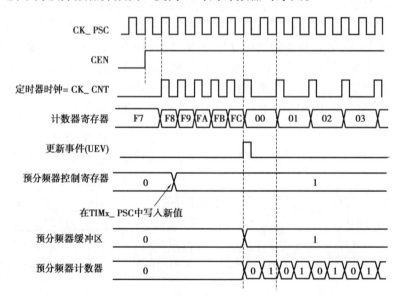

图 5.7　预分频器分频由 1 变为 2 时的计数器时序图

2)计数器寄存器(CNT)

高级控制定时器的计数器有 3 种计数模式,分别为递增计数模式、递减计数模式和递增/递减(中心对齐)计数模式,如图 5.8 所示。

(1)递增计数模式

在该计数模式下,计数器从 0 开始计数,每来一个 CK_CNT 脉冲计数器就增加 1,直到计数器的值与自动重载寄存器 ARR 值相等,然后计数器又从 0 开始计数并生成计数器上溢事件,计数器总是如此循环计数。如果禁用重复计数器,在计数器生成上溢事件就马上生成更新事件(UEV);如果使能重复计数器,每生成一次上溢事件重复计数器内容就减 1,直到重复计数器内容为 0 时才会生成更新事件,当 TIMx_ARR=0x36 时,预分频系数为 1 时,计数器行为如图 5.9 所示。

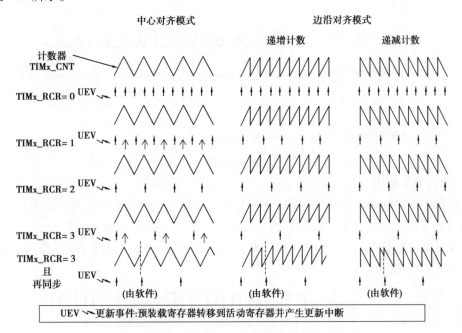

图 5.8　计数器 3 种计数模式

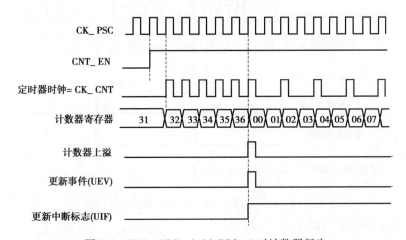

图 5.9　TIMx_ARR=0x36,PSC=1 时计数器行为

（2）递减计数模式

　　计数器从自动重载寄存器 ARR 值开始计数,每来一个 CK_CNT 脉冲计数器就减 1,直到计数器值为 0,然后计数器又从自动重载寄存器 ARR 值开始递减计数并生成计数器下溢事件,计数器总是如此循环计数。如果禁用重复计数器,在计数器生成下溢事件就马上生成更新事件;如果使能重复计数器,每生成一次下溢事件重复计数器内容就减 1,直到重复计数器内容为 0 时才会生成更新事件,当 TIMx_ARR=0x36 时,预分频系数为 1 时,计数器行为如图 5.10 所示。

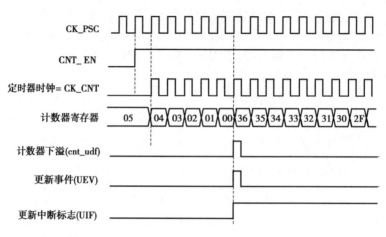

图 5.10 TIMx_ARR=0x36,PSC=1 时计数器行为

（3）中心对齐模式

计数器从 0 开始递增计数,直到计数值等于(ARR-1)值生成计数器上溢事件,然后从 ARR 值开始递减计数直到 1 生成计数器下溢事件。然后又从 0 开始计数,如此循环。每次发生计数器上溢和下溢事件都会生成更新事件,当 TIMx_ARR=0x6 时,预分频系数为 1 时,计数器行为如图 5.11 所示。

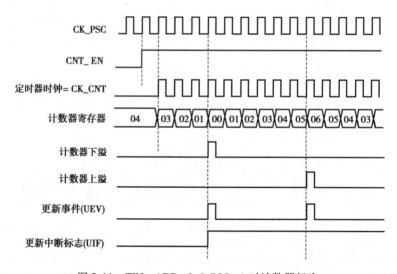

图 5.11 TIMx_ARR=0x6,PSC=1 时计数器行为

3）自动重载寄存器(ARR)

自动重载寄存器主要用来存放与计数器 CNT 比较的值,如果两个值相等就递减重复计数器。可以通过 TIMx_CR1 寄存器的 ARPE 位控制自动重载影子寄存器功能,若 ARPE 位置为 1,自动重载影子寄存器有效,只有在事件更新时才把 TIMx_ARR 值赋给影子寄存器。如果 ARPE 位为 0,则修改 TIMx_ARR 值。

4）重复计数器寄存器(RCR)

在基本/通用定时器发生上/下溢事件时直接生成更新事件,但对于高级控制定时器却不是这样,高级控制定时器在硬件结构上多出了重复计数器,在定时器发生上溢或下溢事件时递减重复计数器的值,只有当重复计数器为 0 时才会生成更新事件。在发生 $N+1$ 个上溢或下溢事件(N 为 RCR 的值)时产生更新事件。

5.2.3　输入捕获/输出比较通道

1)输入捕获

输入捕获/输出比较通道结构如图 5.12 所示。每个捕获/比较通道均围绕一个捕获/比较寄存器(包括一个影子寄存器)、一个捕获输入阶段(数字滤波、多路复用和预分频器)和一个输出阶段(比较器和输出控制)构建而成,如图 5.13 所示。

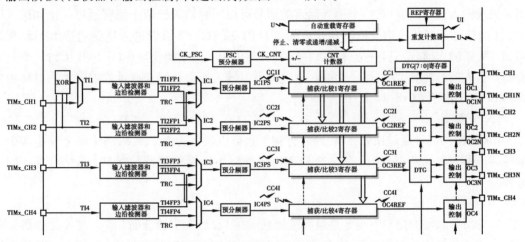

图 5.12　输入捕获/输出比较通道

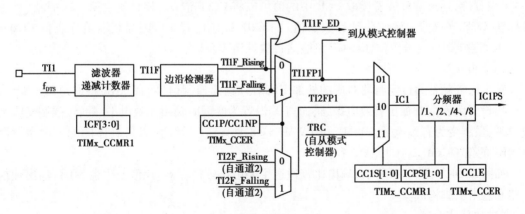

图 5.13　单个捕获通道

(1)输入通道

需要被测量的信号从定时器的外部引脚 TIMx_CH1、TIMx_CH2、TIMx_CH3、TIMx_CH4 输入。

(2)输入滤波器

当输入的信号存在高频干扰时,需要对输入信号进行滤波,即进行重新采样,根据采样定律,采样的频率必须大于等于 2 倍的输入信号的频率。比如输入的信号频率为 1 M,又存在高频的信号干扰,那么此时就很有必要进行滤波,我们可以设置采样频率为 2 M,这样可以在保证采样到有效信号的基础上把高于 2 M 的高频干扰信号过滤掉。

（3）边沿检测器

边沿检测器用于设置信号在捕获时为上升沿、下降沿或双边沿有效，可以设置为上升沿、下降沿或双边沿，具体设置由 CCER 寄存器的位 CCxP 和 CCxNP 决定。

（4）捕获通道

捕获通道就是图 5.12 中的 IC1、IC2、IC3、IC4，每个捕获通道都有相对应的捕获寄存器 CCR1、CCR2、CCR3、CCR4，当发生捕获时，计数器 CNT 的值就会被锁存到捕获寄存器中。

输入通道和捕获通道是有区别的，具体表现为：输入通道是用来输入信号的，捕获通道是用来捕获输入信号的通道，一个输入通道的信号可以同时输入给两个捕获通道。比如输入通道 TI1 的信号经过滤波边沿检测器之后的 TI1FP1 和 TI1FP2 可以进入捕获通道 IC1 和 IC2。例如，PWM 输入捕获，只有一路输入信号（TI1）却占用了两个捕获通道（IC1 和 IC2）。当只需要测量输入信号的脉宽时，用一个捕获通道即可。输入通道和捕获通道的映射关系具体由寄存器 CCMRx 的位 CCxS[1：0]配置。

（5）分频器

ICx 的输出信号经过预分频器分频，分频系数可以设置为 1、2、4、8，用于决定发生多少个事件时进行一次捕获，分频由寄存器 CCMRx 配置，如果希望捕获信号的每一个边沿，则不分频。

（6）捕获寄存器

经过预分频器的信号 ICxPS 是最终被捕获的信号，当发生捕获时（第一次），计数器 CNT 的值会被锁存到捕获寄存器 CCR 中，还会产生 CCxI 中断，相应的中断位 CCxIF（在 SR 寄存器中）会被置位，通过软件或者读取 CCR 中的值可以将 CCxF 清 0。如果发生第二次捕获（即重复捕获：CCR 寄存器中已捕获到计数器值且 CCxIF 标志已置 1），则捕获溢出标志位 CCxOF（在 SR 寄存器中）会被置位，CCxOF 只能通过软件清零。

2）输出比较

输出比较就是通过定时器对应的外部引脚对外输出控制信号，有冻结、将通道 X（X=1，2，3，4）设置为匹配时输出有效电平、将通道 X 设置为匹配时输出无效电平、翻转、强制变为无效电平、强制变为有效电平、PWM1 和 PWM2 这 8 种模式（后续介绍），具体的配置由寄存器 CCMRx 的位 OCxM[2：0]完成。

如图 5.14 与图 5.15 所示，输出比较通道主要由比较寄存器、死区发生器 DTG、输出使能电路和输出引脚构成。

（1）比较寄存器

当计数器 CNT 的值与比较寄存器 CCR 的值相等时，输出参考信号 OCxREF 的信号的极性就会改变，其中 OCxREF=1（高电平）称为有效电平，OCxREF=O（低电平）称为无效电平，且会产生比较中断 CCx1，相应的标志位 CCxIF（SR 寄存器中）会置位，最后，OCxREF 再经过一系列的控制之后就成为真正的输出信号 OCx/OCxN。

（2）死区发生器 DTG

在生成的参考波形 OCxREF 的基础上，可以插入死区时间，用于生成两路互补的输出信号 OCx 和 OCxN，死区时间的大小具体由 BDTR 寄存器的位 DTG[7：0]配置。死区时间的大小则必须根据与输出信号相连接的器件及其特性来调整。

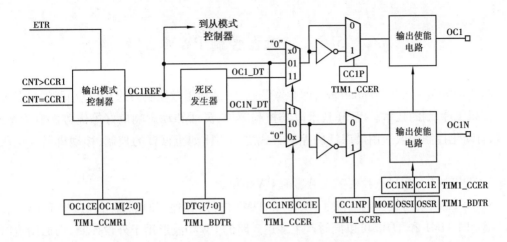

图 5.14 输出比较通道 1/2/3 内部结构图

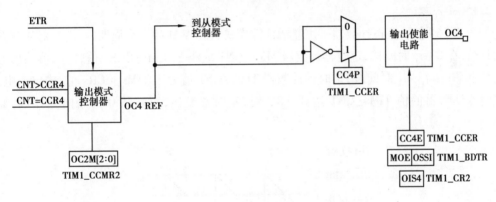

图 5.15 输出比较通道 4 内部结构图

（3）输出使能电路

在输出比较的输出控制中,参考信号 OCxREF 在经过死区发生器之后会产生两路带死区的互补信号 OCx_DT 和 OCxN_DT（通道 1～3 才有互补信号,通道 4 没有,其余与通道 1～3 一样）,接着,互补信号进入输出控制电路,若没有加入死区控制,则进入输出控制电路的信号为 OCxREF。

进入输出控制电路的信号会被分成两路,一路是原始信号,一路是被反向的信号,具体的由寄存器 CCER 的位 CCxP 和 CCxNP 控制。经过极性选择的信号是否经 OCx 引脚输出到外部引脚 CHx/CHxN,则由寄存器 CCER 的位 CxE/CxNE 配置。

若加入了断路（刹车）功能,则断路和死区寄存器 BDTR 的 MOE、OSSI 和 OSSR 这 3 个位会共同影响输出的信号。

（4）输出引脚

输出比较信号最终通过定时器的外部 I/O 引脚来输出,输出通道分别为 CH1、CH2、CH3、CH4,需要注意的是,前面 3 个输出比较通道还兼有互补的输出通道 CH1N、CH2N、CH3N。

5.3 定时器控制 PWM

PWM(Pulse Width Modulation),即脉宽调制,它是利用微控制器的 GPIO 引脚输出脉冲信号,实现电路控制的技术。PWM 技术以其控制简单、灵活和动态响应好等优势而成为电子、电气、自动化控制领域应用最广泛的控制方式之一。比如机械臂的控制、移动机器人电机控制等。

1)STM32F4xx 系列微控制器定时器的 PWM 输出

STM32F4xx 系列微控制器除了 TIM6 和 TIM7 之外,其他定时器都可以产生 PWM 波,其中高级定时 TIM1 和 TIM8 可以同时产生多达 7 路的 PWM 波形用于外设控制,而通用定时器也能同时产生多达 4 路的 PWM 输出(TIM9 ~ TIM14 最多能产生 2 路)。

2)PWM 原理

如图 5.16 所示,假设计数器采用递增计数模式,在 PWM 的一个周期内,定时器从 0 开始递增计数,在 $0 \sim t_1$ 时间段,定时器计数器 TIMx_CNT 值小于 TIMx_CCRx 值,定时器输出通道输出低电平;在 $t_1 \sim t_2$ 时间段,定时器计数器 TIMx_CNT 值大于 TIMx_CCRx 值,输出高电平;当定时器计数器的值 TIMx_CNT 达到 ARR 时,定时器溢出,重新从 0 开始向上计数,如此循环。

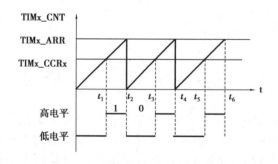

图 5.16 PWM 生成原理

当改变 TIMx_CCRx 的值时,会使定时器输出通道输出高电平的时间发生变化,从而改变了 PWM 的占空比[占空比:一个脉冲周期内,高(低)电平的时间与整个周期时间的比例]。同理,当改变 ARR 的值时,会使 PWM 输出频率的变化(PWM 频率:指 1 s 内信号从高电平到低电平再回到高电平的次数)。

3)PWM 模式

PWM 输出模式总共有 8 种,具体由寄存器 CCMRx 的位 OCxM[2:0]配置。本教程只介绍常用的两种 PWM 输出模式:PWM1 和 PWM2。

PWM 模式根据计数器 CNT 计数方式,可分为边沿对齐模式和中心对齐模式。

(1)PWM 边沿对齐模式

当 TIMx_CR1 寄存器中的 DIR 位为低时执行递增计数。在递增计数模式下,计数器从 0

计数到自动重载值(TIMx_ARR 寄存器的内容),然后重新从 0 开始计数并生成计数器上溢事件。

以 PWM1 为例,只要 TIMx_CNT <TIMx_CCRx,PWM 参考信号 OCxREF 便为高电平,否则为低电平。如果 TIMx_CCRx 中的比较值大于自动重载值(TIMx_ARR 中),则 OCxREF 保持为"1"。如果比较值为 0,则 OCxRef 保持为"0"。如图 5.17 所示为边沿对齐模式下的 PWM 波形 (TIMx_ARR = 8)。

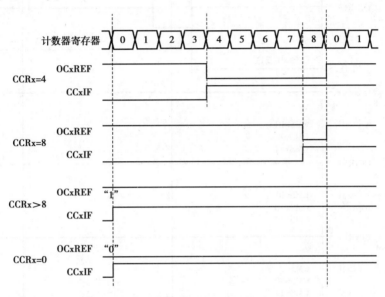

图 5.17　边沿对齐模式的 PWM 波形 (ARR=8)

当 TIMx_CR1 寄存器中的 DIR 位为高时执行递减计数。在递减计数模式下,计数器从自动重载值(TIMx_ARR 寄存器的内容)开始递减计数到 0,然后重新从自动重载值开始计数并生成计数器下溢事件。

在 PWM1 下,只要 TIMx_CNT > TIMx_CCRx,参考信号 OCxREF 即为低电平,否则其为高电平。如果 TIMx_CCRx 中的比较值大于 TIMx_ARR 中的自动重载值,则 OCxREF 保持为"1"。此模式下不可能产生 0% 的 PWM 波形。

(2)PWM 中心对齐模式

在此模式下,计数器 CNT 在递增/递减两种模式下工作。首先计数器 CNT 从 0 开始计数到自动重载值减 1(ARR−1),产生计数器上溢事件;然后从自动重载值开始向下计数到 1 并生成计数器下溢事件。之后从 0 开始重复计数。

图 5.18 所示为中心对齐模式的 PWM 波形。当 ARR = 8 和 CCRx = 4 时。首先计数器 CNT 工作在递增计数方式,计数器从 0 开始计数,当 TIMx_CNT < TIMx_CCRx 时,PWM 参考信号 OCxREF 为高电平,当 TIMx_CNT >= TIMx_CCRx 时,PWM 参考信号 OCxREF 为低电平;接着计数器 CNT 工作在递减计数方式,从 ARR 开始递减计数,当 TIMx_CNT >TIMx_CCRx 时,PWM 参考信号 OCxREF 为低电平,当 TIMx_CNT <= TIMx_CCRx 时,PWM 参考信号 OCxREF 为高电平。

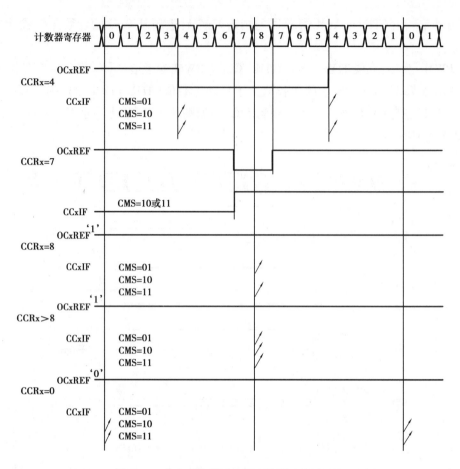

图 5.18　中心对齐模式 PWM 波形（ARR＝8）

5.4　中　断

微控制器在执行程序过程中,当出现异常情况(断电等)或特殊请求(数据传输等)时,微控制器暂停现行程序的运行,转向对这些异常情况或特殊请求进行处理,处理完毕后再返回到现行程序的中断处,继续执行原程序,这就是"中断"。中断是微控制器实时处理内部或外部事件的一种机制。STM32Fxx 系列微控制器中的中断主要分为内部中断和外部中断,定时器作为一种片内外设,可以通过定时产生中断从而通过输出通道控制外设。同时 STM32F4xx 系列微控制器还可以通过片外引脚触发外部中断事件,并由外部中断/事件控制器(EXTI:External interrupt/event controller)负责与 GPIO 引脚的连接。不管内部还是外部中断,都是由中断控制器 NVIC 负责管理(详细描述请见本教材第 2 章相关内容)。

5.4.1　外部中断/事件

外部中断是实现外设与微控制器之间通信的主要方式之一,STM32F4xx 系列微控制器包括一个专门的片内外设外部中断/事件控制器(EXTI)用于管理微控制器的外部中断/事件线。外部中断/事件控制器管理了控制器的 23 个中断/事件线。每个中断/事件线都对应有一个边沿检测器,可以实现输入信号的上升沿检测和下降沿检测。外部中断/事件控制器可以实现对每个中断/事件线进行单独配置,可以单独配置为中断或者事件,以及触发事件的属性。STM32F4xx 系列微控制器支持 23 个外部中断/事件,主要包括:

多达 140 个 GPIO 通过以下方式连接到 16 个外部中断/事件线,每一个 GPIO 都可以触发一个外部中断/事件,并以组为单位进行分组,同一组外部中断同一时间只能使用一个,如 PA0,PB0,PC0,PD0,PE0,PF0,PG0,PH0 为 1 组,如果使用 PB0 作为外部中断引脚,则其他引脚不能同时共用,只能使用类似 PA1、PB1、PB2 序号不同的外部中断引脚,GPIO 外部中断与 EXTI 映射关系如图 5.19 所示。

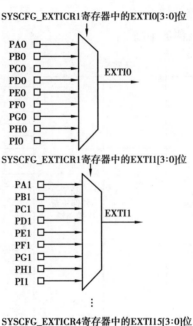

图 5.19　外部中断/事件 GPIO 映射

如图 5.19 所示,可以通过配置 SYSCFG_EXYICRx 寄存器配置 GPIO 线上的外部中断/事件,但此时 GPIO 时钟使能必须配置为复用功能。其他的 7 个 EXTI 线连接方式如下所述:

①EXTI 线 16 连接到 PVD 输出。

②EXTI 线 17 连接到 RTC 闹钟事件。

③EXTI 线 18 连接到 USB OTG FS 唤醒事件。

④EXTI 线 19 连接到以太网唤醒事件。

⑤EXTI 线 20 连接到 USB OTG HS(在 FS 中配置)唤醒事件。

⑥EXTI 线 21 连接到 RTC 入侵和时间戳事件。

⑦EXTI 线 22 连接到 RTC 唤醒事件。

5.4.2　外部中断/事件编程

由图 5.20 可知,由 GPIO 产生的外部中断/事件,需要经过 EXTI 外部中断控制器,然后到达 NVIC,因此,使用外部中断/事件需要对每个连接段进行配置,具体的编程步骤为:

①初始化 GPIO 引脚。

②配置 GPIO 时钟为复用模式。

③配置 GPIO 与中断线的映射关系。

④初始化线上中断,配置触发条件等。

⑤配置 NVIC 中断结构体,使能中断。

⑥编写中断服务程序。

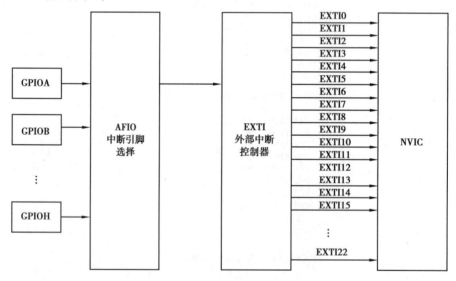

图 5.20　GPIO、EXTI、NVIC 连接关系

5.5　定时器常用寄存器

STM32F4xx 系列微控制器定时器相关的寄存器比较复杂,本教材只介绍有关任务的寄存器。其余的寄存器,读者可以查阅数据手册进行更多的了解。

1)TIMx 计数器寄存器(TIMx_CNT)

计数器寄存器为 16 位寄存器,其偏移地址为 0x2,复位值为 0x0000。其中,位 15：0 CNT[15：0]为计数器值（Counter value）。

15	14	13	12	11	10	9	8	7	6	5	4	3	2	1	0
CNT[15：0]															
RW	RW	RW	RW	RW	RW	RW	RW	RW	RW	RW	RW	RW	RW	RW	RW

2）TIMx 预分频器（TIMx_PSC）

预分频器为 16 位寄存器,用于定时器时基单元的分频配置,其偏移地址为 0x28,复位值为 0x0000。

15	14	13	12	11	10	9	8	7	6	5	4	3	2	1	0
PSC[15：0]															
RW	RW	RW	RW	RW	RW	RW	RW	RW	RW	RW	RW	RW	RW	RW	RW

预分频器中位 PSC[15：0]表示预分频器值（Prescaler value）,计数器时钟频率（CK_CNT）的计算为:

$$f_{\text{CK\_CNT}} = \frac{f_{\text{CK\_PSC}}}{\text{PSC}[15：0]+1} \tag{5.2}$$

PSC 包含每次发生更新事件(包括计数器通过 TIMx_EGR 寄存器中的 UG 位清零时,或在配置为"复位模式"时通过触发控制器清零时)要装载到活动预分频器寄存器的值。

3）自动重载寄存器（TIMx_ARR）

自动重载寄存器偏移地址为 0x2C ,复位值为:0x0000。

15	14	13	12	11	10	9	8	7	6	5	4	3	2	1	0
ARR[15：0]															
RW	RW	RW	RW	RW	RW	RW	RW	RW	RW	RW	RW	RW	RW	RW	RW

位 ARR[15：0]:自动重载值（Auto-reload value）。

自动重装载寄存器 ARR 是一个 16 位的寄存器,这里面装着计数器能计数的最大数值。当计数到这个值时,如果使能中断,定时器就产生溢出中断。

ARR 为要装载到实际自动重载寄存器的值,当自动重载值为空时,计数器不工作。

5.6　STM32F4xx 系列微控制器定时器编程

STM32F4xx 系列微控制器的定时器库函数存放在标准外设库的 stm32f4xx_tim.c 和 stm32f4xx_tim.h 文件中,stm32f4xx_tim.h 头文件中声明了定时器有关的库函数以及相关的宏定义、结构体等。由于 STM32F4xx 系列微控制器的定时器功能较为强大,其库函数也较多。

在 stm32f4xx_tim. h 文件中,定义了的与定时器配置相关的结构体为:

```
typedef struct{
uint16_t TIM_Prescaler;              //分频系数
uint16_t TIM_CounterMode;            //计数方式(向上、向下、中央对齐)
uint16_t TIM_Period;                 //自动重载计数值(即定时/计数时间)
uint16_t TIM_ClockDivision;          //时钟分频因子,基本定时器无此功能
uint8_t TIM_RepetitionCounter;       //重复计数器,基本定时器无此功能
} TIM_TimeBaseInitTypeDef;
```

使用时参数配置如下:

```
TIM_TimeBaseInitTypeDef TIM_TimeBaseStructure;   //声明初始化参数结构体变量
TIM_TimeBaseStructure. TIM_Period=5000;          //定时器周期为 5000
TIM_TimeBaseStructure. TIM_Prescaler =7199;      //定时器预分频系数为 7199
TIM_TimeBaseStructure. TIM_ClockDivision=TIM_CKD_DIV1;   //定时器时钟预分频设
                                                          置为1,也就是不分频
TIM_TimeBaseStructure. TIM_CounterMode=TIM_CounterMode_Up;//向上计数模式
TIM_TimeBaseInit(TIM3, &TIM_TimeBaseStructure);  //执行初始化
```

其中,void TIM_TimeBaseInit(TIM_TypeDef * TIMx, TIM_TimeBaseInitTypeDef * TIM_TimeBaseInitStruct)为结构体初始化函数。该函数有两个输入参数,第一个参数是指定定时器,例如,第一个参数为 TIM3,则说明我们的目标定时器是 TIM3。第二个参数是定时器配置参数结构体。

此外,在 stm32f4xx_tim. h 文件中,还定义了与定时器输出有关的结构体,即输出比较结构体 TIM_OCInitTypeDef,该结构体用于输出比较模式,与 TIM_OCxInit 函数配合使用完成指定定时器输出通道初始化配置。高级控制定时器有 4 个定时器通道,使用时都必须单独设置。输出比较的结构体如下所示:

```
typedef struct {
    uint16_t TIM_OCMode;        // 比较输出模式
    uint16_t TIM_OutputState;   // 比较输出使能
    uint16_t TIM_OutputNState;  // 比较互补输出使能
    uint32_t TIM_Pulse;         // 脉冲宽度
    uint16_t TIM_OCPolarity;    // 输出极性
    uint16_t TIM_OCNPolarity;   // 互补输出极性
    uint16_t TIM_OCIdleState;   // 空闲状态下比较输出状态
    uint16_t TIM_OCNIdleState;  // 空闲状态下比较互补输出状态
} TIM_OCInitTypeDef;
```

其中,TIM_OutputNState、TIM_OCNPolarity、TIM_OCIdleState 和 TIM_OCNIdleState 用于高级定时器。STM32F4xx 系列微控制器中,用于 NVIC 初始化的结构体和函数位于文件 misc. h 和 misc. c 两个文件中,其结构体名称为 NVIC_InitTypeDef,该结构体具体定义如下:

```
typedef struct
{
```

uint8_t NVIC_IRQChannel；

uint8_t NVIC_IRQChannelPreemptionPriority；

uint8_t NVIC_IRQChannelSubPriority；

FunctionalState NVIC_IRQChannelCmd；

| NVIC_InitTypeDef；

其中,结构体成员 NVIC_IRQChannel 定义初始化的中断源。例如,USART1_IRQn 表示串口 1 中断;NVIC_IRQChannelPreemptionPriority 定义了中断的抢占优先级别;NVIC_IRQChannelSubPriority 定义这个中断的子优先级别,也称响应优先级;NVIC_IRQChannelCmd 表示该中断通道是否使能,有两个参数,分别为 ENABLE 和 DISABLE。

综上所述,定时器配置步骤如下:

①定时器时钟使能。定时器挂载在 APB 总线,所以要通过使用 APB 总线的使能函数来使能 T 定时器的时钟源,例如:

RCC_APB1PeriphClockCmd（RCC_APB1Periph_TIM3,ENABLE）；///使能 TIM3 时钟

②定时器相关结构体初始化。

③设置定时器允许中断更新。使用库函数 TIM_ITConfig 用来设置打开中断。

void TIM_ITConfig（TIM_TypeDef * TIMx,　　//指定哪个定时器

uint16_t TIM_IT,　　　　　　　　　　//指定中断类型(更新中断、触发中断等)

FunctionalState NewState　　//使能还是失能可选择 ENABLE 或 DISABLE

）；

例如:

TIM_ITConfig（TIM3,TIM_IT_Update,ENABLE）；　//使能更新中断(DISABLE 为失能)

④设置中断优先级,使能定时器。配置 NVIC_InitTypeDef 结构体,使用 NVIC_Init 函数初始化成员变量,然后调用 TIM_Cmd 函数使能定时器。

void TIM_Cmd（TIM_TypeDef * TIMx,　　　　//指定定时器

　　　　　　FunctionalState NewState　　　　//指定状态,可选择 ENABLE 或 DISABLE

　　　　　　　　　　　　　　　　　　　）；

例如:

TIM_Cmd（TIM3, ENABLE）；//使能 TIM3 外设

⑤编写定时器中断函数。最后编写定时器中断函数来处理定时器产生的相关中断。在定时器中断产生后,通过状态寄存器的值来判断此次中断属于什么类型,然后执行相关操作,最后清除 SR 寄存器的中断标志。

读取中断状态的函数如下:

ITStatus TIM_GetITStatus（TIM_TypeDef * TIMx, uint16_t）；

清除中断状态标志位的函数如下:

void TIM_ClearITPendingBit（TIM_TypeDef * TIMx, uint16_t TIM_IT）；

另外,固件库中还提供了两个函数用来判断定时器的状态和清除定时器状态标志函数:TIM_GetFlagStatus 和 TIM_ClearFlag,它们的作用和上面两个相似,不过它们要先判断中断是否使能,然后再判断中断标志位,而 TIM_GetITStatus 直接判断中断标志位。

在 STM32F4xx 中,定时器中断函数的基本格式为:

```
void TIM3_IRQHandler(void)//定时器3中断服务函数
{
    if(TIM_GetITStatus(TIM3,TIM_IT_Update)==SET)//判断中断状态
    {
//
//……执行任意操作
//
    }
    TIM_ClearITPendingBit(TIM3,TIM_IT_Update);   //清除中断标志位
}
```

下面,通过具体的实例介绍定时及中断的固件库编程方法及应用。

实例1:如图5.21所示,在本教程配套的实验板上,通过定时中断方式实现延时1 s的延时函数,并使LED0灯闪烁。

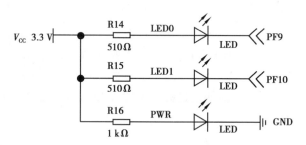

图5.21　LED0的电路连接

分析:在STM32F4xx系列微控制器中,基本定时器(TIM6、TIM7)主要用于计数和产生DAC触发信号,而通用定时器功能比较全面。因此,可以选择通用定时器TIM2实现本例的定时。定时器的定时时间主要取决于定时周期和预分频因子,其计算公式为:$T=(TIM\_Period + 1)*(TIM\_Prescaler +1)/TIMxCLK$,本例中,若T=1 ms,则定时1 s需要循环1 000次,此时,TIM_Prescaler的值可以设置为(84-1),TIM_Period可以设置为(1 000-1),TIMxCLK的频率为APB1总线频率,即84 MHz。

1)定时器初始化实现

```
    void Tim2_Init(void)
    {
        TIM_TimeBaseInitTypeDef  TIM_TimeBaseInitStruct;   //定义一个时钟结构体
        NVIC_InitTypeDef  NVIC_InitStruct;         //声明中断嵌套向量结构体
        RCC_APB1PeriphClockCmd(RCC_APB1Periph_TIM2,ENABLE);//使能时钟
TIM2,在RCC.c文件里面/*TIM2结构体初始化设置*/
        TIM_TimeBaseInitStruct.TIM_Prescaler  =84-1;   //84 MHz 84 MHz/84=1 MHz
        TIM_TimeBaseInitStruct.TIM_Period    =1000-1;   //(1000-1+1)/1MHz,定时1ms
        TIM_TimeBaseInitStruct.TIM_CounterMode  =TIM_CounterMode_Up;   //设定向上
计数或向下计数还是向两边计数
```

```
        TIM_TimeBaseInitStruct. TIM_ClockDivision = TIM_CKD_DIV1 ;   //时钟分割
        TIM_TimeBaseInit(TIM2, &TIM_TimeBaseInitStruct) ;   //初始化定时器
        TIM_ITConfig(TIM2, TIM_IT_Update, ENABLE) ;
        TIM_Cmd(TIM2, ENABLE) ;
        / * NVIC 结构体初始化设置 * /
        NVIC_PriorityGroupConfig(NVIC_PriorityGroup_2) ; //中断组,有 5 组中断组
        NVIC_InitStruct. NVIC_IRQChannel = TIM2_IRQn ; //选择定时器 TIM2 中断
NVIC_InitStruct. NVIC_IRQChannelPreemptionPriority = 0x01 ;    //抢占优先级 1
        NVIC_InitStruct. NVIC_IRQChannelSubPriority = 0x01 ;   //子优先级 1
        NVIC_InitStruct. NVIC_IRQChannelCmd    = ENABLE ;   //IRQn 通道使能
        NVIC_Init(&NVIC_InitStruct) ;                //中断结构体初始化
    }
    中断函数实现
    void TIM2_IRQHandler(void)
    {
        if(TIM_GetITStatus(TIM2,TIM_IT_Update) = = SET)//判断中断状态
        {
          if (Delayiing! = 0x00)
          {
            Delayiing--;
          }
        }
        TIM_ClearITPendingBit(TIM2,TIM_IT_Update) ; //清楚中断标志位
    }.
```

2)延时 1 s 函数实现

```
    static __IO uint32_t Delayiing; //定义局部静态变量,用循环次数设置
    //定义延时函数
    void Delay(__IO uint32_t x)
    {
       Delayiing = x ;
       while(Delayiing! = 0);
    }
```

3)GPIO 初始化函数

```
    void Led0_Init()
    {
       GPIO_InitTypeDef Led_Init_Str;
```

```
        RCC_AHB1PeriphClockCmd(RCC_AHB1Periph_GPIOF,ENABLE);//使能 F 接口
                                                           时钟

    Led_Init_Str. GPIO_Mode=GPIO_Mode_OUT;//定义为输出

    Led_Init_Str. GPIO_OType=GPIO_OType_PP;

    Led_Init_Str. GPIO_Speed=GPIO_Medium_Speed;//输出速度

    Led_Init_Str. GPIO_Pin=GPIO_Pin_9; //定义 F 组接口第 9 个引脚

    GPIO_Init(GPIOF, &Led_Init_Str);//结构体初始化
}
```

4)主函数实现

```
int main( )
{
    Tim2_Init( );
    Led_Init( );
    while(1)
    {
        GPIO_ResetBits(GPIOF, GPIO_Pin_9);
        Delay(1000);
        GPIO_SetBits(GPIOF, GPIO_Pin_9);
        Delay(1000);
    }
}
```

实例 2:在实例 1 的基础上,在本教材配套的实验板上,使用 TIM14 的输出引脚输出 PWM波,控制 LED0 灯缓慢点亮,又缓慢熄灭。

分析:通用定时器可以利用 GPIO 引脚进行脉冲输出 PWM 波形,本例中,TIM14 有 4 个输出通道,其中 GPIOF 端口的第 9 个引脚为其输出引脚之一,因此,只需要 TIM_OCInitTypeDef结构体,使其输出 PWM 波形。同时需要配置 TIM14 的 TIM_Period 和 TIM_Prescaler 值,本例中,TIM_Period=250-1,TIM_Prescale=200-1。

```
TIM14 产生 PWM 的配置代码为:
void Breathe_Led_Init( )
{
    GPIO_InitTypeDef Led_Init_Str;//定义 GPIO 初始化结构体
    RCC_AHB1PeriphClockCmd(RCC_AHB1Periph_GPIOF,ENABLE);
    TIM_TimeBaseInitTypeDef   TIM_TimeBaseStructure;//定义 TIM 初始化结构体
    TIM_OCInitTypeDef   TIM_OCInitStructure;   //定义定时器输出结构体
                                               //GPIO 初始化
    Led_Init_Str. GPIO_Pin=GPIO_Pin_9;//GPIOF 第 9 引脚
    Led_Init_Str. GPIO_Speed=GPIO_Speed_100MHz;
```

```
            Led_Init_Str. GPIO_PuPd = GPIO_PuPd_NOPULL;
            Led_Init_Str. GPIO_OType = GPIO_OType_PP;
            Led_Init_Str. GPIO_Mode = GPIO_Mode_AF;//配置为引脚复用功能
            GPIO_Init( GPIOF,&Led_Init_Str);//初始化结构体
         GPIO_PinAFConfig( GPIOF, GPIO_PinSource9, GPIO_AF_TIM14);//将 GPIOF 的引脚
    PF9 复用为 TIM14
            RCC_APB1PeriphClockCmd( RCC_APB1Periph_TIM14, ENABLE);
            TIM_TimeBaseStructure. TIM_Period = 250 - 1;
            TIM_TimeBaseStructure. TIM_Prescaler = 84 - 1;
            TIM_TimeBaseStructure. TIM_ClockDivision = 0;
            TIM_TimeBaseStructure. TIM_CounterMode = TIM_CounterMode_Up;
            TIM_TimeBaseInit( TIM14, &TIM_TimeBaseStructure);
            TIM_OCInitStructure. TIM_OCMode = TIM_OCMode_PWM1;//配置输出为 PWM1
                                                             模式
            TIM_OCInitStructure. TIM_OutputState = TIM_OutputState_Enable;
            TIM_OCInitStructure. TIM_Pulse = 25;//250/25 = = =10 脉冲宽度
            TIM_OCInitStructure. TIM_OCPolarity = TIM_OCPolarity_High;
            TIM_OC1Init( TIM14, &TIM_OCInitStructure);
            TIM_Cmd( TIM14, ENABLE);//使能定时器
    }
```

本例中,主函数调用了实例 1 的延时函数,实现延时,通过改变定时器的 TIM3_CCR2 寄存器,控制 PWM 的占空比,修改函数占空比函数如下:

TIM_SetCompare2(TIM3,n); // 定时器 3 的 TIM3_CCR2 值为 n

实例 2 的主函数实现为:

```
int main( )
{
    Breathe_Led_Init( );
    Tim2_Init( );//调用实例 1 中的定时器 2 初始化函数
    u16 pwm = 0;
    u8 dir = 1;
    while(1)
    {
    Delay(10);
        if( dir) pwm++;//dir = = 1 //PWM 递增
        else pwm--;//dir = = 0 //PWM 递减
        if( pwm>300) dir = 0;//PWM 达到 300 后,PWM 递减
        if( pwm = =0) dir = 1;
```

```
            TIM_SetCompare1（TIM14,pwm）;//修改比较值
    ｝
    ｝
```

5.7　本章小结

在 STM32F4xx 系列微控制器中,定时器的功能多样且非常强大,这些定时器包括高级定时器 TIM1 和 TIM8,通用定时器 TIM2～TIM5,TIM9～TIM14,基本定时器 TIM6 和 TIM7 等,总共有 14 个定时器。本章主要介绍了通用定时及高级定时器的工作原理、主要功能、基本编程方法。这些内容的介绍有助于后续章节如串口通信、I^2C、SPI 等内容的学习。此外,本章还主要介绍了 PWM 波形的生成原理及编程方法。最后,介绍了 STM32F4xx 系列微控制器的中断系统,重点介绍了外部中断的控制方法,其编程方法主要分为:

①初始化 GPIO 引脚。

②配置 GPIO 时钟为复用模式。

③配置 GPIO 与中断线的映射关系。

④初始化线上中断,配置触发条件等。

⑤配置 NVIC 中断结构体,使能中断。

⑥编写中断服务程序。

定时器和中断作为 STM32F4xx 系列微控制器的核心内容,是很多外设控制的基础,尤其是基于 PWM 的各种应用领域,比如:控制和新能源领域,读者可以此为基础完成很多有意义的创新设计。

5.8　本章习题

1. NVIC_InitTypeDef 结构体中的成员 NVIC_IRQChannel 主要用于配置(　　　)。

   A. 抢占优先级

   B. 子优先级

   C. 使能(ENABLE)或失能(DISABLE)某中断

   D. 中断源

2. STM32F40xx 嵌套向量中断控制器(NVIC)具有的可编程的优先等级数目为(　　　)。

   A. 16 　　　　　　B. 43 　　　　　　C. 72 　　　　　　D. 67

3. 高级定时器的时基单元不包括(　　　)。

   A. 自动重载寄存器　　B. 定时器计数器　　C. 预分频寄存器　　D. 溢出寄存器

4. STM32F40xx 的外部中断/事件控制器(EXTI)支持(　　　)个中断/事件请求。

   A. 16 　　　　　　B. 43 　　　　　　C. 19 　　　　　　D. 36

5. 下列定时器中,没有捕获/比较功能的定时器是(　　　)。

A. TIM14　　　　　B. TIM1　　　　　C. TIM2　　　　　D. TIM6

6. 当 PA2 配置为中断线,配置中断线时,EXTI_InitTypeDef 结构体中的 EXTI_Line 为（　　）。

　　A. EXTI_Line2　　　　B. GPIO_PinSource2　　C. GPIO_Pin_2　　　　D. EXTI_Line2_5

7. 下列用于检测定时器中断状态的函数,使用正确的是(　　)。

　　A. TIM_GetITStatus(TIM2,RESET)　　　　　B. TIM_GetITStatus(TIM2,TIM_IT_Update)

　　C. EXTI_GetFlagStatus(EXTI_Line_2)　　　　D. EXTI_GetFlagStatus(TIM2,RESET)

8. 简述 STM32F4xx 定时器的种类及主要区别。

9. 简述通用定时器中的自动重装载寄存器的作用。

10. STM32F4xx 定时器的计数器模式有几种? 并简述这些计数器模式的工作过程。

11. 简述使用外部中断初始化的步骤。

12. 列举 STM32F4xx 微控制器中与中断相关的常用库函数,并说明其功能。

13. STM32F4xx 微控制器中最多支持多少个中断,有哪些优先级,如何设置优先级?

14. 请画出定时器输出 PWM 波的原理示意图,并简要说明。

15. 简述通用定时器时基单元的组成及功能。

16. 假设某 STM32 芯片系统时钟为 84 MHz,试用 TIM3 编程实现 20 ms 的定时。

17. 假设某 STM32 芯片系统时钟为 84 MHz,编程实现频率为 1 kHz,占空比为 20% 的 PWM 波形。

18. 如图 5.22 所示,采用外部中断方式编程,实现通过一个按键(PA0)控制 LED 灯状态翻转,每按下按键一次,LED 灯的状态变化一次。

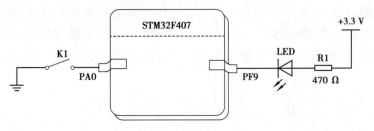

图 5.22　按键、LED 电路

第 **6** 章

嵌入式通信技术

本章学习要点:

1. 掌握嵌入式通信系统的基本概念、组成;

2. 掌握 USART 通信原理及应用;

3. 掌握 I^2C 通信原理及应用;

4. 掌握 SPI 通信原理及应用;

5. 理解 CAN 通信原理及应用。

从 20 世纪 70 年代单片机的出现到今天,各式各样的嵌入式微处理(控制)器的大规模应用,嵌入式系统已经有了近 50 年的发展历史 。嵌入式系统是一种具有特定功能的专用计算机系统。它与通信和网络技术的结合可以极大地增强网络的智能性与灵活性,拓展通信功能,实现各种通信系统之间的互联互通。随着信息技术的不断发展和用户需求的不断增长,嵌入式技术在通信领域中的应用日益广泛,嵌入式通信系统的发展也日益成熟。

6.1 嵌入式通信系统概述

嵌入式技术在 20 世纪 90 年代起已经成为通信和消费类产品的共同发展方向。在通信领域,数字技术正在全面取代模拟技术,得到越来越广泛的技术应用。

从硬件方面来看,不仅有各大公司的微处理器芯片,还有用于学习和研发的各种配套开发包。目前底层系统和硬件平台经过若干年的研究,已经相对比较成熟,实现各种功能的芯片应有尽有。从软件方面讲,也有相当部分的成熟软件系统。国外商品化的嵌入式实时操作系统,已经进入我国市场,且产品繁多。

随着互联网的迅速普及和电信业务的持续增长,通信的重要性不言而喻,对通信设备的要求也不断提高。这些设备应用于网络的各个部分,从寻呼机、手机,到复杂的中心局交换机。绝大多数的通信设备都有健全的通信软件功能,用于和其他设备及网络管理器等控制实体通信。基于以上的设备支撑,嵌入式通信系统具有实时响应能力、计算机资源有限、磁盘空间有限或者无磁盘、通过终端或以太网控制、有硬件加速能力等特征。

6.1.1　嵌入式通信系统的组成结构

嵌入式通信系统由硬件层、中间层、系统软件层和应用层组成，如图 6.1 所示。

应用层
应用程序
软件层
文件系统
图形用户接口
网络系统
实时操作系统
中间层
硬件抽象层/板级支持包(BSP)
D/A
通信模块
通用接口
A/D
嵌入式微处理器
ROM
硬件层
I/O
SDRAM
人机交互接口

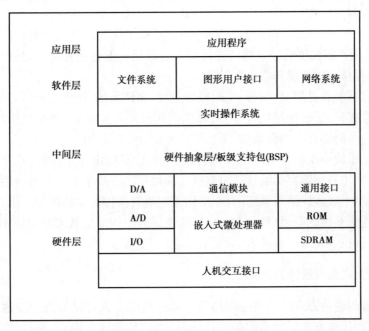

图 6.1　嵌入式计算机系统

嵌入式通信系统硬件层以微处理器为核心，由存储器、I/O、通信模块以及电源等必要的接口组成。嵌入式外设是指为了实现系统功能而设计或提供的接口或设备。这些设备通过串行或并行总线与处理器进行数据交换，串行总线上数据是逐位发送，并行总线上数据通常是以组为单位发送，如图 6.2 所示 8 位数据在串、并总线上的传输。嵌入式外设通常包括扩展存储器、输入输出端口、人机交互设备、通信总线及接口、通信总线及接口、数/模转换设备、控制驱动设备等。

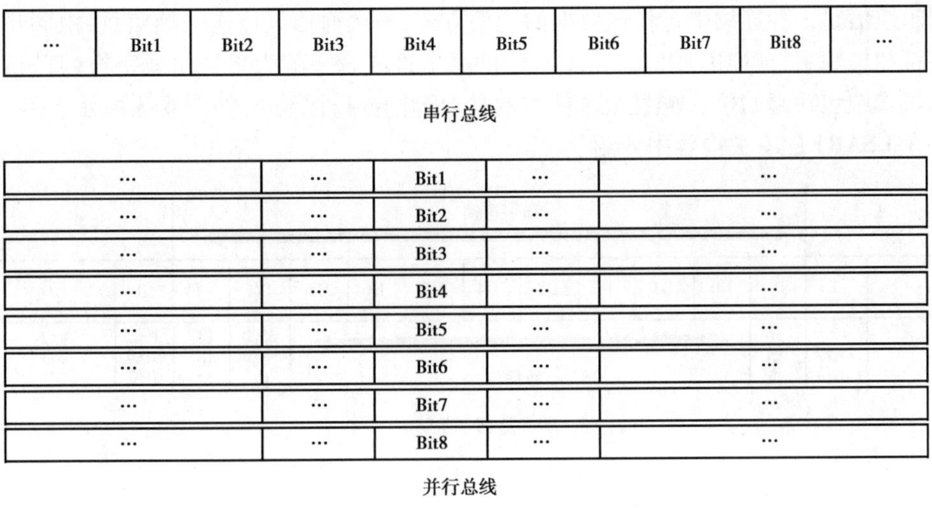

…
Bit1
Bit2
Bit3
Bit4
Bit5
Bit6
Bit7
Bit8
…
串行总线
Bit1
Bit2
Bit3
Bit4
Bit5
Bit6
Bit7
Bit8
并行总线

图 6.2　8 位数据的串、并总线传输

嵌入式通信系统中间层处于硬件层和软件层之间,也称为硬件抽象层或者板级支持包(Board Support Package,BSP),BSP 是介于主板硬件和操作系统中驱动层程序之间的一层,一般认为它属于操作系统的一部分,主要是实现对操作系统的支持,为上层的驱动程序提供访问硬件设备寄存器的函数包,使之能够更好地运行于硬件主板。把系统上层软件与底层硬件分离开来,使系统的底层驱动程序与硬件无关,上层软件开发人员无须关心底层硬件的具体工作过程,根据 BSP 层提供的接口即可进行开发。该层一般包含相关底层硬件的初始化、数据的输入/输出操作和硬件设备的配置功能。

嵌入式通信系统软件层主要包括实时操作系统、文件系统、图形用户接口等部分,主要用于提供标准编程接口,屏蔽底层硬件特性,降低应用程序开发难度,缩短应用程序开发周期。系统软件层是由实时多任务操作系统、图形用户界面、网络组件组成。

嵌入式通信系统应用层是由应用软件构成,主要针对特定应用领域,基于某一固定的硬件平台,用来达到用户预期目标的计算机软件。应用层是由基于系统软件开发的应用软件程序组成的,它是整个嵌入式通信系统的核心,用来完成对被控对象的控制功能。

自嵌入式通信系统的全面应用以来,嵌入式系统的应用前景从家庭的使用,到智能交通、远程办公、远程遥控等领域逐步扩大,应用场景也越发广阔。

6.1.2 嵌入式系统通信方式

嵌入式系统的通信方式按照微处理器与外设通信的方式可以分为并行通信和串行通信两种,并行通信的传输方式是数据的各个位同时传输,具有速度快、效率高的优点,但是成本高,故不适用于远距离的通信场景;串行通信的传输原理是数据按位依次进行传输,成本低,但是数据传送效率低,适合远距离通信。

在嵌入式系统的开发与调试中,串行通信常常被应用于不同通信模块之间的相互通信,从而方便了开发人员对系统程序的调试。嵌入式的多个通信都是基于串行通信的方式进行开发扩展的,下面以 STM32F4xx 系列微控制器的串行通信方式为例对串行通信进行详细的介绍。

STM32F4xx 系列微控制器使用的串行通信按照数据的同步性可分为同步通信和异步通信。同步通信是一种连续串行传送数据的通信方式,一次通信只传送一帧信息,由同步字符、数据字符和校验字符(CRC)组成;异步通信是以字符或者字节为单位组成字符帧进行传输。字符帧格式中包括起始位、数据位、奇偶校验位、停止位 4 个部分,如图 6.3 所示。各个位的说明将在 USART 的有关内容中介绍。

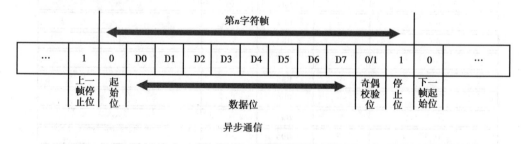

图 6.3　异步通信数据传输

串行通信按照数据传输的方向及时间关系可分为单工通信、半双工通信和全双工通信,如图 6.4 所示。在单工通信中,一端为发送器,另一端为接收器,数据只能按照一个固定的方向传送;在半双工通信中,系统的每个通信设备都由一个发送器和一个接收器组成,数据传送可以沿两个方向,但需要分时进行;在全双工通信中,系统的每端都有发送器和接收器,可以同时发送和接收,即数据可以在两个方向上同时进行传送。

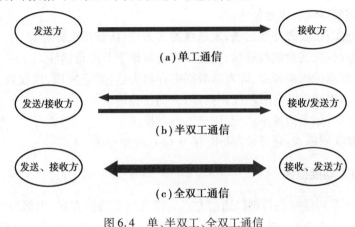

(a)单工通信

(b)半双工通信

(c)全双工通信

图 6.4　单、半双工、全双工通信

6.2　USART 通信

USART 全称为通用同步/异步收发器(Universal Synchronous/Asynchronous Receiver/Transmitter)。USART 是一种能够灵活地与外部设备进行数据交换的串行通信协议,可以在同步和异步模式下将数据从一个设备传输到另一个设备。

USART 常用于嵌入式系统及微处理器设计中,用于实现串行通信,例如,通过串行口与计算机进行通信或通过串行总线与其他设备进行通信。USART 的工作原理是将数据位按照一定的时序传输,由于是同步或异步传输,因此需要在传输之前先进行一定的协议配置,包括波特率、数据位数、校验位和停止位等参数的设置。

USART 支持全双工和半双工通信模式,支持多处理器通信,通过配置多个缓冲区使用 DMA 可实现高速数据通信。由于 USART 具有高效、可靠、灵活等特点,因而在许多嵌入式系统中得到广泛应用。本章主要以 STM32F4xx 系列微控制器为例介绍 USART 的主要工作原理及编程方法。

6.2.1　USART 主要特性

在基于 STM32F4xx 系列的微控制器的嵌入式系统中,USART 作为一种多设备间通信接口,涉及非常广泛的特性,这些特性主要包括:

①采用全双工异步通信方式。

②可配置为 16 倍过采样或 8 倍过采样,因而为速度容差与时钟容差的灵活配置提供了可能。

③数据字长度可编程(8 位或 9 位)。

④停止位可配置,支持 1 或 2 个停止位。

⑤用于同步发送的发送器时钟输出。

⑥单线半双工通信。

⑦使用 DMA(直接存储器访问)实现可配置的多缓冲区通信,使用 DMA 在预留的 SRAM 缓冲区中收/发字节。

⑧发送器和接收器具有单独使能位。

⑨传输检测标志:接收缓冲区已满,发送缓冲区为空,传输结束标志。

⑩奇偶校验控制:发送奇偶校验位,检查接收的数据字节的奇偶性。

⑪具有 10 个标志位的中断源,即发送数据寄存器为空,发送完成,接收数据寄存器已满,接收到线路空闲,溢出错误,帧错误,噪声错误,奇偶校验错误。

⑫多处理器通信,如果地址不匹配,则进入静默模式。

⑬两个接收器唤醒模式:地址位(MSB,第 9 位),线路空闲。

6.2.2 USART 功能框图

在 STM32F4xx 系列微控制器串口通信方式采用全双工通信方式,内部最多有两个 UART (通用异步收发器)和 4 个 USART(通用异步/同步收发器),如图 6.5 所示为 STM32F4xx 系列的微控制器 USART 接口的内部框图。

USART 通过 5 个引脚从外部连接到其他设备,任何 USART 双向通信均需要至少两个引脚,即接收数据输入引脚 (RX)和发送数据引脚输出 (TX)。

①RX:接收数据输入引脚,即串行数据输入引脚。

②TX:发送数据输出引脚,如果关闭发送器,该输出引脚模式由其 I/O 端口配置决定。

如果使能了发送器但没有待发送的数据,则 TX 引脚处于高电平。

STM32F407ZGT6 中的 USART 引脚与 GPIO 的对应关系见表 6.1。

表 6.1 STM32F407ZGT6 芯片的 USART 引脚

	APB2(84 MHz)		APB1(42 MHz)			
	USART1	USART6	USART2	USART3	UART4	UART5
TX	PA9/PB6	PC6/PG14	PA2/PD5	PB10/PD8/PC10	PA0/PC10	PC12
RX	PA10/PB7	PC7/PG9	PA3/PD6	PB11/PD9/PC11	PA1/PC11	PD2
SCLK	PA8	PG7/PC8	PA4/PD7	PB12/PD10	—	—
nCTS	PA11	PG13/PG15	PA0/PD3	PB13/PD11	—	—
nRTS	PA12	PG8/PG12	PA1/PD4	PB14/PD12	—	—

当 UART 只是异步传输模式时,没有 SCLK、nCTS 和 nRTS 功能引脚。传输数据通过这些引脚以数据帧的形式发送和接收串行数据,数据帧可以是 9 位或 8 位,如图 6.6 所示。

①起始位,即启动位,标志数据传输的开始。

②数据帧,需要传输的数据字,长度为 8 位或 9 位,最低有效位在前,用于指示帧传输已完成的 0.5 个、1 个、1.5 个、2 个停止位。

③停止位,标志传输数据帧的结束。

④在同步模式下,USART 通信时还需要使用 SCLK 时钟同步信号引脚。

⑤SCLK 是发送器时钟输出,该引脚仅适用于同步模式,RX 上可同步接收并行数据。

这一点可用于控制带移位寄存器的外设(如 LCD 驱动器)。时钟相位和极性可通过软件编程。

⑥USART 还有硬件流控制模式,在该模式下则需要使用到以下两个引脚:

a. nCTS,用于当前传输结束时阻止数据发送(高电平时)。

b. nRTS,用于指示 USART 已准备好接收数据(低电平时)。

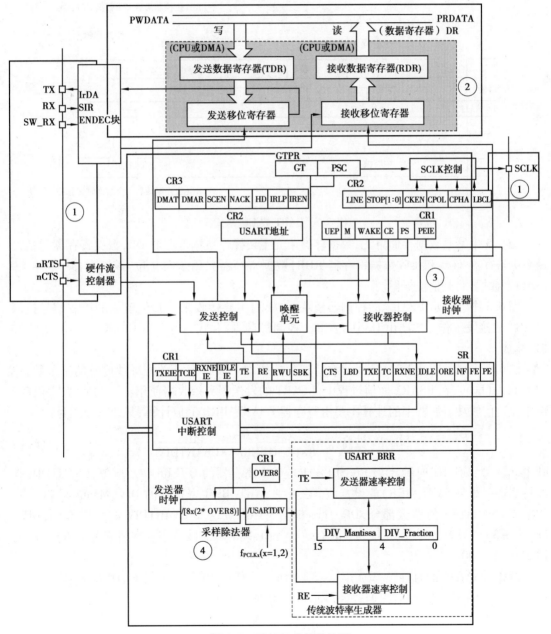

图 6.5　USART 内部结构图

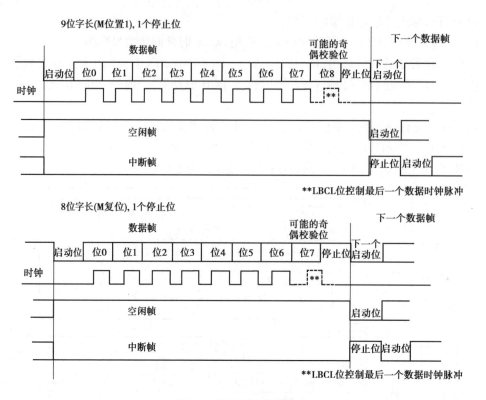

图 6.6　UART 数据帧格式

图 6.5 中②是数据存储单元,数据存储单元主要操作数据寄存器 DR,数据寄存器包括发送数据寄存器 TDR 和接收数据寄存器 RDR,数据寄存器只用了第 9 位,该寄存器中位 8:0 (DR)是数据值,其他位保留。

图 6.5 中③表示 USART 的控制器模块,该模块主要接收来自其他模块的控制信号控制 USART 的接发工作。主要由 USART_CR1(控制寄存器)和状态寄存器 USART_SR(状态寄存器)构成。

图 6.5 中④框图是 USART 通信波特率生成模块。波特率定义为每秒传送的字节数,单位为 bit/s(bps),在 USART 通信过程中,USART 的发送器和接收器使用相同的波特率才能确保串口通信成功。波特率的计算主要由寄存器 USART_BRR 完成计算,其计算公式为:

$$Tx/Rx \text{ 波特率} = \frac{f_{PCLKx}}{8 \times (2 - OVER8) \times USARTDIV} \tag{6.1}$$

其中,f_{PLCK} 为 USART 时钟,OVER8 为 USART_CR1 寄存器的 OVER8 位对应值,USARTDIV 是波特率寄存器(USART_BRR)的设置值。其中 USART_BRR 寄存器的 DIV_Mantissa[11:0] 位定义 USARTDIV 的整数部分,DIV_Fraction[3:0] 位定义 USARTDIV 的小数部分,DIV_Fraction[3] 位只在 OVER8 位为 0 时有效,否则必须清零。波特率的常用值有 2 400,9 600, 19 200,115 200。

例如,USART6 的时钟频率为 f_{PLCK} =84 MHz。当使用 16 倍过采样时,OVER8 =0,为得到 115 200 bps 的波特率,此时根据式(6.1),可以得到如下计算:

$$115\ 200 = \frac{840\ 000\ 000}{8 \times 2 \times USARTDIV} \tag{6.2}$$

式(6.2)求解可得 USARTDIV $=45.57$，DIV_Fraction $=0x9(0.57*2^4=9.12$ 取整，在 BRR 寄存器中，表示小数位的有 4 位)，DIV_Mantissa $=0x2D$，即应该设置 USART_BRR 的值为 0x2D9。

在计算 DIV_Fraction 时经常出现小数情况，经过四舍五入得到整数，尽管这样计算会导致输出的波特率较目标值略有偏差，但实验表明，这样的计算并不影响通信。

6.2.3　USART 的异步接发功能

1) 字符发送

USART 发送期间，首先通过 TX 引脚移出数据的最低有效位。该模式下，USART_DR 寄存器的缓冲区(TDR)位于内部总线和发送移位寄存器之间。每个字符前面都有一个起始位，其逻辑电平在一个位周期内为低电平。字符由可配置数量的停止位终止。具体发送配置步骤如下：

①通过向 USART_CR1 寄存器中的 UE 位写入 1 使能 USART。

②对 USART_CR1 中的 M 位进行编程以定义字长。

③对 USART_CR2 中的停止位数量进行编程。

④使用 USART_BRR 寄存器选择所需波特率。

⑤将 USART_CR1 中的 TE 位置 1 以便在首次发送时发送一个空闲帧。

⑥在 USART_DR 寄存器中写入要发送的数据(该操作将清零 TXE 位)。为每个要在单缓冲区模式下发送的数据重复这一步骤。

⑦向 USART_DR 寄存器写入最后一个数据后，等待至 TC=1。这表明最后一个帧的传送已完成。禁止 USART 或进入暂停模式时需要此步骤，以避免损坏最后一次发送。

注意：数据发送期间不应复位 TE 位。发送期间复位 TE 位会冻结波特率计数器，从而将损坏 TX 引脚上的数据，当前传输的数据会丢失。使能 TE 位后，会发送空闲帧。

在字符发送过程中，可以通过始终向数据寄存器写入数据来将 TXE 位清零。在 TXE 位由硬件置 1 时，表示数据已从 TDR 移到移位寄存器中且数据发送已开始，TDR 寄存器为空，此时 USART_DR 寄存器中可以写入下一个数据而不会覆盖前一个数据。如图 6.7 所示为字符发送的过程。

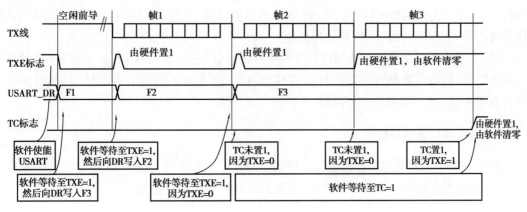

图 6.7　字符发送时的 TC/TXE 行为

图 6.7 中,若 USART_CR1 寄存器中的 TCIE 位置 1,将生成中断,向 USART_DR 寄存器写入最后一个数据,必须等待至 TC=1 之后才可禁止 USART 进入低功率模式,低功率模式在这里不作说明,具体了解可以查阅相关资料。当然,TC 位可以分别通过从 USART_SR 寄存器读取数据和向 USART_DR 寄存器写入数据进行软件序列清零。

2)字符接收

USART 接收期间,首先通过 RX 引脚移入数据的最低有效位。该模式下,USART_DR 寄存器的缓冲区(RDR)位于内部总线和接收移位寄存器之间。USART 接收的配置步骤如下:

①通过向 USART_CR1 寄存器中的 UE 位写入 1 使能 USART。

②对 USART_CR1 中的 M 位进行编程以定义字长。

③对 USART_CR2 中的停止位数量进行编程。

④使用波特率寄存器 USART_BRR 选择所需波特率。

⑤将 RE 位 USART_CR1 置 1。这一操作将使能接收器开始搜索起始位。

3)奇偶校验控制

奇偶校验控制是通信系统中比较常用的编码校验方式。偶校验是对奇偶校验位进行计算,使帧和奇偶校验位中"1"的数量为偶数,奇校验对奇偶校验位进行计算,若帧和奇偶校验位中"1"的个数为奇数,则为奇校验。

将 USART_CR1 寄存器中的 PCE 位置 1,可以使能奇偶校验控制,奇偶校验情况分别由发送时生成奇偶校验位和接收时进行奇偶校验检查。

(1)接收时进行奇偶校验检查

若奇偶校验检查失败,则 USART_SR 寄存器中的 PE 标志置 1;若 USART_CR1 寄存器中 PEIE 位置 1,则会生成中断。PE 标志由软件序列清零(从状态寄存器中读取,然后对 USART_DR 数据寄存器执行读或写访问)。

注意:如果被地址标记唤醒,会使用数据的 MSB 位而非奇偶校验位来识别地址。此外,接收器不会对地址数据进行奇偶校验检查(奇偶校验出错时,PE 不置 1)。

(2)发送时的奇偶校验生成

若 USART_CR1 寄存器中的 PCE 位被置 1,则在数据寄存器中所写入数据的 MSB 位会进行传送,但是会由奇偶校验位进行更改[如果选择偶校验(PS=0),则"1"的数量为偶数;如果选择奇校验(PS=1),则"1"的数量为奇数]。

注意:用于管理发送过程的软件程序可以激活软件序列,进而将 PE 标志清零(从状态寄存器中读取,然后对数据寄存器执行读或写访问)。在半双工模式下工作时(具体取决于软件),这可能会导致 PE 标志意外清零。

6.2.4 串口通信中断

STM32F4xx 系列微控制器内部的串口通信的相关中断事件见表 6.2,读取相关中断标志位,可以检测是否有串口中断事件产生,以便对不同的中断进行处理。

表 6.2　STM32F4xx 系列微控制器串口中断事件

中断事件	事件标志	使能控制位
发送数据寄存器为空	TXE	TXEIE
CTS 标志	CTS	CTSIE
发送完成	TC	TCIE
准备好读取接收到的数据	RXNE	RXNEIE
检测到上溢错误	ORE	
检测到空闲线路	IDLE	IDLEIE
奇偶校验错误	PE	PEIE
断路标志	LBD	LBDIE
多缓冲通信中的噪声标志,上溢错误和帧错误	NF 或 ORE 或 FE	EIE

　　STM32F4xx 系列微控制器的中断事件被连接到相同的中断向量,图 6.8 所示为这种中断映射描述,根据接发过程划分如下:

　　①发送期间:发送完成、清除已发送或发送数据寄存器为空中断。

　　②接收期间:空闲线路检测、上溢错误、接收数据寄存器不为空、奇偶校验错误、LIN 断路检测、噪声标志(仅限多缓冲区通信)和帧错误(仅限多缓冲区通信)。如果相应的使能控制位置 1,则这些事件会生成中断。

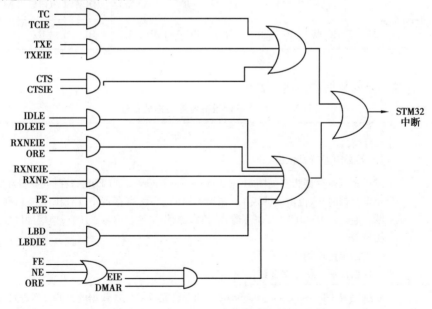

图 6.8　STM32F4xx 系列微控制器中断映射

6.2.5　USART 常用寄存器

USART 寄存器很多,本节介绍主要的 USART 寄存器。USART 所包括的寄存器见表 6.3。

表 6.3　USART 的配置寄存器

寄存器名	描述
USART_SR	USART 状态寄存器
USART_DR	USART 数据寄存器
USART_BRR	USART 波特率寄存器
USART_CR1	USART_CR1 控制寄存器 1
USART_CR2	USART 控制寄存器 2
USART_CR3	USART 控制寄存器 3
USART_GTPR	USART 保护时间和预分频器寄存器

1）状态寄存器（USART_SR）

该寄存器只用了低 10 位，高 22 位保留，每个位的定义如下。

31	30	29	28	27	26	25	24	23	22	21	20	19	18	17	16
								Reserved							

15	14	13	12	11	10	9	8	7	6	5	4	3	2	1	0
		Reserved				CTS	LBD	TXE	TC	RXNE	IDLE	ORE	NF	FE	PE
						RC_W0	RC_W0	R	RC_W0	RC_W0	R	R	R	R	R

状态寄存器主要的数据位描述见表 6.4。

表 6.4　状态寄存器主要的数据位描述

位	描述
位 31：10	保留，必须保持复位值
位 7	发送数据寄存器为空（Transmit data register empty）。当 TDR 寄存器的内容已传输到移位寄存器时，该位由硬件置 1。如果 USART_CR1 寄存器中 TXEIE 位 =1，则会生成中断。通过对 USART_DR 寄存器执行写入操作将该位清零。注意：单缓冲区发送期间使用该位 0：数据未传输到移位寄存器 1：数据传输到移位寄存器
位 6	发送完成（Transmission complete）。如果已完成对包含数据的帧的发送并且 TXE 置 1，则该位由硬件置 1。如果 USART_CR1 寄存器中 TCIE=1，则会生成中断。该位由软件序列清零（读取 USART_SR 寄存器，然后写入 USART_DR 寄存器）。TC 位也可以通过向该位写入"0"来清零。建议仅在多缓冲区通信时使用此清零序列 0：传送未完成 1：传送已完成

续表

位	描述
位 5	读取数据寄存器不为空（Read data register not empty）。当 RDR 移位寄存器的内容已传输到 USART_DR 寄存器时,该位由硬件置 1。如果 USART_CR1 寄存器中 RXNEIE=1,则会生成中断。通过对 USART_DR 寄存器执行读入操作将该位清零。RXNE 标志也可以通过向该位写入零来清零。建议仅在多缓冲区通信时使用此清零序列 0:未接收到数据 1:已准备好读取接收到的数据
位 4	检测到空闲线路（IDLE line detected）。检测到空闲线路时,该位由硬件置 1。如果 USART_CR1 寄存器中 IDLEIE=1,则会生成中断。该位由软件序列清零（读入 USART_SR 寄存器,然后读入 USART_DR 寄存器）。注意:直到 RXNE 位本身已置 1 时（即当出现新的空闲线路时）,IDLE 位才会被再次置 1 0:未检测到空闲线路 1:检测到空闲线路
位 3	上溢错误（Overrun error）。在 RXNE=1 的情况下,当移位寄存器中当前正在接收的字准备好传输到 RDR 寄存器时,该位由硬件置 1。如果 USART_CR1 寄存器中 RXNEIE=1,则会生成中断。该位由软件序列清零（读入 USART_SR 寄存器,然后读入 USART_DR 寄存器）。注意:当该位置 1 时,RDR 寄存器的内容不会丢失,但移位寄存器会被覆盖。如果 EIE 位置 1,则在进行多缓冲区通信时会对 ORE 标志生成一个中断 0:无上溢错误 1:检测到上溢错误
位 2	检测到噪声标志（Noise detected flag）。当在接收的帧上检测到噪声时,该位由硬件置 1。该位由软件序列清零（读入 USART_SR 寄存器,然后读入 USART_DR 寄存器） 0:未检测到噪声 1:检测到噪声
位 1	帧错误（Framing error）。当检测到去同步化、过度的噪声或中断字符时,该位由硬件置 1。该位由软件序列清零（读入 USART_SR 寄存器,然后读入 USART_DR 寄存器）。注意,该位不会生成中断,因为该位出现的时间与本身生成中断的 RXNE 位出现的时间相同。如果当前正在传输的字同时导致帧错误和上溢错误,则会传输该字,且仅有 ORE 位被置 1。如果 EIE 位置 1,则在进行多缓冲区通信时会对 FE 标志生成一个中断 0:未检测到帧错误 1:检测到帧错误或中断字符
位 0	奇偶校验错误（Parity error）。当在接收器模式下发生奇偶校验错误时,该位由硬件置 1。该位由软件序列清零（读取状态寄存器,然后对 USART_DR 数据寄存器执行读或写访问）。将 PE 位清零前软件必须等待 RXNE 标志被置 1。如果 USART_CR1 寄存器中 PEIE=1,则会生成中断 0:无奇偶校验错误 1:奇偶校验错误

2）控制寄存器 1（USART_CR1）

该寄存器只用了低 16 位,高 16 位保留,每个位的定义如下。

31	30	29	28	27	26	25	24	23	22	21	20	19	18	17	16
Reserved															

15	14	13	12	11	10	9	8	7	6	5	4	3	2	1	0
OVER0	Reserved	UE	M	WAKE	PCE	PS	PEIE	TXEIE	TCIE	RXNEIE	IDLEIE	TE	RE	RWU	SBK
RW	Res	RW	RW	RW	RW	RW	RW	RW	RW	RW	RW	RW	RW	RW	RW

控制寄存器 1 中常用的位描述见表 6.5。

表 6.5 控制寄存器 1 中常用的位描述

位	描述
位 31 : 16	保留,必须保持复位值
位 13	USART 使能(USART enable)。该位清零后,USART 预分频器和输出将停止,并会结束当前字节传输以降低功耗。此位由软件置 1 和清零 0:禁止 USART 预分频器和输出 1:使能 USART
位 12	字长(Word length)。该位决定了字长。该位由软件置 1 或清零。注意:在数据传输(发送和接收)期间不得更改 M 位 0:1 起始位,8 数据位,n 停止位 1:1 起始位,9 数据位,n 停止位
位 10	奇偶校验控制使能(Parity control enable)。该位选择硬件奇偶校验控制(生成和检测)。使能奇偶校验控制时,计算出的奇偶校验位被插入 MSB 位置(如果 M=1,则为第 9 位;如果 M=0,则为第 8 位),并对接收到的数据检查奇偶校验位。此位由软件置 1 和清零。一旦该位置 1,PCE 在当前字节的后面处于活动状态(在接收和发送时) 0:禁止奇偶校验控制 1:使能奇偶校验控制
位 9	奇偶校验选择(Parity selection)。该位用于使能奇偶校验生成/检测(PCE 位置 1)时选择奇校验或偶校验。该位由软件置 1 和清零。将在当前字节的后面选择奇偶校验 0:偶校验 1:奇校验
位 8	PE 中断使能(PE interrupt enable)。此位由软件置 1 和清零 0:禁止中断 1:当 USART_SR 寄存器中 PE=1 时,生成 USART 中断
位 7	TXE 中断使能(TXE interrupt enable)。此位由软件置 1 和清零 0:禁止中断 1:当 USART_SR 寄存器中 TXE=1 时,生成 USART 中断。
位 6	传送完成中断使能(Transmission complete interrupt enable)。此位由软件置 1 和清零 0:禁止中断 1:当 USART_SR 寄存器中 TC=1 时,生成 USART 中断

位	描述
位 5	RXNE 中断使能（RXNE interrupt enable）。此位由软件置 1 和清零 0:禁止中断 1:当 USART_SR 寄存器中 ORE＝1 或 RXNE＝1 时,生成 USART 中断
位 4	IDLE 中断使能（IDLE interrupt enable）。此位由软件置 1 和清零 0:禁止中断 1:当 USART_SR 寄存器中 IDLE＝1 时,生成 USART 中断
位 3	发送器使能（Transmitter enable）。该位使能发送器。该位由软件置 1 和清零 0:禁止发送器 1:使能发送器
位 2	接收器使能（Receiver enable）。该位使能接收器。该位由软件置 1 和清零 0:禁止接收器 1:使能接收器并开始搜索起始位

3）波特率寄存器（USART_BRR）

波特率寄存器的位定义如下:

31	30	29	28	27	26	25	24	23	22	21	20	19	18	17	16
							Reserved								

15	14	13	12	11	10	9	8	7	6	5	4	3	2	1	0
DIV_Mantissa[11:0]												DIV_Fraction[3:0]			
RW	RW	RW	RW	RW	RW	RW	RW	RW	RW	RW	RW	RW	RW	RW	RW

USART_BRR 寄存器中,对低 16 位进行定义,高 16 位保留,且必须保持复位值 0x00000000。对低 16 位的划分如下:

位 15:4:定义了 USART 分频器除法因子（USARTDIV）的小数部分;

位 3:0:定义了 USART 分频器除法因子（USARTDIV）的小数部分。

6.2.6　USART 通信实现流程

实现 USART 通信,需要对 USART 通信结构体进行最基本的设置,USART 结构体及初始化相关的定义位于 STM32F4xx_USART.c 和 STM32F4xx_USART.h 两个文件中,USART 初始化结构体主要完成波特率、字长、停止位等配置。

```
typedef struct {
uint32_t USART_BaudRate；   // 配置波特率
uint16_t USART_WordLength；// 字长
uint16_t USART_StopBits；   // 停止位
```

uint16_t USART_Parity;　　　// 校验位

uint16_t USART_Mode;　　　// USART 模式

uint16_t USART_HardwareFlowControl; // 硬件流控制配置

｝ USART_InitTypeDef；

①USART_BaudRate：波特率设置为 2 400、9 600、19 200、115 200。标准库函数会根据设定值计算得到 USARTDIV 值，并设置 USART_BRR 寄存器值。

②USART_WordLength：数据帧字长可选 8 位或 9 位。它设定 USART_CR1 寄存器的 M 位的值。如果没有使能奇偶校验控制，一般使用 8 数据位；如果使能了奇偶校验则一般设置为 9 数据位。

③USART_StopBits：停止位可选 0.5 个、1 个、1.5 个和 2 个停止位。

④USART_Parity：奇偶校验位可设置为 USART_Parity_No（无校验）、USART_Parity_Even（偶 校验）以及 USART_Parity_Odd（奇校验）。

⑤USART_Mode：USART 模式选择，有 USART_Mode_Rx 和 USART_Mode_Tx，允许使用逻辑或运算选择两个，它设定 USART_CR1 寄存器的 RE 位和 TE 位。

⑥USART_HardwareFlowControl：硬件流控制选择，只有在硬件流控制模式才有效，可选有使能 RTS、使能 CTS、同时使能 RTS 和 CTS、不使能硬件流。

采用固件库编程的 USART 通信基本实现过程包括以下步骤：

①串口 GPIO 配置，使能 RX 和 TX 引脚 GPIO 时钟和 USART 时钟。

②将 GPIO 配置为引脚复用模式，即复用到 USART 上。

③配置 USART 初始化结构体参数。

④配置中断控制器并使能 USART 接收中断。

⑤使能 USART。

⑥编写 USART 接收中断服务函数实现数据接收和发送。

6.3　I^2C 通信

I^2C（Inter-Integrated Circuit）总线是一种由 PHILIPS 公司开发的两线式串行总线，用于连接微控制器及其外围设备。它是由数据线 SDA 和时钟线 SCL 构成的串行总线，SDA 上用于传输双向数据，SCL 上用于传输时钟信号，用来同步串行数据线上的数据。在 CPU 与被控 IC 之间、IC 与 IC 之间进行双向传送通信，高速 I^2C 总线一般可达 400 kbps 以上。

I^2C 总线提供多主模式功能，可以控制所有 I^2C 总线特定的序列、协议、仲裁和时序。还支持标准和快速模式，并与 SMBus 2.0 兼容。I^2C 可以有多种用途，包括 CRC 生成和验证、SMBus（系统管理总线）以及 PMBus（电源管理总线）。根据器件的不同，可利用 DMA 功能来减轻 CPU 的工作量。

I^2C 总线在传送数据过程中共有 3 种类型信号，分别是开始信号、结束信号和应答信号。

开始信号：SCL 为高电平时，SDA 由高电平向低电平跳变，开始传送数据。

结束信号:SCL 为高电平时,SDA 由低电平向高电平跳变,结束传送数据。

应答信号:接收数据的设备在接收到 8 bit 数据后,向发送数据的设备发出特定的低电平脉冲,表示已收到数据。主设备向从设备发出一个信号后,等待从设备发出一个应答信号,主设备接收到应答信号后,根据实际情况作出是否继续传递信号的判断。若未收到应答信号,则判断为从设备出现故障。

I^2C 总线时序如图 6.9 所示。

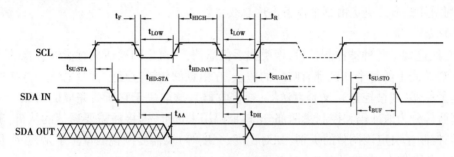

图 6.9　I^2C 总线时序

I^2C 总线最主要的优点是其简单性和有效性。由于接口直接在组件之上,因此 I^2C 总线占用的空间非常小,从而减少了电路板的空间和芯片管脚的数量,降低了互联成本。I^2C 总线的长度可高达 25 英尺,并且能够以 10 kbps 的最大传输速率支持 40 个组件。I^2C 总线的另一个优点是,它支持多主控(multimastering),其中任何能够进行发送和接收的设备都可以成为主总线。一个主控能够控制信号的传输和时钟频率。

6.3.1　I^2C 通信协议

1)物理层

I^2C 通信总线的物理层结构如图 6.10 所示,在 I^2C 通信总线中,可连接多个 I^2C 通信设备,支持多个通信从机。I^2C 总线包括两条通信线路,一条双向串行数据线(SDA),一条串行时钟线(SCL)。数据线用来传输数据,时钟线用于数据收发同步。通信时,首先由主机产生时钟到从机,进行数据同步,从机通过 SCL 线同步得知高电平和低电平出现的频率,根据此频率对 SDA 线进行数据采样。

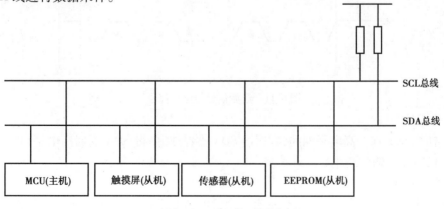

图 6.10　I^2C 物理层图

USART 通信使用数据线连接两个设备,且此时不能连接其他的设备以免产生通信干扰。而 I^2C 通过总线通信,只需要连接总线根据相应设备的地址(每个设备的编号都是不同的)即可实现通信,两根总线可以连接多个外设,设备地址一般用一个二进制七位数据来表示,I^2C 最多可连接 128 个设备。

I^2C 总线通过上拉电阻连接到电源(3.3 V)。当 I^2C 设备空闲时,会输出高阻态,而当所有设备都空闲,由上拉电阻把总线拉成高电平。当多个主机同时使用总线时,为了防止数据冲突,会利用仲裁方式决定由哪个设备占用总线。

2)协议层

I^2C 总线连接了各种被控制外设,但类似手机通信,手机之间通话只有拨通各自的号码才能工作,I^2C 总线上的每个从机都有唯一的地址,在信息的传输过程中,I^2C 总线上并接的每一从机既是主控器(或被控器),又是发送器(或接收器),这取决于它所要完成的功能。主机发出的控制信号分为地址码和控制量两部分,地址码用来选址,即接通需要通信的从机,确定控制的种类;控制量决定该调整的类别(如对比度、亮度等)及需要调整的量。于是,各个从机虽然挂在同一条总线上,却彼此独立,互不相关。

在 I^2C 总线通信的过程中,主机向从机发送的信息包括启动信号、停止信号、7 位地址码、读/写控制位、1/0 位地址码、数据字节、重启动信号、应答信号、时钟脉冲。从机向主机发送的信息包括应答信号、数据字节、时钟低电平。

(1)总线空闲状态

I^2C 总线的 SDA 和 SCL 两条信号线同时处于高电平时,规定为总线的空闲状态。此时各个器件的输出级场效应管均处在截止状态,即释放总线,由两条信号线各自的上拉电阻把电平拉高。

(2)起始信号

在时钟线 SCL 保持高电平期间,数据线 SDA 上的电平被拉低(即负跳变),标志着一次数据传输的开始。

起始信号是一种时序电平跳变信号,是由主机主动建立的,在建立该信号之前 I^2C 总线必须处于空闲状态,如图 6.11 所示。

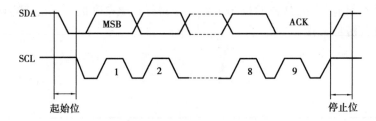

图 6.11　起始信号与停止信号

(3)停止信号

在时钟线 SCL 保持高电平期间,数据线 SDA 被释放,使得 SDA 返回高电平(即正跳变),标志着一次数据传输的终止。

(4)数据位传输

在 I^2C 总线上传送的每一位数据都有一个时钟脉冲相对应(或同步控制),即在 SCL 串行

时钟的配合下,在 SDA 上逐位地传送每一位数据。在数据传送时,在 SCL 呈现高电平期间,
SDA 上的电平必须保持稳定。只有在 SCL 为低电平期间,才允许 SDA 上的电平改变状态。
I^2C 数据位传输如图 6.12 所示。

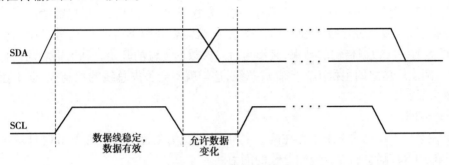

图 6.12　I^2C 数据位传输

（5）应答信号

I^2C 总线上的所有数据都是以 8 位字节传送的,发送器每发送一个字节,在第 9 个时钟脉
冲期间释放数据线,由接收器反馈一个应答信号。应答信号为低电平时,规定为有效应答位
（ACK 简称"应答位"）,表示接收器已经成功地接收了该字节;应答信号为高电平时,规定为
非应答位（NACK）,一般表示接收器接收该字节没有成功。当需要反馈有效应答位 ACK 时,
接收器在第 9 个时钟脉冲之前的低电平期间将 SDA 线拉低,并且确保在该时钟的高电平期间
为稳定的低电平。如果接收器是主机,则在它收到最后一个字节后,发送一个 NACK 信号,通
知从机发送器结束数据发送,并释放 SDA 线,以便主机接收器发送一个停止信号,I^2C 总线应
答如图 6.13 所示。

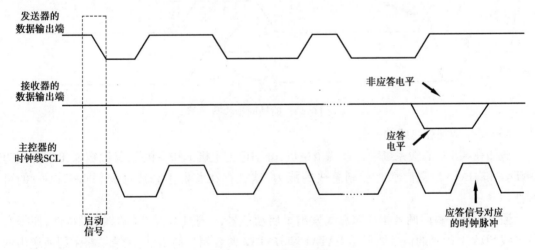

图 6.13　I^2C 总线应答

（6）插入等待信号

如果从机需要延迟下一个数据字节开始传送的时间,则可以通过把时钟线 SCL 电平拉低
并且保持,使主机进入等待状态。一旦从机释放时钟线,数据传输就得以继续下去,这样就使
得从机得到足够时间转移已收到的数据字节,或者准备好即将发送的数据字节。带有 CPU
的从机在对收到的地址字节做出应答之后,需要一定的时间去执行中断服务子程序,来分析

或比较地址码,其间就把 SCL 线拉低到低电平,直到处理妥当后才释放 SCL 线,进而使主机继续后续数据字节的发送。

(7)重启动信号

在主机控制总线期间完成了一次数据通信(发送或接收)之后,如果想继续占用总线进行下一次数据通信(发送或接收),而又不释放总线,就需要利用重启动 S_r 信号时序。重启动信号 S_r 既作为前一次数据传输的结束,又作为后一次数据传输的开始。利用重启动信号的优点是,在前后两次通信之间主机不需要释放总线,这样就不会丢失总线的控制权,即不让其他主机节点抢占总线。

(8)时钟同步

如果在某一 I^2C 总线系统中存在两个主机,分别记为主机 1 和主机 2,其时钟输出端分别为 CLK1 和 CLK2,则它们都有控制总线的能力。

假设在某一期间两者相继向 SCL 线发出了波形不同的时钟脉冲序列 CLK1 和 CLK2(时钟脉冲的高、低电平宽度都是依靠各自内部专用计数器定时产生的),在总线控制权还没有裁定之前,这种现象是可能出现的。此时,由于 I^2C 总线的"线与"特性,使得时钟线 SCL 上得到的时钟信号波形为两者进行逻辑与以后输出的波形。并且 I^2C 将两者合成波形作为共同的同步时钟信号,一旦总线控制权裁定给了某一主机,则总线时钟信号将会只由该主机产生,图6.14 所示为时钟同步状态。

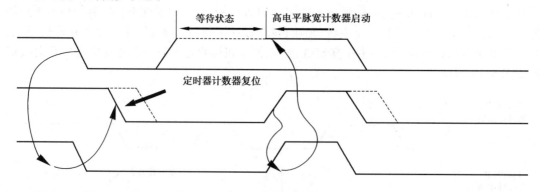

图6.14 时钟同步状态

(9)总线冲突和总线的仲裁

假如在某 I^2C 总线系统中存在两个主机,分别记为主机 1 和主机 2,其数据输出端分别为 DATA1 和 DATA2,它们都有控制总线的能力,这就存在着发生总线冲突(即写冲突)的可能性。

假设在某一瞬间两者相继向总线发出了启动信号,由于 I^2C 总线的"线与"特性,使得在数据线 SDA 上得到的信号波形是 DATA1 和 DATA2 两者相与的结果,该结果略微超前送出低电平的主机 1,其 DATA1 的下降沿被当作 SDA 的下降沿。

在总线被启动后,主机 1 发送数据"101……",主机 2 发送数据"100101……"。

两个主器件在每次发出一个数据位的同时都要对自己输出端的信号电平进行抽检,只要抽检的结果与它们自己预期的电平相符,就会继续占用总线,总线控制权也就得不到裁定结果。

主机 1 在第 3 个时钟周期内送出高电平。在该时钟周期的高电平期间,主机 1 进行例行抽检时,结果检测到一个不相匹配的电平"0",这时主器件1只好决定放弃总线控制权;因此,主器件2就成了总线的唯一主宰,总线控制权也就最终得出了裁定结果,从而实现了总线仲裁的功能。

从以上总线仲裁的完成过程可以得出:仲裁过程主器件1和主器件2都不会丢失数据;各个主器件没有优先级别之分,总线控制权是随机裁定的,即使是抢先发送启动信号的主器件1最终也并没有得到控制权。

系统实际上遵循的是"低电平优先"的仲裁原则,将总线判给在数据线上先发送低电平的主机,而其他发送高电平的主机将失去总线控制权,总线冲突和总线仲裁原理如图6.15所示。

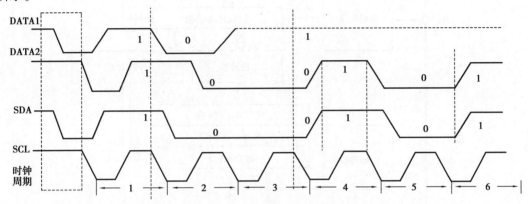

图6.15　总线冲突和总线仲裁

(10)总线封锁状态

在特殊情况下,如果需要禁止所有发生在 I^2C 总线上的通信,封锁或关闭总线是一种可行途径,此时需要该总线上的任意一个器件将时钟线 SCL 锁定在低电平。

综上所述,使用 I^2C 接口通信的基本流程为:

①主机向从机发送起始信号。

②主机向从机发送从设备的地址和任务操作(读/写)。

③从机向主机发送应答信号。

④主机向从机发送数据。

⑤从机向主机发送应答信号。

⑥主机向从机发送停止信号。

6.3.2　STM32F4xx 系列微控制器的 I^2C 接口

1)STM32F4xx 系列微控制器的 I^2C 特性

STM32F4xx 系列微控制器 I^2C 外设可用作通信的主机及从机,支持 100 kbit/s 和 400 kbit/s 的速率,支持 7 位、10 位设备地址,支持 DMA 数据传输,并具有数据校验功能。STM32F4xx 的 I^2C 接口具有 4 种工作模式,即主发送器模式、主接收器模式、从发送器模式和从接收器模式,主要特性如下:

①丰富的通信功能。

②支持不同的通信速度。

③完善的错误监测。

④具有两个中断向量。

⑤具有单字节缓冲器的 DMA。

⑥兼容系统管理总线。

2）STM32F4xx 的 I^2C 内部结构

STM32F4xx 的 I^2C 内部结构如图 6.16 所示。

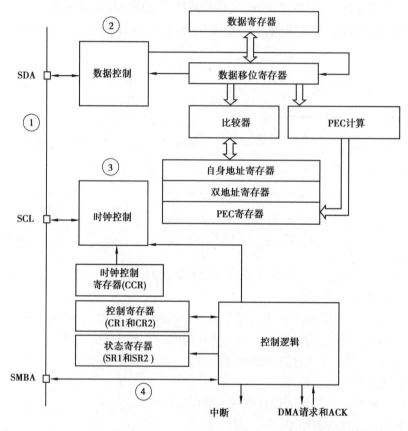

图 6.16　STM32F4xx 系列微控制器的 I^2C 内部结构

在图 6.16 中,①是 STM32F4xx 系列微控制器的 I^2C 通信引脚。I^2C 的所有硬件结构都是根据图中的 SCL 线和 SDA 线展开的。STM32F4xx 系列芯片有多个 I^2C 外设,它们的 I^2C 通信引脚功能上复用了 GPIO 引脚,使用时 GPIO 必须配置为复用功能,STM32F4xx 系列芯片的 I^2C 引脚见表 6.6。

表 6.6　STM32F4xx 系列芯片 I^2C 引脚

引脚	I^2C 编号		
	I^2C1	I^2C2	I^2C3
SCL	PB6/PB10	PH7/PF1/PB10	PH7/PA8
SDA	PB7/PB9	PH5/PF0/PB11	PH8/PC9

框图②表示 I²C 时钟控制逻辑。SCL 时钟信号由 I²C 接口根据时钟控制寄存器(CCR)控制,控制的参数主要为时钟频率。配置 I²C 的 CCR 寄存器可修改通信速率相关的参数,通过选择 I²C 通信的"标准/快速"模式,可以配置 I²C 对应的通信速率(100/400Kbit/s)。在快速模式下可选择 SCL 时钟的占空比,即 $T_{low}/T_{high}=2$ 或 $T_{low}/T_{high}=16/9$ 模式,I²C 协议在 SCL 高电平时对 SDA 信号采样,SCL 低电平时 SDA 准备下一个数据,修改 SCL 的高低电平比会影响数据采样,但实际上这两个模式的比例差别并不大。此外,CCR 寄存器中还有一个 12 位的快速/标准模式下的时钟控制寄存器(CCR),它与 I²C 外设的输入时钟源共同作用,产生 SCL 时钟,STM32F4xx 系列微控制器的 I²C 外设都挂载在 APB1 总线上,使用 APB1 的时钟源 PCLK1,SCL 信号线的输出时钟公式可表示为:

标准模式: $T_{high}=ccr*T_{PCKL1}$
$T_{low}=ccr*T_{PCLK1}$

快速模式中 $T_{low}/T_{high}=2$ 时: $T_{high}=ccr*T_{PCKL1}$
$T_{low}=2*ccr*T_{PCLK1}$

快速模式中 $T_{low}/T_{high}=16/9$ 时: $T_{high}=9*ccr*T_{PCKL1}$
$T_{low}=16*ccr*T_{PCLK1}$

例如,当 PCLK1=42 MHz 时,若要配置 400 kbit/s 的速率,计算过程如下:
PCLK 时钟周期:TPCLK1 = 1/36 000 000
目标 SCL 时钟周期:TSCL = 1/400 000
SCL 时钟周期内高电平时间:THIGH = TSCL/3
SCL 时钟周期内低电平时间:TLOW = 2 * TSCL/3
计算 CCR 的值:CCR = THIGH/TPCLK1 = 35

将 35 写入 CCR 寄存器位,则可以控制 I²C 的通信速率为 400 kHz,即使配置出来的 SCL 时钟不完全等于标准的 400 kHz,I²C 通信的正确性也不会受到影响,因为所有数据通信都是由 SCL 协调的,只要它的时钟频率不远高于标准即可。

框图③是数据控制逻辑。I²C 的 SDA 信号主要连接到数据移位寄存器上,数据移位寄存器的数据来源是数据寄存器(DR)、地址寄存器(OAR)、PEC 寄存器以及 SDA 数据线。当 I²C 向外发送数据时,数据移位寄存器把数据寄存器中的数据一位一位地通过 SDA 信号线发送出去,当从外部接收数据时,数据移位寄存器把 SDA 信号线采样到的数据一位一位地存储到数据寄存器中。若使能了数据校验,接收到的数据会经过 PCE 计算器运算,运算结果存储在 PEC 寄存器中。STM32F4xx 系列芯片的 I²C 工作在从机模式,当主机接收到设备地址信号时,数据移位寄存器会把接收到的地址与 STM32F4xx 自身的 I²C 地址寄存器的值进行比较,以便响应主机的寻址。STM32F4xx 系列芯片的自身 I²C 地址可通过修改自身地址寄存器修改,支持同时使用两个 I²C 设备地址,两个地址分别存储在 OAR1 和 OAR2 中。

框图④是整体控制逻辑。主要功能是协调整个 I²C 外设,控制逻辑的工作模式根据配置的控制寄存器(CR1/CR2)的参数而改变。在外设工作时,控制逻辑会根据外设的工作状态修改状态寄存器(SR1 和 SR2),此时只要读取这些寄存器相关的寄存器位,就可以了解 I²C 的工作状态。此外,控制逻辑还根据要求,负责控制产生 I²C 中断信号、DMA 请求及各种 I²C 的通信信号(起始、停止、响应信号等)。

6.3.3　STM32F4xx 系列微控制器的 I^2C 接口相关寄存器

STM32F4xx 系列芯片的 I^2C 通信功能都是通过操作相应寄存器实现的,可用半字(16 位)或字(32 位)方式操作这些寄存器,STM32F4xx 系列芯片的 I^2C 主要寄存器见表 6.7。其详细描述可以参考《STM32F4xx 中文参考手册》。

表 6.7　I^2C 的配置寄存器

寄存器名	描述
I^2C_CR1	I^2C 控制寄存器 1
I^2C_CR2	I^2C 控制寄存器 2
I^2C_OAR1	I^2C 自有地址寄存器 1
I^2C_OAR2	I^2C 自有地址寄存器 2
I^2C_DR	I^2C 数据寄存器
I^2C_SR1	I^2C 状态寄存器 1
I^2C_SR2	I^2C 状态寄存器 2
I^2C_CCR	I^2C 时钟控制寄存器
I^2C_TRISE	I^2C TRISE 寄存器
I^2C_FLTR	I^2C FLTR 寄存器

6.3.4　STM32F4xx 系列微控制器的 I^2C 通信过程

STM32F4xx 系列微控制器的 I^2C 是半双工通信,其接口模式分为主模式和从模式。

1)I^2C 主模式

在主模式时,I^2C 接口启动数据传输并产生时钟信号。当通过 START 位在总线上产生了开始信号,设备就进入了主模式。主模式下 I^2C 的配置流程为:

①在 I^2C_CR2 寄存器中设定该模块的输入时钟以产生正确的时序。

②配置时钟控制寄存器(I^2C_CCR)。

③配置上升时间寄存器(I^2C_TRISE)。

④编程 I^2C_CR1 寄存器启动外设。

⑤置 I^2C_CR1 寄存器中的 START 位为 1,产生开始信号。

注意:I^2C 模块的输入时钟频率必须达到:

①标准模式下:2 MHz;

②快速模式下:4 MHz。

2)主机发送数据

图 6.17 为 I^2C 作为主机时,向外发送数据时的过程。

图注:S=起始位,P=停止位,A=应答

EVx=事件(如果 ITEVFEN=1,则出现中断)

EV5:SB=1

148

EV6：ADDR＝1

EV8：TxE＝1

EV8_2：TxE＝1，BTF＝1

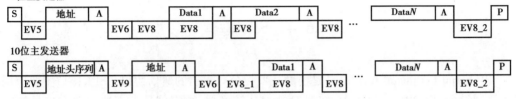

图 6.17　主发送器通信过程

①主机控制产生 S 起始信号，紧接着产生事件"EV5"，并会对 SR1 寄存器的"SB"位置 1，表示起始信号已经发送。

②接着发送设备地址并等待应答信号 A，若有从机应答，则产生事件"EV6"及"EV8"，这时 SR1 寄存器的"ADDR"位及"TXE"位被置 1，ADDR 为 1 表示地址已经发送，TXE 为 1 表示数据寄存器为空。

③在发送了地址和清除 ADDR 位后，主设备通过内部移位寄存器将字节从 DR 寄存器发送到 SDA 线上；主设备开始等待，直到 TXE 被清除。

④当数据发送结束以后，控制 I^{2}C 设备产生一个停止信号 P，此时会产生 EV8_2 事件，SR1 的 TXE 位及 BTF 位都被置 1，表示通信结束。

3）主机接收数据

作为主接收器，从外部接收数据的过程如图 6.18 所示。

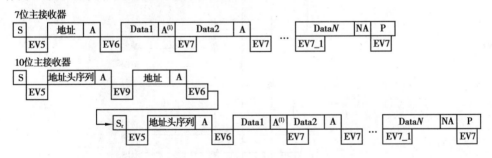

图 6.18　主机接收数据通信过程

图注：S＝起始位，P＝停止位，A＝应答，NA＝非应答

EVx＝事件（如果 ITEVFEN＝1，则出现中断）

EV5：SB＝1

EV6：ADDR＝1

EV7：RxNE＝1

EV7_1：RxNE＝1

①与主发送过程类似，主机端产生起始信号 S，接着产生"EV5"事件，并对 SR1 寄存器的"SB"位置 1，表示起始信号已经发送。

②接着发送设备地址并等待应答信号 A，从机应答，则产生事件"EV6"，此时 SR1 寄存器的"ADDR"位被置 1，表示地址已经发送。

③当从机端接收到地址后,开始向主机端发送数据。当主机接收到这些数据后,产生"EV7"事件,SR1 寄存器的 RXNE 被置 1,表示接收数据寄存器非空。

④发送非应答信号后,产生停止信号(P),结束传输。

6.4 SPI 通信

SPI(Serial Peripheral Interface)是由摩托罗拉公司提出的通信协议。SPI 接口主要应用在显示控制设备、EEPROM、FLASH、实时时钟、AD 转换器、数字信号处理器和数字信号解码器之间。SPI 是一种高速的,全双工同步通信总线,并且在芯片的管脚上只占用 4 根线,节约了芯片的管脚,同时为 PCB 的布局节省了空间,正是基于这种简单易用的特性,现在越来越多的芯片集成了这种通信协议。

6.4.1 SPI 通信协议

1)物理层

SPI 通信设备之间的连接方式如图 6.19 所示。

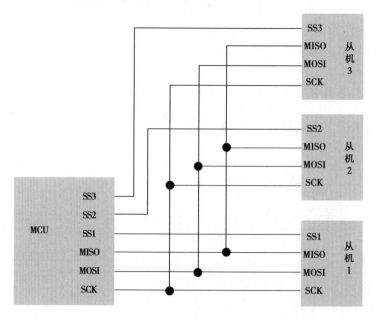

图 6.19 SPI 通信设备连接

图 6.19 所示有 SPI 设备常用的 4 个引脚,即 SCK、MOSI 及 MISO 和片选线 SSx。

①SCK:串口时钟总线,作为主设备的输出,从设备的输入。

②MOSI:主设备输出/从设备输入引脚。该引脚在主模式下发送数据,在从模式下接收数据。

③MISO:主设备输出/从设备输出引脚。该引脚在从模式下发送数据,在主模式下接收数据。

④SSx:片选引脚,也称为 NSS、CS,用来选择主/从设备,让主设备可以单独地与特定从设

备通信,避免数据线上的通信冲突。从设备的 NSS 引脚可以由主设备的一个标准 I/O 引脚来驱动。一旦被使能,NSS 引脚也可以作为输出引脚,并在 SPI 处于主模式时拉低,此时,所有的 SPI 设备,如果它们的 NSS 引脚连接到主设备的 NSS 引脚,则会检测到低电平;如果它们被设置为 NSS 硬件模式,就会自动进入从设备状态。当配置为主设备、NSS 配置为输入引脚(MSTR = 1,SSOE = 0)时,如果 NSS 被拉低,则这个 SPI 设备进入主模式失败状态,即 MSTR 位被自动清除,此设备进入从模式。

在 SPI 通信中,主机和从机之间以串行方式传输数据(最高有效位在前)。通信始终由主机发起。当主机通过 MOSI 引脚向从器件发送数据时,从器件同时通过 MISO 引脚作出响应。这是一个数据输出和数据输入都由同一时钟进行同步的全双工通信过程。

2)协议层

与 I²C 类似,SPI 协议定义了通信的起始和停止信号、数据有效性、时钟同步等环节。图6.20 所示为 SPI 4 个引脚通信过程中的各个阶段时序图。

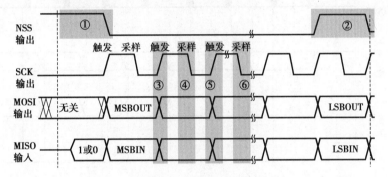

图 6.20　SPI 通信时序

如图 6.20 所示,SPI 通信过程中,NSS、SCK、MOSI 线上信号都由主机控制产生,而 MISO 线上的信号由从机产生,主机通过该信号线读取从机的数据。MOSI 与 MISO 的信号只在 NSS 为低电平时才有效,在 SCK 的每个时钟周期,MOSI 和 MISO 传输一位数据。SPI 通信各个阶段的详细描述包括:

(1)起始信号与停止信号

在图 6.21 中,如方框①所示,当 NSS 信号线由高电平转变为低电平时,SPI 通信产生起始信号,占据该信号线的从机在自己的 NSS 信号线上检测到起始信号后,准备与主机进行 SPI 通信。当 NSS 信号线由低电平变为高电平时,SPI 通信产生停止信号,表示本次通信结束,从机的选中状态被取消。

(2)数据有效性

MOSI 及 MISO 数据线在 SCK 的每个时钟周期传输一位数据,且数据输入/输出是同时进行的。数据传输时,MSB 先行或 LSB 先行并没有作硬性规定,但要保证两个 SPI 通信设备之间使用同样的协定,一般都会采用 MSB 先行模式。由图 6.20 中标志的 3、4、5、6 方框可知,MOSI 及 MISO 的数据在 SCK 的上升沿期间变化输出,在 SCK 的下降沿时被采样。即在 SCK 的下降沿时刻,MOSI 及 MISO 的数据有效,高电平时表示数据"1",为低电平时表示数据"0"。在其他时刻,数据无效,MOSI 及 MISO 为下一次传输数据作准备。SPI 每次数据传输可以以 8 位或 16 位为单位,每次传输的单位数不受限制。

（3）CPOL/CPHA 及通信模式

CPOL 是时钟极性，指 SPI 通信设备处于空闲状态时，SCK 信号线的电平信号。CPOL＝0 时，SCK＝0；CPOL＝1，SCK＝1。CPHA 是时钟相位，指数据的采样时刻，当 CPHA＝0 时，MOSI 或 MISO 数据线上的信号将会在 SCK 时钟线的"奇数边沿"被采样；当 CPHA＝1 时，数据线在 SCK 的"偶数边沿"采样。STM32F4xx 系列微控制器的数据时钟时序图如图 6.21 所示。

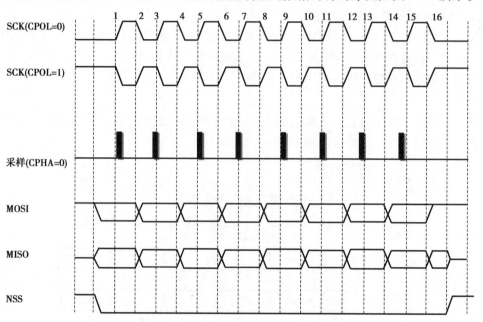

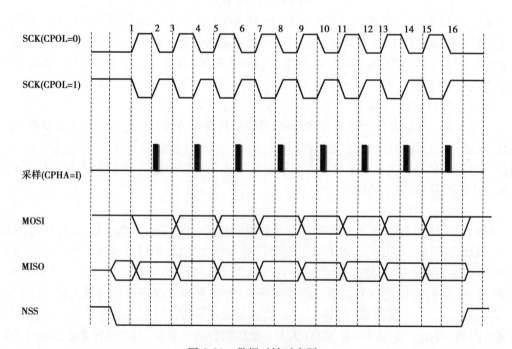

图 6.21　数据时钟时序图

如图 6.21 所示,当 CPHA=0 时,根据 SCK 在空闲状态时的电平,分为两种情况。SCK 信号线在空闲状态为低电平时,CPOL=0;为高电平时,CPOL=1。无论 CPOL=0 还是 CPOL=1,由于我们配置的时钟相位为 CPHA=0,在图中可以看到,采样时刻都是在 SCK 的奇数边沿。注意当 CPOL=0 时,时钟的奇数边沿是上升沿;而 CPOL=1 时,时钟的奇数边沿是下降沿。所以 SPI 的采样时刻不是由上升、下降沿决定的。MOSI 和 MISO 数据线的有效信号在 SCK 的奇数边沿保持不变,数据信号将在 SCK 奇数边沿时被采样,在非采样时刻,MOSI 和 MISO 的有效信号才发生切换。

类似地,当 CPHA=1 时,不受 CPOL 的影响,数据信号在 SCK 的偶数边沿被采样。由 CPOL 及 CPHA 的不同状态,SPI 分成了 4 种模式,见表 6.8,主机与从机需要工作在相同的模式下才可以正常通信,实际中采用较多的是"模式 0"与"模式 3"。

表 6.8　SPI 4 种模式

SPI 模式	CPOL	CPHA	空闲 SCK	采样时刻
0	0	0	低电平	奇数边沿
1	0	1	低电平	偶数边沿
2	1	0	高电平	奇数边沿
3	1	1	高电平	偶数边沿

6.4.2　STM32F4xx 系列微控制器的 SPI 内部结构

STM32F4xx 系列微控制器在芯片内部已经集成了 SPI 接口,用户只需根据需求配置 SPI 并复用映射到相应的 I/O 口即可。

图 6.22 中,框图①是 STM32F4xx 系列微控制器的 SPI 通信引脚,SPI 的所有硬件架构都是通过 MOSI、MISO、SCK 和 NSS 4 条线展开的。STM32F4xx 系列芯片有多个 SPI 外设,它们的 SPI 通信信号线引出到不同的 GPIO 引脚上,使用时必须配置到这些指定的引脚,STM32F4xx 系列微控制器的 SPI 通信引脚见表 6.9。

其中 SPI1、SPI4、SPI5、SPI6 挂载在总线 APB2 上,最高通信速率达 42Mbit/s,SPI2、SPI3 挂载在 APB1 总线,最高通信速率为 21Mbit/s。

框图②为时钟控制逻辑。由波特率发生器根据控制寄存器 CR1 中的 BR[0:2] 位配置,该位是对 f_{pclk} 时钟的分频因子,对 f_{pclk} 的分频结果即为 SCK 引脚的输出时钟频率。

框图③是数据控制逻辑。SPI 的 MOSI 及 MISO 都连接到数据移位寄存器上,数据移位寄存器的内容来源于接收缓冲区、发送缓冲区以及 MISO 和 MOSI 线。当向外发送数据时,数据移位寄存器以发送缓冲区为数据源,把数据一位一位地通过数据线发送出去;当从外部接收数据时,数据移位寄存器把数据线采样到的数据一位一位地存储到接收缓冲区。通过写 SPI 的数据寄存器 DR 把数据填充到发送缓冲区,通过数据寄存器 DR 可以获取接收缓冲区的内容。其中数据帧长度可以通过控制寄存器 CR1 的 DFF 位配置成 8 位及 16 位模式;配置 LSB-FIRST 位可选择 MSB 先行还是 LSB 先行。

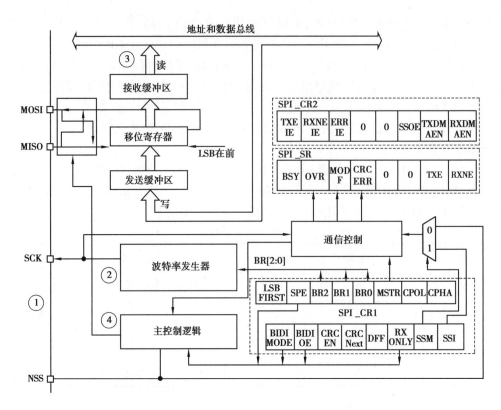

图 6.22　STM32F4xx 系列微控制器的 SPI 内部结构

表 6.9　STM32F4xx 系列微控制器的 SPI 通信引脚

引脚	SPI 编号					
	SPI1	SPI2	SPI3	SPI4	SPI5	SPI6
MOSI	PA7/PB5	PB15/PC3/PI3	PB5/PC12/PD6	PE6/PE14	PF9/PF11	PG14
MISO	PA6/PB4	PB14/PC2/PI2	PB4/PC11	PE5/PE13	PF8/PH7	PG12
SCK	PA5/PB3	PB10/PB13/PD3	PB3/PC10	PE2/PE12	PF7/PH6	PG13
NSS	PA4/PA15	PB9/PB12/PI0	PA4/PA15	PE4/PE11	PF6/PH5	PG8

　　框图④是整体控制逻辑。整体控制逻辑负责协调整个 SPI 外设,控制逻辑的工作模式根据我们配置的控制寄存器(CR1/CR2)的参数而改变,基本的控制参数包括 SPI 模式、波特率、LSB 先行、主从模式、单双向模式等。在外设工作时,控制逻辑会根据外设的工作状态修改状态寄存器(SR),我们只要读取状态寄存器相关的寄存器位,就可以了解 SPI 的工作状态了。此外,控制逻辑还根据要求,负责控制产生 SPI 中断信号、DMA 请求及控制 NSS 信号线。

6.4.3　STM32F4xx 系列微控制器的通信过程

　　STM32F4xx 系列微控制器使用 SPI 外设通信时,在通信的不同阶段它会对状态寄存器 SR

的不同数据位写入参数,编程过程中可以通过读取这些寄存器标志来了解通信状态。如图 6.23 所示,本节以主模式下的收发过程为例,介绍 STM32F4xx 系列微控制器的通信过程。

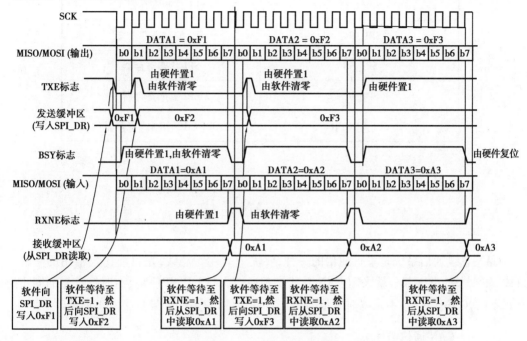

图 6.23　主发送器通信过程

主发送模式下的数据发送过程可以简化如下,并且可使用 BSY 位等待发送完成。

①通过将 SPE 位置 1 来使能 SPI。

②将第一个要发送的数据项写入 SPI_DR 寄存器,此操作会将 TXE 标志清零。

③等待至 TXE＝1,然后写入下一个要发送的数据项,对每个要发送的数据项重复此步骤。

④将最后一个数据项写入 SPI_DR 寄存器后,等待至 TXE＝1,然后等待至 BSY＝0,这表示最后的数据发送完成。

此外,还可以使用在 TXE 标志所产生的中断对应的中断子程序来实现该过程。需要注意的是,在不连续通信期间,对 SPI_DR 执行写操作时,写操作 BSY 位置 1 操作之间有 两个 APB 时钟周期的延迟。因此,在只发送模式下,写入最后的数据后,必须先等待 TXE 位置 1,然后等待 BSY 位清零。在只发送模式下,发送两个数据项后,SPI_SR 寄存器中的 OVR 标志将置 1,因为始终不会读取接收的数据。

6.4.4　STM32F4xx 系列微控制器的 SPI 接口相关寄存器

在 STM32F4xx 系列微控制器中,SPI 接口通信所包括的常见寄存器,见表 6.10。其详细描述可以参考《STM32F4xx 中文参考手册》。

表 6.10　SPI 主要的配置寄存器

寄存器名	描述
SPI_CR1	SPI 控制寄存器 1
SPI_CR2	SPI 控制寄存器 2
SPI_SR	SPI 状态寄存器
SPI_DR	SPI 数据寄存器
SPI_CRCPR	SPI CRC 多项式寄存器

6.5　CAN 通信

CAN 总线通信系统是串行通信的一种,要优于 RS485 总线,是目前比较常用的一种工业总线,如汽车的电气部分就采用 CAN 总线实现通信。与 I^2C、SPI 等具有时钟信号的同步通信方式不同,CAN 通信并不是以时钟信号来进行同步的,它是一种异步半双工通信。

6.5.1　CAN 通信概述

CAN(Controller Area Network)是 ISO 国际标准化的串口通信协议,CAN 总线通信协议主要规定了消息在通信节点之间是以什么样的规则进行传递。在当前的汽车产业中,出于对安全性、舒适性、方便性、低公害、低成本的要求,各种各样的电子控制系统被开发了出来。由于这些系统之间通信所用的数据类型及对可靠性的要求不尽相同,由多条总线构成的情况很多,线束的数量也随之增加。为适应“减少线束的数量”“通过多个 LAN,进行大量数据的高速通信”的需要,1986 年德国电气商博世公司开发出面向汽车的 CAN 通信协议。此后,该协议已成为欧洲汽车网络的标准协议。

CAN 的高性能和可靠性已被认同,并被广泛地应用于工业自动化、船舶、医疗设备、工业设备等方面。现场总线是当今自动化领域技术发展的热点之一,被誉为自动化领域的计算机局域网。它的出现为分布式控制系统实现各节点之间实时、可靠的数据通信提供了强有力的技术支持,能够满足比较高安全等级的分布式控制需求。

6.5.2　CAN 总线通信协议

CAN 通信结构与典型的 OSI 七层协议层结构模型类似,分别是 CAN 物理层、CAN 传输层、CAN 对象层。在 CAN 通信过程中,同一个设备上相邻结构层通过 CAN 总线进行,不同设备之间的 CAN 通信层保持相同。CAN 层结构见表 6.11。

表 6.11　CAN 层结构

对象层	报文滤波
	报文状态处理
传输层	故障界定
	错误检测和标定
	报文校验
	应答仲裁
	帧传输
物理层	信号电平和位表示
	传输媒介

1)物理层

物理层上的协议给出的是实际信号的传输方法,其根据一些物理上影响通信过程的相关因素,如电气属性等,继而规定了不同通信单元之间的位信息的实际传输方式。在要求处在同一个通信网络内的所有通信节点必须相同的前提下,物理层的选择相对于其他两个层的选择比较多元、自由。

在物理层上,CAN 通信使用的通信媒介有多种,最常用的材料是双绞线、光纤等物理介质。CAN 总线上有两条差分电压信号线 CAN_H 和 CAN_L,信号电平就是通过该两条信号线进行传输通信的,如图 6.24(a)所示为 CAN 闭环总线通信网络,该网络中的 CAN 通信网络是一种高速、短距离闭环网络,它的总线最大长度为 40 m,通信速度最高为 1Mbps,总线的两端各要求有一个"120 Ω"的电阻。图 6.24(b)所示为 CAN 总线的电平标称值,当 CAN_H 和 CAN_L 信号线上的电压值都处于 2.5V 左右时,表明总线处于逻辑电平"1"的状态,也可以称为隐形状态;相应地,当 CAN_H 比 CAN_L 上的电压值高时,表明总线处于逻辑电平"0"的状态,称为显性状态,通常在显性状态下,CAN_H 和 CAN_L 的信号线上的电压值分别是 3.5 V 和 1.5 V。

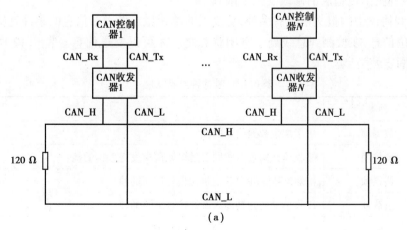

(a)

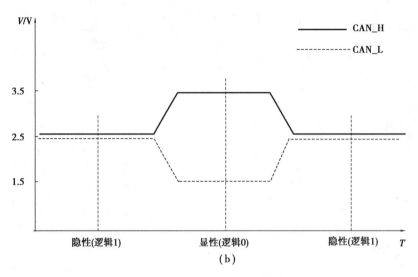

图 6.24　CAN 总线通信网络

2）传输层

在 CAN 通信层结构中,传输层可以看作核心结构层,主要功能是报文传送。报文是网络中交换与传输的数据单元,即站点一次性要发送的数据块,包含了将要发送的完整的数据信息,其长短很不一致,长度不限且可变。数据报文不仅包括要传送的数据,也包括目的 IP、目的端口、源地址、源端口、数据长度、所用协议、加密等必要的附加信息。报文在传输过程中会不断地封装成分组、包、帧来传输,封装的方式就是添加一些控制信息组成的首部,那些就是报文头。类比于寄信,对方要得到的只是里边的内容,但你要发送,就必须有信封,有邮票,有地址邮编等附加的东西。数据报文指的就是包括信封在内的所有东西,而不是单指客户要发送的数据。

传输层给对象层提供接收到的信息,以及接收来自对象层的信息。在通信过程中,为确保信息传送的准确性和有效性,传输层拥有一套标准的传送规则,包括控制帧结构、仲裁和应答、如何检测错误和判断故障等。从上面可以看出,传输层的传送规则十分严格,相对于物理层,CAN 总线通信上传输层的修改受到了限制。

CAN 总线协议中的报文格式有多种,总线上的单元想要发送新信息的条件是检测到总线空闲状态的位信息,在检测到总线处于空闲状态之后才可以发送信息。表 6.12 所述为传输层中的几种固定帧类型。

表 6.12　帧的种类及功能

种类	功能
数据帧	用于携带数据信息的帧
遥控帧	接收单元向具有相同发送单元请求发送数据的帧
错误帧	检测出错误并向其他单元报告错误的帧
过载帧	接收单元通知其尚未做好接收准备的帧
帧间隔	分离数据帧及遥控帧前面帧的帧

（1）数据帧

数据帧总共由 7 段构成,数据帧的结构如图 6.25 所示。

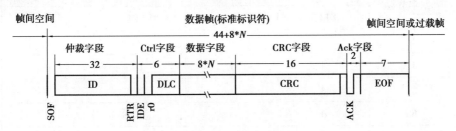

图 6.25　数据帧结构

①帧起始段:帧起始是位于数据帧和遥控帧的开始段的一个"显性"位,长度位 1 bit。在 CAN 总线通信的信息发送过程中,帧起始段还起到了标准的作用,这表明每个节点都要同步于帧起始。

②仲裁段:仲裁段表示的是该帧的优先级,用于表明需要发送到目标节点的地址、确定发送的帧类型以及帧格式。仲裁段包括两部分:标识复位(Identifier field,ID)和远程发送请求位(Remote Transfer Request,RTR)。标识复位是一个功能性的地址,CAN 接收器通过标识符来过滤数据帧。标准格式的数据帧的标识符长度为 11 bits,ID10 ~ ID0,ID10 为最高权重位,ID0 为最低权重位,按照 ID10 ~ ID0 的顺序进行传输。扩展格式的数据帧的标识符长度为 29 位,与标准格式的数据帧传输顺序相同,对标准标识符和扩展标识符说明见表 6.13。CAN 协议还规定:前 7 位最高权重位 ID10 ~ ID4 不能都为"隐性"信号。远程发送请求位,简称"RTR",1 bit。它的功能很简单,用于区分该帧是数据帧还是遥控帧。若 RTR 为"显性信号"则代表数据帧,为"隐性信号"则代表遥控帧。

表 6.13　标识符种类说明

类型	位数	协议要求
标准标识符	11	CAN 协议 2.0A 版本规定 CAN 控制器必须有一个 11 位的标识符
扩展标识符	29	CAN 协议 2.0B 版本规定 CAN 控制器可以接收和发送 11 位标识符的标准格式报文或者 29 位标识符的扩展格式报文

③控制段:该段的长度为 6 bits,分别是:1 bit 的扩展标识符位(Identifier Extension bit,IDE),用来表示该帧是标准格式还是扩展格式;1 bit 的保留位(Reseved bit0-r0);4 bits 的数据长度编码位(Data Length Code,DLC),包括了 DLC3 ~ DLC0,表示该帧实际发送的数据的长度(以字节为单位),其编码规则见表 6.14。

表 6.14　DLC 编码规则(表中的"r"代表隐性信号,"d"代表显性信号)

数据字节数	DLC 码			
	DLC3	DLC2	DLC1	DLC0
0	d	d	d	d
1	d	d	d	r
2	d	d	r	d

续表

数据字节数	DLC 码			
	DLC3	DLC2	DLC1	DLC0
3	d	d	r	r
4	d	r	d	d
5	d	r	d	r
6	d	r	r	d
7	d	r	r	r
8	r	d	d	d

④最多 8 个字节,每字节包含了 8 bits,首先发送的是最高有效位 MSB,然后依次发送至最低有效位 LSB。

⑤循环校验段:该段是检查帧传输错误的段,保证信息的准确性,长度为 16 bits,分别是:15 bits 的循环校验序列(CRC Sequence),用于校验传输是否正确;1 bit 的界定符(DEL),为隐性信号,表示循环校验序列的结束。

⑥确认段(ACK Field):表示确认正常接收的段,长度为 2 bits,分别是:1 bit 的确认位(ACK),当节点收到正确的 CRC 序列时,发送端的 ACK 被置位;1 bit 的界定符(DEL),当接收器正确地接收到发送单元发送的有效报文后,接收位就会在确认位上向发送器发送一位的逻辑高电平,以表示该单元已正常接收到报文。

⑦帧结束段:表示帧的结束,以长度为 7 bits 的隐性信号作为界定。

以上说明是基于标准格式的数据帧,STM32F4xx 系列微控制器扩展格式数据帧(图6.26)作比较,存在以下不同。

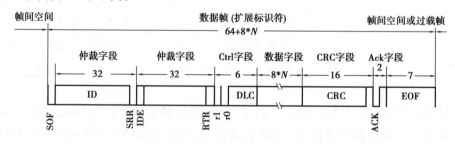

图 6.26　扩展数据帧结构

⑧仲裁段:与标准格式的仲裁段相比较,该格式下多出了 20 bits 的长度,分别是:1 bit 的扩展位 IDE(Identifier Extension bit),用于标识是扩展帧还是标准帧;18 bits 的扩展标识 ID 位(Extended Identifier),用于存放扩展标识 ID;1 bit 的替代远程请求位 SRR(Substitute Remote Request bit),为隐性信号。

⑨控制段:与标准格式的不同于用保留 1(r1)取代了标准帧的 IDE,也要发送显性信,r0和 DL 都是一样的。

(2)遥控帧

遥控帧总共由 6 段构成,又名远程帧,其结构如图 6.27 所示。

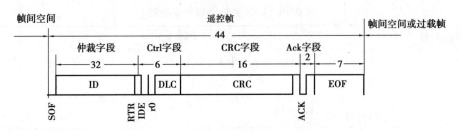

图 6.27　遥控帧结构

遥控帧相比数据帧少了数据段,近似等于数据帧。它的主要功能是接收单元向具有相同 ID 发送的单元请求数据的帧。由总线上的节点发出,用于请求其他节点发送具有同一标识符的数据帧。当某个节点需要数据时,可以发送遥控帧请求另一节点发送相应数据帧。在遥控帧和数据帧的仲裁字段,RTR 位的状态是不同的,数据帧的是显性信号,而遥控帧的是隐性信号,这个特点可以用于区别没有数据段的数据帧和遥控帧。当然,两者在其他段上也会有所不同,表 6.15 是遥控帧和数据帧的主要区别。

表 6.15　遥控帧与数据帧的主要区别

比较内容	数据帧	遥控帧
ID	发送节点的 ID	被请求发送节点的 ID
SSR(扩展格式)	显性信号	隐性信号
RTR	显性信号	隐性信号
DLC	发送数据长度	请求的数据长度
数据段	有	无
CRC 校验范围	帧起始+仲裁段+控制段+数据段	帧起始+仲裁段+控制段

(3)错误帧

错误帧的结构非常简单,错误帧结构如图 6.28 所示。

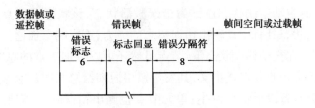

图 6.28　错误帧结构

错误帧由错误标志段、标志回显段和错误分隔符 3 段构成,一般把错误标志和标志回显统称为错误标志的重叠。在 CAN 总线通信过程中,如果检测出有错误的出现,错误帧会向各个单元通知出现错误。其中,CAN 通信协议错误类型共有 5 种,见表 6.16。

表 6.16 CAN 通信协议错误类型

错误类型	引发原因
位错误	节点将自己发送到总线上的电平与同时从总线上回读到的电平进行比较,如果发现二者不一致,那么这个节点就会检测出一个位错误,分别是指节点向总线发出隐性位,却从总线上回读到显性位;或节点向总线发出显性位,却从总线上回读到隐性位这两种情况
填充错误	在需要执行位填充原则的帧段检测到连续 6 个同性位
CRC 错误	从接收到的数据计算出的 CRC 结果与接收到的 CRC 顺序不同
格式错误	检测出与固定格式的位段相反的格式
ACK 错误	发送单元在 ACK 槽(ACKSLOT)中检测出隐性电平时 （ACK 没传送过来时所检测到的错误）

对以上错误的检测,CAN 总线协议有表 6.17 的几种检测方法。

表 6.17 错误检测方法

检测种类	检测方法
监视	比较节点的发送器发送位和总线的电平
CRC	循环冗余检查,发送端和接收端的方法一致
位填充	帧的部分段采用位填充编码,位填充可以有效减少错误的产生,发送器只要检测到有 5 个连续相同值的位,就会自动在下一位里添加一个相反值,接收器接收数据时会自动剔除这个添加位。数据帧、遥控帧、错误帧和过载帧的剩余位场形式固定,不用位填充编码填充
报文格式检查	CAN 总线的永久故障和暂时扰动可以通过报文格式检测识别出,并终止出现永久故障的通信节点继续工作。已损坏的报文由检测到错误的节点标志出,经过等待 29 个位后,如果这期间没有新错误产生,才开始发送新的报文。原损坏的报文失效后,继续重新传送直至成功发送

按照 CAN 总线协议的规定,CAN 总线上的节点始终处于下述 3 种状态之一。

①主动错误状态:主动错误状态也称为错误激活状态,该状态下节点是可以正常参与总线通信的。也就是该状态具有主动输出错误标志的能力,不影响参加通信的状态。

②被动错误状态:在被动错误状态下,节点虽然还可以参加正常的总线通信,但是为了不影响其他单元节点正常接收和发送报文,其发送错误通知给总线时就会显得不积极。这种惰性兼容的错误可能会导致以下情况发生:单元节点检测出错误时,还需要满足其他处于主动错误状态的单元节点也发现了错误,才能定义在总线上产生了错误。当处于这一状态的单元节点需要再发送一次数据时,要加上延时的作用,才能保证重新正常发送报文。

③总线关闭状态:如果总线处于关闭状态,则禁止任何信息的发送和接收。如果有节点处于该状态下,那么节点不能发送和接收报文。处于总线关闭状态的节点,只能一直等待,只有在满足一定条件时,才再次进入主动错误状态。

总线关闭状态在一定条件下是可以进入主动错误状态的,事实上,3 种状态两两之间都存在着一定的转换关系,如图6.29所示。图中出现的TEC和REC分别是发送错误计数值和接收错误计数值,分别由发送错误计数器和接收错误计数器两个计数器统计计数,可以根据表6.18中所列出的TEC和REC的不同计数区间来确定总线处于哪一种状态。

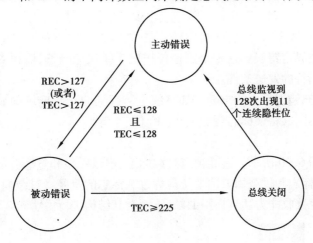

图 6.29 错误状态转换

表 6.18 错误状态和计数值

错误状态	TEC	REC
主动错误状态	0~127 且 0~127	
被动错误状态	128~255 或 128~255	
总线关闭状态	≥255 ~ --	

需要注意的是,TEC和REC的数值计算并不是收发报文的数量和收发错误帧的数量,而是由接收单元检测出错误、发送单元在输出错误和位错误等错误发生时计数,这里不再对其进行详细说明,可以查阅相关资料得出具体计数方式。

在检测到以上几个错误类型的任一个错误之后,检测到错误的节点就要发送错误帧到总线上来通知总线上的其他节点。根据节点所处的错误状态不同,错误帧的处理也会不同。错误帧的每一段都具有相应的错误处理机制功能,下面对错误帧结构进行说明。

①错误标志:CAN总线协议定义了表6.19的两种错误标志类型,由该段的6个连续位信号进行错误标志类型的区别。

表 6.19 错误标志类型

错误标志类型	错误标志的构成
主动错误标志	6个连续的显性位
被动错误标志	6个连续的隐性位,除非被其他节点的显性位重置

处于主动错误状态的单元节点如果有错误出现,就会使节点的发送器发送主动错误标志,指示有错误产生。此时一旦总线上的其他单元接收器发现有错误信号产生,就会立刻开始发送错误标志。

处于被动错误状态的单元节点如果有错误出现,就会使节点的发送器发送被动错误标志,指示错误的产生。此时总线上的其他单元接收器检测到有错误信号时,就开始发送错误标志。当6个连续的相同极性位出现,就意味着被动错误标志开始于这6个连续位,被动错误标志的发送结束也是以到这6个相同位连续出现完毕作为结束。

②错误分隔符:总线上的节点在收到有错误标志连续位显示的报文时,每个节点通过发送8个连续的隐性位界定错误。这8个隐性位构成了错误分隔符,监视到一个隐性位后,补齐8个隐性错误分隔符的发送条件。

③标志回显:填充错误标志的重叠。如总线上监视到的6个连续的显性位序列,会使某些节点单元发送的不同的错误标志叠加至6～12位。

(4)过载帧

过载帧结构如图6.30所示。过载帧有过载标志、过载回显和过载分隔符3段,与错误帧类似,一般也把过载标志和过载回显两端统称为过载标志的重叠。过载帧是接收节点向总线上其他节点报告自身接收能力达到极限的帧,下面对其结构进行说明和认识。

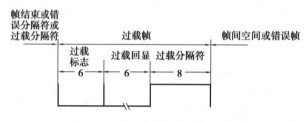

图6.30 帧过载结构

①过载标志:引起过载标志的传送情况有3种,分别有接收节点由于某种原因需要延迟接收下一个数据帧或者遥控帧、在帧间隔的间歇段的第一位和第二位检测到一个显性位(正常的间歇段都是隐性位)和CAN节点在错误界定符或过载界定符的最后一位是显性位。当以上3种情况任一发生,过载标志就会出现连续6个显性位,向总线传达过载信息。

②过载分隔符:连续的8个隐性位。CAN总线上出现过载标志时,节点等待总线出现一个从显性位跳变到隐性位的信号,这标志着过载标志位发送完毕,过载分隔符的其余7个隐性位可以在这一时刻开始完成发送。

③过载回显:与错误帧类似,过载帧中有过载帧重叠部分,且形成过载重叠标志的原因与形成错误帧中的错误重叠标志的原因是相同的。

(5)帧间隔

①帧间隔由中断段,暂停传输段和总线空闲段3个段构成,如图6.31所示。帧间隔是用来隔离数据帧或者遥控帧的,数据帧或者遥控帧通过插入帧间隔可以将本帧与先行帧,如数据帧、遥控帧、错误帧和过载帧分隔开来,但是错误帧和过载帧前不能插入帧间隔,接下来对3个段进行说明。

图6.31 帧间隔结构

②中断段:也称为间隔段,连续 3 个隐性位,中断段期间,所有节点不允许发送数据帧或遥控帧,只要在这期间监听到显性位,接收节点就会发送过载帧。

③总线空闲段:连续隐性位,个数不一定,0 个或者多个都可以。总线空闲的时间是任意长的,只要总线空闲,节点就可以竞争总线。CAN 总线协议规定在中断之后的第一个位开始传送总线不空闲时挂起的报文。

④暂停传输段:只有处于被动错误状态的节点在发送帧间隔的时候,才会在帧间隔中插入 8 个连续隐性位的暂停段。

3)对象层

对象层的功能是报文滤波、处理状态和报文,不仅可以查找要发送的报文,确定传输层接收正确的报文,而且提供了和应用层连接的接口。

综上所述,CAN 总线协议的对象层和传输层共同实现了 ISO/OSI 系统的数据链路层的功能。

6.5.3　CAN 总线通信过程

从 CAN 物理层结构中可以认识到在 CAN 通信中没有时钟信号线,即 CAN 的数据流中不包含时钟信号,所以在 CAN 总线规范中定义了位同步来确保正确的通信时序。在认识位同步的之前,首先要对位时序作出说明。

1)位时序

标准情况下,在 CAN 总线上的每个位划分为了 4 个时间片段,它们在时间逻辑上的划分分别是同步段、传播时间段、相位缓冲段 1 和相位缓冲段 2。就 STM32 CAN 而言,其将传播时间段和相位缓冲段 1 合并为了位段 1,相位缓冲段 2 则是位段 2,如图 6.32 所示。对位时序的 3 个时间段说明如下。

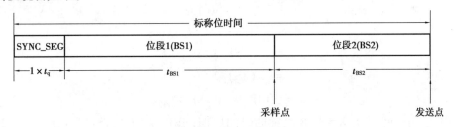

图 6.32　位时序结构

①同步段(SYNC_SEG):位变化应该在此时间段内发生,即有一个时间跳沿,它只有一个时间片的固定长度($1 \times t_{CAN}$),用于同步进行发送和接收的任务。

②位段 1(BS1):定义采样点的位置。它包括 CAN 标准的传播段(PROP_SEG)和相位缓冲段 1(PHASE_SEG1)。其持续长度可以在 1~16 个时间片调整,也可以自动加长,以补偿不同网络节点的频率差异所导致的正相位漂移。

③位段 2(BS2):定义发送点的位置。它代表 CAN 标准的相位缓冲段 2(PHASE_SEG2)。其持续长度可以在 1~8 个时间片调整,但也可以自动缩短,以补偿负相位漂移。

采样点是指为了保证接收节点可靠地接收数据,CAN 控制器在一个位时序的特定位置进行采样的点。位时序逻辑将监视串行总线,执行采样并调整采样点,在调整采样点时,需要在起始位边沿进行同步,并在后续的边沿进行再同步。

再同步跳转宽度（SJW）定义位段加长或缩短的上限，它可以在 1～4 个时间片调整。

有效边沿是指一个位时间内总线电平从显性到隐性的第一次转换（前提是控制器本身不发送隐性位）。

如果在 BS1 而不是 SYNC_SEG 中检测到有效边沿，则 BS1 会延长最多 SJW，以便延迟采样点。相反地，如果在 BS2 而不是 SYNC_SEG 中检测到有效边沿，则 BS2 会缩短最多 SJW，以便提前发送点。为了避免编程错误，位时序特性寄存器（CAN_BTR）只能在器件处于初始化状态时进行配置。

2）同步

要使数据位的跳变沿位于一个位时序的同步段内，时钟同步机制分为硬同步、重同步两种。

①硬同步：CAN 总线协议规定硬同步的结果就是使内部的位时间从同步段重新开始。一般硬同步都位于帧的起始，即总线上有个报文的帧起始决定了各个节点的内部位时间何时开始。

②重同步：节点参照沿相位误差的情况来调整其内部位时间，目的是把节点内部位时间与来自总线的报文位流的位时间调整到接近或相等。总线上的各个节点振荡器频率是不同的，这种情况需要重同步加以调节。总线进行重同步后，位段 1 和位段 2 的长度发生改变，从而节点能够正确地发送报文。

3）波特率

CAN 总线上的所有器件都必须使用相同的比特率。然而实际通信中，对所有的器件并不都有相同的主振荡器时钟频率。采用不同的时钟频率器件，应通过适当设置波特率与分频比和每一段时间段中的时间单元的数量来对比特率进行调整。波特率的计算方法如下：

$$波特率 = \frac{1}{正常位时间}$$

$$正常位时间 = 1 \times t_q + t_{BS1} + t_{BS2}$$

$$t_{BS1} = t_q \times (TS1[3:0]+1)$$

$$t_{BS2} = t_q \times (TS2[2:0]+1)$$

$$t_q = (BRP[9:0]+1) \times t_{PCLK}$$

其中，t_q 为时间片，t_{PCLK}=APB 时钟的时间周期；BRP[9:0]、TS1[3:0]、TS2[2:0] 在 CAN_BTR 寄存器中定义。

4）通信过程

CAN 总线通信方式属于串行通信。CAN 通信是一种多主控制的通信方式，即每个节点既可以作为发送节点，也可以作为接收节点。当作为发送节点时，信息以广播的形式发送到其他节点，其他节点不管是否为目标节点，都要处于接收状态，对于传送过来的信息进行接收检测，通过检测报文的标识符信息判断是否对数据进行接收。标识符的配置在 CAN 总线协议中十分重要，它是由节点本身的报文特征给出的，不属于目标节点，且每个 CAN 总线系统中的标识符都是唯一的，以避免产生多个同时发送相同标识符的报文。

节点 1 通信过程如图 6.33 所示，节点 1 的 CPU 将要发送的数据和本身的标识符发给 CAN 模块，同时进入准备状态，当收到总线的分配时，进入报文发送状态。进入发送状态的 CAN 模块对数据进行一定的报文格式封装，同时 CAN 通信网络上的其他节点处于接收状态。

这些节点对接收的报文进行检测,判断报文的目标对象是不是自身。CAN 总线的数据通信花费时间取决于总线的传输距离和通信的波特率。通信距离越远,波特率就越低,数据传输所花费的时间也越长。当然,通信介质的不同(光纤、双绞线等)、通信的设备内部器件的误差等也是影响通信时间的因素。

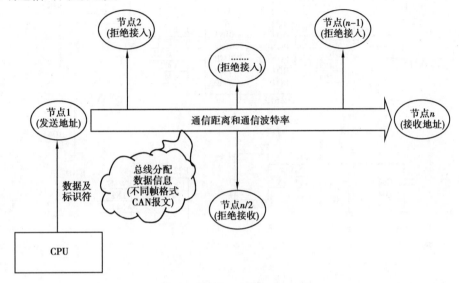

图 6.33　节点 1 通信过程

6.6　嵌入式串口通信编程

本节主要通过实例介绍 USART、I^2C 通信的编程及应用。

实例 1:在本教程配套的实验板上,利用板载资源,实现通过定时器控制直流编码电机,使用串口采集并显示直流电机的转速。

分析:STM32F4xx 系列芯片的引脚电流一般只有几十个毫安,无法驱动电机,因此一般是通过引脚控制电机驱动芯片进而控制电机。TB6612 是比较常用的电机驱动芯片之一。TB6612 可以同时控制两个电机,工作电流范围为 1.2～3.2 A。如图 6.34 所示为本教材配套的实验板的 TM6612 驱动电路。

编码器直流电机是一种通过霍尔元件检测电机转速的直流电机,如图 6.35 所示,普通电机只有两个引脚,但编码器电机一边有 6 根引脚。其中 M+、M− 为控制电机正反转引脚,其余4 个为编码器引脚。

本实例中,直流电机与实验板的连接为:

PF6、PF7<------> AIN1、AIN2;

PA5 <------> PWMA/PWMB;

PB6、PB7<------>直流减速电机编码器 A、B 相;

VCC、GND<------>VCC、GND;

12 V<------>VM1,12 V 电压由实验板提供;

电机 M+、电机 M−接 TB6612 的 AO1、AO2。

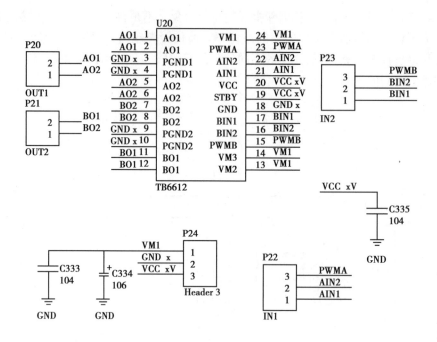

图 6.34　TB6612 电机驱动电路

图 6.35　编码直流电机引脚图

下面,主要简单介绍与串口基本配置直接相关的几个固件库函数。这些函数和定义主要分布在 stm32f4xx_usart.h 和 stm32f4xx_usart.c 文件中。

1)串口时钟和 GPIO 时钟使能

与其他外设类似,串口 GPIO 和时钟使能同样使用以下两个函数:

```
RCC_APB2PeriphClockCmd(RCC_APB2Periph_USART1,ENABLE);//使能 USART1 时钟
RCC_AHB1PeriphClockCmd(RCC_AHB1Periph_GPIOA,ENABLE);//使能 GPIOA 时钟
```

2)设置引脚复用器映射

引脚复用器映射配置方法与定时器配置类似,调用函数为:

```
GPIO_PinAFConfig(GPIOA,GPIO_PinSource9,GPIO_AF_USART1);//PA9 复用为 USART1
GPIO_PinAFConfig(GPIOA, GPIO_PinSource10, GPIO_AF_USART1);//PA10 复用为 US-
ART1
```

这里,PA9、PA10 被串口 1 复用,因此需要将 PA9 和 PA10 分别映射到串口 1。

3)串口参数初始化:设置波特率,字长,奇偶校验等参数、串口使能

串口初始化是调用函数 USART_Init 来实现的,具体设置方法如下:

```
//USART1 初始化设置
USART_InitStructure. USART_BaudRate=bound;//波特率设置
USART_InitStructure. USART_WordLength=USART_WordLength_8b;//字长为 8 位数据格式
USART_InitStructure. USART_StopBits=USART_StopBits_1;//一个停止位
USART_InitStructure. USART_Parity=USART_Parity_No;//无奇偶校验位
USART_InitStructure. USART_HardwareFlowControl=
USART_HardwareFlowControl_None;//无硬件数据流控制
USART_InitStructure. USART_Mode=USART_Mode_Rx | USART_Mode_Tx;//收发模式
USART_Init(USART1, &USART_InitStructure);//初始化串口 1
USART_Cmd(USART1, ENABLE);　//使能串口 1
```

4)串口数据发送与接收,输入输出重定向

串口发送和接受的基本函数为:

```
void USART_SendData(USART_TypeDef * USARTx, uint16_t Data);//用于发送数据
uint16_t USART_ReceiveData(USART_TypeDef * USARTx);//用于接收数据
```

在串口编程中,我们还经常需要将数据输出到串口助手显示,此时,就需要重定向 printf 函数。C 语言中 printf 函数默认输出设备是显示器,如果要实现在串口或者 LCD 上显示,必须重定义标准库函数里与输出设备相关的函数。比如使用 printf 输出到串口,需要将 fputc 里面的输出指向串口,这一过程就称为重定向。

在 STM32F4xx 系列芯片编程实践中,实现 printf 重定向,需要将 fputc 的输出指向 STM32F4xx 的串口,我们对 fputc 函数可以重定义为:

```
//重定向 c 库函数 printf 到串口 USART,重定向后可使用 printf 函数
int fputc(int ch, FILE * f)
{
    /* 发送一个字节数据到串口 DEBUG_USART */
    USART_SendData(DEBUG_USART, (uint8_t)ch);
```

```
    /* 等待发送完毕 */
    while (USART_GetFlagStatus(DEBUG_USART, USART_FLAG_TXE)= =RESET)
    return (ch);
}
```

同理,我们也可以将 fgetc 函数重定义为:

```
//重定向 c 库函数 scanf 到串口 USART,重写向后可使用 scanf、getchar 等函数
int fgetc(FILE *f)
{
    /* 等待串口输入数据 */
    while (USART_GetFlagStatus(DEBUG_USART, USART_FLAG_RXNE)= =RESET);
    return (int)USART_ReceiveData(DEBUG_USART);
}
```

5)定时器产生 PWM 波

本实例中采用 TIM2 产生 PWM 驱动电机转动,具体的实现代码为:

```
    //当定时器从 0 计数到 8 399,即为 8 400 次,为一个定时周期
    TIM_TimeBaseStructure.TIM_Period=arr;      // 设定定时器分频系数
    TIM_TimeBaseStructure.TIM_Prescaler=psc;  // 采样时钟分频
    TIM_TimeBaseStructure.TIM_ClockDivision=TIM_CKD_DIV1;// 计数方式
    TIM_TimeBaseStructure.TIM_CounterMode=TIM_CounterMode_Up;//初始化定时器 TIMx,
                                                             x[2,3,4,5,12,13,14]
    TIM_TimeBaseInit(TIM2, &TIM_TimeBaseStructure);/* PWM 模式配置 */
    TIM_OCInitStructure.TIM_OCMode=TIM_OCMode_PWM1;//配置为 PWM 模式 1
    TIM_OCInitStructure.TIM_OutputState=TIM_OutputState_Enable;
    TIM_OCInitStructure.TIM_OCPolarity=TIM_OCPolarity_High;     //当定时器计数值小于
                                                               CCR1_Val 时为高电平
    TIM_OC1Init(TIM2, &TIM_OCInitStructure); //使能通道 1
    /* 使能通道 1 重载 */
    TIM_OC1PreloadConfig(TIM2, TIM_OCPreload_Enable);
```

6)直流减速电机编码器 A、B 相转速值的捕获

由于 PB6、PB7 正好是 TIM4 的输入通道,因此,我们使用定时器 TIM4 作为转速的输入,具体实现为:

```
void Encoder_Init_TIM4(u16 arr,u16 psc)
{
GPIO_InitTypeDef          GPIO_InitStructure;
TIM_TimeBaseInitTypeDef   TIM_TimeBaseStructure;      //定义时基结构体
TIM_ICInitTypeDef         TIM_ICInitStructure;    //定义输入捕获结构体
NVIC_InitTypeDef          NVIC_InitStructure;
```

```
TIM_TimeBaseStructInit(&TIM_TimeBaseStructure);    //防止放到串口初始化后出问题
TIM_ICStructInit(&TIM_ICInitStructure); //防止放到串口初始化后出问题
RCC_APB1PeriphClockCmd(RCC_APB1Periph_TIM4, ENABLE);   //使能时钟
RCC_APB1PeriphClockCmd(RCC_AHB1Periph_GPIOB, ENABLE);   //使能时钟
GPIO_PinAFConfig(GPIOB,GPIO_PinSource6,GPIO_AF_TIM4);   //GPIOx 复用为定时器
GPIO_PinAFConfig(GPIOB,GPIO_PinSource7,GPIO_AF_TIM4); //GPIOx 复用为定时器
/* - 正交编码器输入捕获引脚 PB->6   PB->7 - */
GPIO_InitStructure.GPIO_Pin    =GPIO_Pin_6 | GPIO_Pin_7;
GPIO_InitStructure.GPIO_Mode    =GPIO_Mode_AF;
GPIO_InitStructure.GPIO_Speed=GPIO_Speed_50MHz;
GPIO_InitStructure.GPIO_PuPd    =GPIO_PuPd_UP;   //拉不拉都一样,上拉一下保证
                                        电平稳定
GPIO_Init(GPIOB, &GPIO_InitStructure);
/* - TIM4 编码器模式时基配置 - */
TIM_DeInit(TIM4);
TIM_TimeBaseStructure.TIM_Period=arr;
TIM_TimeBaseStructure.TIM_Prescaler=psc;
TIM_TimeBaseStructure.TIM_ClockDivision =TIM_CKD_DIV1;
TIM_TimeBaseStructure.TIM_CounterMode=TIM_CounterMode_Up;//配置向上计数
TIM_TimeBaseInit(TIM4, &TIM_TimeBaseStructure);
TIM_EncoderInterfaceConfig(TIM4, TIM_EncoderMode_TI12, TIM_ICPolarity_Rising ,TIM_
ICPolarity_Rising);                          //配置编码器模式触发源和极性
TIM_ICStructInit(&TIM_ICInitStructure);
/ ************设置捕获滤波参数 **********/
TIM_ICInitStructure.TIM_ICFilter=10;
TIM_ICInit(TIM4, &TIM_ICInitStructure);
NVIC_InitStructure.NVIC_IRQChannel=TIM4_IRQn;
NVIC_InitStructure.NVIC_IRQChannelPreemptionPriority=0;
NVIC_InitStructure.NVIC_IRQChannelSubPriority=0;
NVIC_InitStructure.NVIC_IRQChannelCmd=ENABLE;
NVIC_Init(&NVIC_InitStructure);
/* 开启编码器溢出中断 */
TIM_ITConfig(TIM4, TIM_IT_Update, ENABLE);
TIM4->CNT=0;
TIM_Cmd(TIM4, ENABLE);    //启动定时器
}
```

综上所述,实例 1 的 main.c 可以实现为:

```
int main( void)
{
NVIC_PriorityGroupConfig( NVIC_PriorityGroup_2);  //设置系统中断优先级分组2
delay_init( 168);  //延时函数初始化
uart_init( 115200);//波特率为 115200 串口初始化
TIM2_pwm_init( 100-1,84-1);
TIM_SetCompare1( TIM2,50);//定时器输出 PWM 模式初始化
Encoder_Init_TIM4( 65536-1,1-1);//定时器编码模式初始化
Motor_Init( );   //直流电机方向控制初始化
GPIO_ResetBits( GPIOF,GPIO_Pin_7);//GPIOF6 设置高,F7 设置低
GPIO_SetBits( GPIOF,GPIO_Pin_6);
TIM6_NVIC_Configuration( 200-1,8400-1);//50ms 定时读取 TIM4->CNT
while( 1)
    {

    }
}
```

最后,将程序下载到实验板,运行效果如图 6.36 所示。

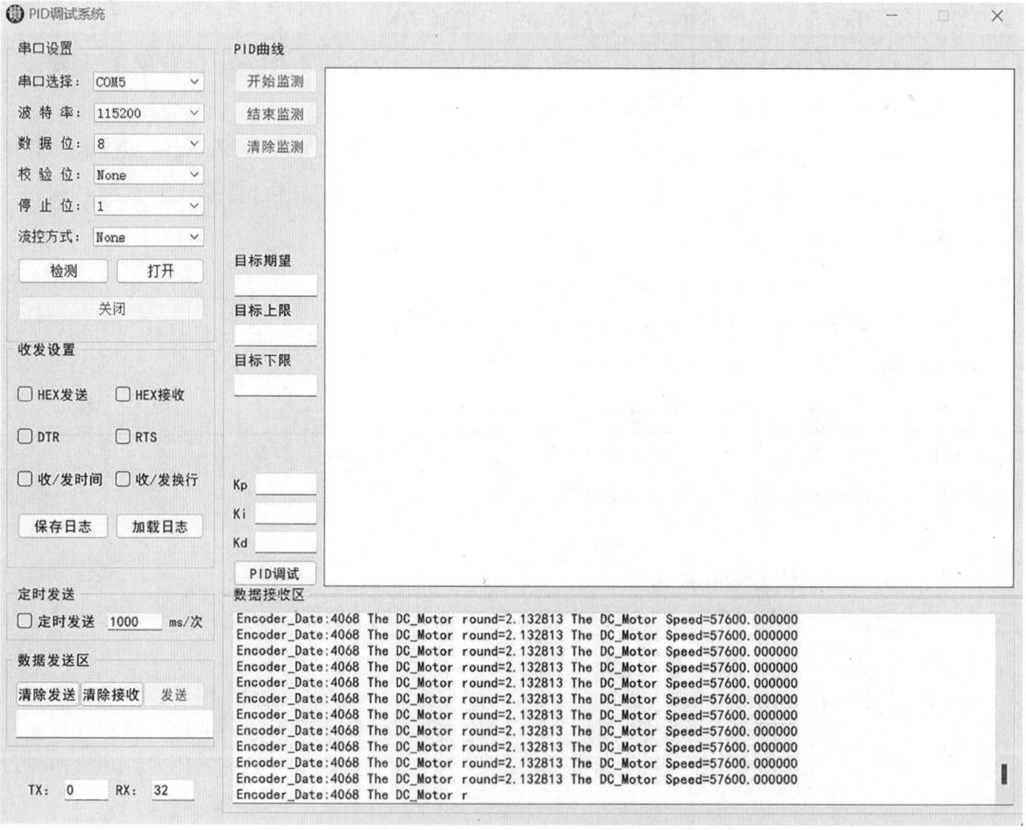

图 6.36 直流电机串口测速

由图 6.36 可以看出,当我们配置好 PID 调试系统串口波特率,启动开发板以后,电机正常转动,转速值可以实时显示在串口,从而极大地方便了电机速度调试。

实例 2:EEPROM 是一种掉电后数据不丢失的存储器,常用来存储一些配置信息,以便系统重新上电时加载。EEPROM 芯片最常用的通信方式就是 I^2C 协议,本实例采用 I^2C 通信方式实现 EEPROM(型号:AT24C02)的读写实验。并通过串口助手显示读写的数据。电路图如图 6.37 所示。

分析:AT24C02 的 SCL 及 SDA 引脚与 STM32F407ZGT6 对应的 I^2C 引脚连接,结合上拉电阻,构成 I^2C 通信总线,它们通过 I^2C 总线交互。AT24C02 芯片的设备地址一共有 7 位,其中高 4 位固定为:1010b,低 3 位则由 A0/A1/A2 信号线的电平决定,本实例中,A0/A1/A2 均为 0,因此,EEPROM 的 7 位设备地址为:1010000b,即 0x50。由于 I^2C 通信时常常是地址跟读写方向连在一起构成一个 8 位数,且当 R/W 位为 0 时,表示写方向,所以加上 7 位地址,其值为"0xA0",常称该值为 I^2C 设备的"写地址";当 R/W 位为 1 时,表示读方向,加上 7 位地址,其值为"0xA1",常称该值为"读地址"。EEPROM 芯片中还有一个 WP 引脚,具有写保护功能,当该引脚电平为高时,禁止写入数据,当引脚为低电平时,可写入数据,此处直接接地,不使用写保护功能。AT24C02 的详细信息可参考其数据手册《AT24C02》。

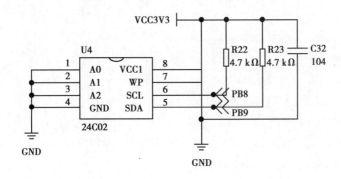

图 6.37　STM32F407ZGT6 与 AT24C02 连接图

综上所述,本实例的实现过程为:

(1)配置通信使用的目标引脚为开漏模式,使能 I^2C 外设的时钟。

```
static void I2C_GPIO_Config(void)
{
GPIO_InitTypeDef   GPIO_InitStructure;
    /* 使能 I²C 外设时钟 */
RCC_AHB1PeriphClockCmd(EEPROM_I2C_SCL_GPIO_CLK|EEPROM_I2C_SDA_GPIO_
CLK,ENABLE);
    /* 连接引脚源 PXx 到 I2C_SCL */
GPIO_PinAFConfig(EEPROM_I2C_SCL_GPIO_PORT,EEPROM_I2C_SCL_SOURCE,EEP-
ROM_I2C_SCL_AF);
    /* 连接引脚源 PXx 到 to I2C_SDA */
```

```
    GPIO_PinAFConfig(EEPROM_I2C_SDA_GPIO_PORT, EEPROM_I2C_SDA_SOURCE,
EEPROM_I2C_SDA_AF);
    /* 配置 SCL */
    GPIO_InitStructure. GPIO_Pin=EEPROM_I2C_SCL_PIN;
    GPIO_InitStructure. GPIO_Mode=GPIO_Mode_AF;
    GPIO_InitStructure. GPIO_Speed=GPIO_Speed_50MHz;
    GPIO_InitStructure. GPIO_OType=GPIO_OType_OD;
    GPIO_InitStructure. GPIO_PuPd=GPIO_PuPd_NOPULL;
    GPIO_Init(EEPROM_I2C_SCL_GPIO_PORT, &GPIO_InitStructure);
    /* 配置 SDA */
    GPIO_InitStructure. GPIO_Pin=EEPROM_I2C_SDA_PIN;
    GPIO_Init(EEPROM_I2C_SDA_GPIO_PORT, &GPIO_InitStructure);
}
```

(2)I^2C 外设的模式、地址、速率等参数并使能 I^2C 外设。

```
    static void I2C_Mode_Config(void)
    {
    I2C_InitTypeDef    I2C_InitStructure;
    /* I2C 模式配置 */
    I2C_InitStructure. I2C_Mode=I2C_Mode_I2C;
    I2C_InitStructure. I2C_DutyCycle=I2C_DutyCycle_2;
/* /* I2C 自身地址 */
    I2C_InitStructure. I2C_OwnAddress1 =I2C_OWN_ADDRESS7;
    I2C_InitStructure. I2C_Ack=I2C_Ack_Enable ;
    I2C_InitStructure. I2C_AcknowledgedAddress = I2C_AcknowledgedAddress_7bit;/* I2C
的通信速率 */
    I2C_InitStructure. I2C_ClockSpeed=I2C_Speed;
    I2C_Init(EEPROM_I2C, &I2C_InitStructure);
    I2C_Cmd(EEPROM_I2C, ENABLE);
    I2C_AcknowledgeConfig(EEPROM_I2C, ENABLE);
    }
    /**
      * @brief  I2C 外设(EEPROM)初始化
      * @param  无
      * @retval 无
      */
    void I2C_EE_Init(void)
    {
```

```
    I2C_GPIO_Config( );
    I2C_Mode_Config( );
}
```

（3）初始化 I²C 外设以后，就可以使用 I²C 通信了，向 EEPROM 写入一个字节的数据的函数实现如下所述。

```
uint32_t I2C_EE_ByteWrite( u8 * pBuffer, u8 WriteAddr)
{
    /* 发送 STRAT 条件 */
    I2C_GenerateSTART( EEPROM_I2C, ENABLE) ;
    I2CTimeout = I2CT_FLAG_TIMEOUT;
    /* 检测 EV5 事件并清除标志 */
    while( ! I2C_CheckEvent( EEPROM_I2C, I2C_EVENT_MASTER_MODE_SELECT) )
    {
        if( ( I2CTimeout--) = =0) return I2C_TIMEOUT_UserCallback(0) ;
    }
    /* 发送 EEPROM 设备地址 */
    I2C_Send7bitAddress( EEPROM_I2C, EEPROM_ADDRESS, I2C_Direction_Transmitter) ;
    I2CTimeout = I2CT_FLAG_TIMEOUT;
    /* 检测 EV6 事件并清除标志 */
    while( ! I2C_CheckEvent( EEPROM_I2C,
I2C_EVENT_MASTER_TRANSMITTER_MODE_SELECTED) )
    {
        if( ( I2CTimeout--) = =0) return I2C_TIMEOUT_UserCallback(1) ;
    }
    /* 发送要写入的 EEPROM 内部地址 */
    I2C_SendData( EEPROM_I2C, WriteAddr) ;
    I2CTimeout = I2CT_FLAG_TIMEOUT;
    /* 检测 EV8 事件并清除标志 */
    while( ! I2C_CheckEvent( EEPROM_I2C, I2C_EVENT_MASTER_BYTE_TRANSMIT-
TED) )
    {
        if( ( I2CTimeout--) = =0) return I2C_TIMEOUT_UserCallback(2) ;
    }
    /* 发送一字节要写入的数据 */
    I2C_SendData( EEPROM_I2C, * pBuffer) ;
    I2CTimeout = I2CT_FLAG_TIMEOUT
    /* 检测 EV8 事件并清除标志 */
```

```
    while(! I2C_CheckEvent(EEPROM_I2C, I2C_EVENT_MASTER_BYTE_TRANSMITTED))
    {
        if((I2CTimeout--)==0) return I2C_TIMEOUT_UserCallback(3);
    }
    /* 发送 STOP 条件 */
    I2C_GenerateSTOP(EEPROM_I2C, ENABLE);
    return 1;
}
```

单字节写入通信结束后,EEPROM 芯片会根据这个通信结果擦写该内存地址的内容,这需要一段时间,在多次写入数据时,要先等待 EEPROM 内部擦写完毕。多个数据写入的程序为:

```
/**
  * @简介 将缓冲区中的数据写到 I2C EEPROM 中,采用单字节写入的方式
  * @参数 pBuffer:缓冲区指针
  * @参数 WriteAddr:写地址
  * @参数 NumByteToWrite:写的字节数
  * @返回 无
  */
uint8_t I2C_EE_ByetsWrite(uint8_t * pBuffer,uint8_t WriteAddr, uint16_t NumByteTo Write)
{
uint16_t i;
uint8_t res;
/* 每写一个字节调用一次 I2C_EE_ByteWrite 函数 */
for (i=0; i<NumByteToWrite; i++)
{
/* 等待 EEPROM 准备完毕 */
I2C_EE_WaitEepromStandbyState();
/* 按字节写入数据 */
res=I2C_EE_ByteWrite(pBuffer++,WriteAddr++); }
return res;
}
```

以上是写入多个字节的数据,从 EEPROM 中读取多个数据的实现代码为:

```
/**
  * @简介    从 EEPROM 里面读取一块数据
  * @参数
  *      @arg pBuffer:存放从 EEPROM 读取的数据的缓冲区指针
  *      @arg WriteAddr:接收数据的 EEPROM 的地址
  *      @arg NumByteToWrite:要从 EEPROM 读取的字节数
```

```
    * @返回　无
    */
uint32_t I2C_EE_BufferRead(u8 * pBuffer, u8 ReadAddr, u16 NumByteToRead)
{
    I2CTimeout = I2CT_LONG_TIMEOUT;
    while(I2C_GetFlagStatus(EEPROM_I2C, I2C_FLAG_BUSY))
    {
        if((I2CTimeout--) == 0)return I2C_TIMEOUT_UserCallback(9);
    }
    /* 发送 START 条件 */
    I2C_GenerateSTART(EEPROM_I2C, ENABLE);
    I2CTimeout = I2CT_FLAG_TIMEOUT;
    /* 检测 EV5 事件并且清除标志 */
    while(! I2C_CheckEvent(EEPROM_I2C, I2C_EVENT_MASTER_MODE_SELECT))
    {
        if((I2CTimeout--) == 0)return I2C_TIMEOUT_UserCallback(10);
    }
    /* 发送 EEPROM 地址 */
    I2C_Send7bitAddress(EEPROM_I2C, EEPROM_ADDRESS,
I2C_Direction_Transmitter);
    I2CTimeout = I2CT_FLAG_TIMEOUT;
    /* 检测 EV6 事件并且清除标志 */
    while(! I2C_CheckEvent(EEPROM_I2C,
I2C_EVENT_MASTER_TRANSMITTER_MODE_SELECTED))
    {
        if((I2CTimeout--) == 0)return I2C_TIMEOUT_UserCallback(11);
    }
    I2C_Cmd(EEPROM_I2C, ENABLE);
    /* 发送 EEPROM 的内部地址 */
    I2C_SendData(EEPROM_I2C, ReadAddr);
    I2CTimeout = I2CT_FLAG_TIMEOUT;
    /* 检测 EV8 事件并且清除标志 */
    while(! I2C_CheckEvent(EEPROM_I2C, I2C_EVENT_MASTER_BYTE_TRANSMIT-
TED))
    {
        if((I2CTimeout--) == 0)return I2C_TIMEOUT_UserCallback(12);
    }
    /* 再次发送 STRAT 条件 */
    I2C_GenerateSTART(EEPROM_I2C, ENABLE);
    I2CTimeout = I2CT_FLAG_TIMEOUT;
```

```
/* 检测 EV5 事件并且清除标志 */
while(! I2C_CheckEvent(EEPROM_I2C, I2C_EVENT_MASTER_MODE_SELECT))
  {
    if((I2CTimeout--)= =0)return I2C_TIMEOUT_UserCallback(13);
  }
/* 发送 EEPROM 读地址 */
I2C_Send7bitAddress(EEPROM_I2C, EEPROM_ADDRESS, I2C_Direction_Receiver);
    I2CTimeout=I2CT_FLAG_TIMEOUT;
/* 检测 EV6 事件并且清除标志 */
while(! I2C_CheckEvent(EEPROM_I2C, I2C_EVENT_MASTER_RECEIVER_MODE_
SELECTED))
  {
    if((I2CTimeout--)= =0)return I2C_TIMEOUT_UserCallback(14);
  }
/* 读取 NumByteToRead 个数据 */
while(NumByteToRead)
{
  if(NumByteToRead = =1)
  {
      /* 发送非应答信号 */
      I2C_AcknowledgeConfig(EEPROM_I2C, DISABLE);
      /* 发送 STOP 条件 */
      I2C_GenerateSTOP(EEPROM_I2C, ENABLE);
  }
      I2CTimeout=I2CT_LONG_TIMEOUT;
      while(I2C_CheckEvent(EEPROM_I2C,
I2C_EVENT_MASTER_BYTE_RECEIVED)= =0)
      {
        if((I2CTimeout--)= =0)return I2C_TIMEOUT_UserCallback(3);
      }

      /* 通过 I2C,从设备中读取一个字节的数据 */
    *pBuffer=I2C_ReceiveData(EEPROM_I2C);
    pBuffer++;//存储数据的指针指向下一个地址
    /* 接收数据自减 */
    NumByteToRead--;
    }
}
I2C_AcknowledgeConfig(EEPROM_I2C, ENABLE);
```

```
    return 1;
}
```

最后,主函数的实现代码为:

```
int main(void)
{
  LED_GPIO_Config();
//LED_BLUE;
  /* 初始化 USART1 */
  Debug_USART_Config();
    printf("\r\n I2C 串口与外设 EEPROM 通信实验\r\n");
    /* I2C 外设初(AT24C02)始化 */
    I2C_EE_Init();
    if(I2C_Exam(()==1)
    {
        LED_RED;
    }
  while (1)
  {
  }
}
/**
  * @brief   I2C(AT24C02)读写测试
  * @param   无
  * @retval 正常返回 1 ,不正常返回 0
  */
uint8_t I2C_Exam(void)
{
    u16 i;
    EEPROM_INFO("写入的数据");
    for (i=0; i<=255; i++)//填充缓冲
    {
    I2c_Buf_Write[i]=i;
    printf("0x%02X ", I2c_Buf_Write[i]);
    if(i%32 ==31)
        printf("\n\r");
    }
    //将 I2c_Buf_Write 中顺序递增的数据写入 EERPOM 中
I2C_EE_ByetsWrite(I2c_Buf_Write, EEP_Firstpage, 256);
  EEPROM_INFO("写成功");
```

```
    EEPROM_INFO("读出的数据");
    //将 EEPROM 读出数据顺序保持到 I2c_Buf_Read 中
      I2C_EE_BufferRead(I2c_Buf_Read, EEP_Firstpage, 256);
    //将 I2c_Buf_Read 中的数据通过串口打印
      for (i=0; i<256; i++)
      {
        if(I2c_Buf_Read[i] ! =I2c_Buf_Write[i])
        {
          printf("0x%02X ", I2c_Buf_Read[i]);
          EEPROM_ERROR("错误:I2C EEPROM 写入与读出的数据不一致");
          return 0;
        }
        printf("0x%02X ", I2c_Buf_Read[i]);
        if(i%32 ==31)
          printf("\n\r");
      }
    EEPROM_INFO("I2C(AT24C02)读写测试成功");
  return 1;
}
```

Main 中首先填充一个数组,数组的内容为 1…255,接着把这个数组的内容写入 EEPROM 中,写入时可以采用单字节写入方式。写入完毕后再从 EEPROM 的地址中读取数据,并通过串口助手进行显示,若写入和读取数据一致说明读写正常,否则读写过程有问题或者 EEPROM 芯片不正常。图 6.38 所示为本实例输出的结果。

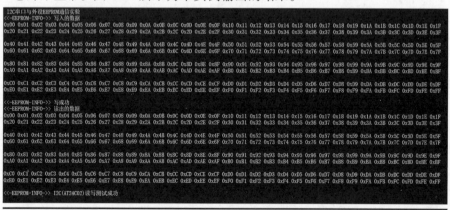

图 6.38　EEPROM 读写结果

6.7　本章小结

嵌入式系统具有丰富的接口资源,本章主要介绍了嵌入式通信接口的基本概念、组成。

紧接着介绍了 USART、I²C、SPI、CAN 几种常见的嵌入式通信接口技术,包括这些接口的组成、通信原理、编程丰富。这些内容的介绍,可以帮助读者很好地理解嵌入式接口技术,如需进一步学习更多接口,比如 USB、RS-485 等接口通信技术,读者可以查阅通信专业书籍或者相关文献资料。

6.8 本章习题

1. 串行通信按照数据传输的方向及时间关系可分为_____ 、_____ 和_____ 。

2. I²C(Inter-Integrated Circuit)总线是由_____和_____构成的串行总线。

3. 在 STM32F4xx 系列微控制器中,I²C 接口共有_____个,USART 有_____个,其中 USART1 位于_____总线上,最高速率为_____。

4. RS232C 使用无硬件握手最简单的双机互联中,下面( )信号不是必需的。

    A. TXD   B. DTR   C. RXD   D. GND

5. 在 SPI 通信总线中,常用的引脚不包括( )。

    A. SCK   B. MOSI   C. MISO   D. GND

6. CAN 在通信中的错误类型不包括( )。

    A. 位错误   B. 填充错误   C. 应答错误   D. 总路冲突错误

7. CAN 控制器与物理总线间的接口是( )。

    A. CAN 收发器   B. 网控器   C. 网桥   D. 网关

8. 简述 USART 的配置步骤。

9. 使用异步串行通信,需要设置哪些参数?

10. 简述 STM32F4xx 系列微控制器的 USART 的功能特点。

11. 某工程中,USART 器件接口时序图如图 6.39 所示,试使用标准库函数完成 USART 主设备的初始化程序。

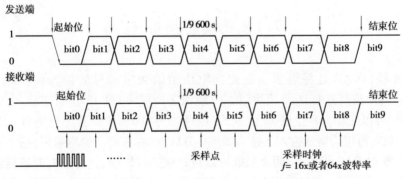

图 6.39 USART 器件接口时序图

12. 简述 CAN 总线的主要特点。

13. 简述 SPI 的几种工作模式。

14. 编程利用 STM32F4xx 的 PC13 引脚检测外接按键,采用中断方式检测按键是否按下,每按键一次,就在 USART1 上输出按键按下的总次数。

第 7 章
嵌入式数模/模数转换技术

本章学习要点：

1. 理解 DAC/ADC 的工作原理；
2. 掌握 DAC/ADC 数据结构及常用 API；
3. 掌握软件触发方式、定时器触发方式的 DAC 编程；
4. 掌握 ADC 数据采集方法及编程。

数模（Digital-to-Analog Converter，DAC）/模数（Analog-to-Digital Converter）转换技术已经被广泛应用于工业智能控制系统中，数模转换是将数字信号转换为模拟信号，主要用于外设的控制；而模数转换是将模拟信号转换为数字信号，主要用于信息采集，如温度电压信号采集，红外传感器信息采集等。本章以 STM32F4xx 系列微控制器为例，介绍嵌入式系统的 DAC/ADC 的工作原理，接着介绍 DAC/ADC 功能和参数配置，最后通过实例介绍 DAC/ADC 的固件库编程实现。

7.1　数模转换概述

数模转换器（DAC）是将表示一定比例电压值的数字信号转换为模拟信号的器件。STM32F4xx 系列微控制器的 DAC 模块（数字/模拟转换模块）是 12 位数字输入，电压输出型的 DAC。DAC 可以配置为 8 位或 12 位模式，也可以与 DMA 控制器配合使用。DAC 工作在 12 位模式时，数据可以设置成左对齐或右对齐。DAC 模块有两个输出通道，每个通道都有单独的转换器。在双 DAC 模式下，两个通道可以独立地进行转换，也可以同时进行转换并同步地更新两个通道的输出。DAC 可以通过引脚输入参考电压 VREF+以获得更精确的转换结果。

DAC 的主要特征包括：

①两个 DAC 转换器：每个转换器对应 1 个输出通道。

②8 位或者 12 位单调输出。

③12 位模式下数据左对齐或者右对齐。

④同步更新功能。

⑤噪声波形生成。

⑥三角波形生成。

⑦双 DAC 通道同时或者分别转换。

⑧每个通道都有 DMA 功能。

⑨外部触发转换。

⑩输入参考电压 VREF+。

7.2　DAC 的功能

STM32F4xx 系列芯片的 DAC 模块框图如图 7.1 所示。

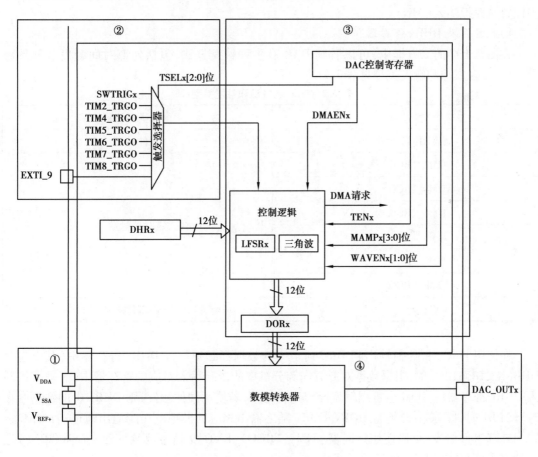

图 7.1　DAC 通道功能框图

在框图 7.1 中,下方的①,④方框中为 DAC 的各个引脚,它们的名称、信号类型和作用见表 7.1。

表 7.1　DAC 各个引脚描述

名称	型号类型	注释
V_{REF+}	输入,正模拟参考电压	DAC 使用的高端/正极参考电压, $2.4\text{ V} \leqslant V_{REF+} \leqslant V_{DDA}(3.3\text{ V})$
V_{DDA}	输入,模拟电源	模拟电源
V_{SSA}	输入,模拟电源接地	模拟电源的地线
DAC_OUTx	模拟输出信号	DAC 通道 x 的模拟输出

注意:一旦使能 DACx 通道,相应的 GPIO 引脚(PA4 或者 PA5)就会自动与 DAC 的模拟输出相连(DAC_OUTx)。为了避免寄生的干扰和额外的功耗,引脚 PA4 或者 PA5 在之前应当设置成模拟输入(AIN)。

1)触发源及 DHRx 寄存器

在图 7.1 中的②方框中,可以看到 DAC 有多种触发方式,包括外部时间触发及软件触发,具体的触发源和触发类型见表 7.2。

表 7.2　DAC 触发源和触发类型

触发源	触发类型注释
SWTRIGx	软件触发
TIM2_TRGO	定时器触发
TIM4_TRGO	
TIM5_TRGO	
TIM6_TRGO	
TIM7_TRGO	
TIM8_TRGO	
EXIT_9	外部事件触发

在使用 DAC 时,任何输出到 DAC 通道 x 的数据都必须写入 DHRx 寄存器中(其中包含 DHR8Rx、DHR12Lx 等,根据数据对齐方向和分辨率的情况写入对应的寄存器中)。数据被写入 DHRx 寄存器后,DAC 会根据触发配置进行处理,若使用硬件触发,则 DHRx 中的数据会在 3 个 APB1 时钟周期后传输至 DORx,DORx 随之输出相应的模拟电压到输出通道;若 DAC 设置为外部事件触发,可以使用定时器(TIMx_TRGO)、EXTI_9 信号或软件触发(SWTRIGx)这几种方式控制数据 DAC 转换的时间。

2)使能 DAC 通道

将 DAC_CR 寄存器的 ENx 位置 1 即可打开对 DAC 通道 x 的供电。经过一段启动时间,DAC 通道 x 即被使能。注意:ENx 位只会使能 DAC 通道 x 的模拟部分,即便该位被置 0,DAC 通道 x 的数字部分仍然工作。

3)使能 DAC 输出缓存

DAC 集成了两个输出缓存,可以用来减少输出阻抗,无须外部运放即可直接驱动外部负载。每个 DAC 通道输出缓存可以通过设置 DAC_CR 寄存器的 BOFFx 位来使能或者关闭。但是,如果 STM32 的 DAC 输出缓存使能,则输出能力较强,但是输出没有办法减到 0,所以一般很少使用这个功能。

4)DAC 数据格式

STM32F4xx 系列微控制器的 DAC 可以支持 8 位或 12 位分辨率,数据写入 DAC_DHRx 寄存器,有 3 种数据格式:

①8 位数据右对齐:用户须将数据写入寄存器 DAC_DHR8Rx[7:0]位(实际是存入寄存器 DHRx[11:4]位)。

②12 位数据左对齐:用户须将数据写入寄存器 DAC_DHR12Lx[15:4]位(实际是存入寄存器 DHRx[11:0]位)。

③12 位数据右对齐:用户须将数据写入寄存器 DAC_DHR12Rx[11:0]位(实际是存入寄存器 DHRx[11:0]位)一般采用第 3 种方式。

3 种 DAC 数据格式如图 7.2 所示。

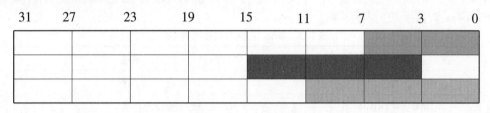

图 7.2　DAC 数据格式

5)DAC 转换过程

由图 7.1 可知,DAC 受 DORx 寄存器直接控制,但是不能直接对寄存器 DAC_DORx 写入数据,而是通过 DHRx 间接地传给 DORx 寄存器,实现对 DAC 的输出控制,任何输出到 DACx 的数据都必须写入 DAC_DHRx 寄存器(数据实际写入 DAC_DHR8Rx、DAC_DHR12Lx、DAC_DHR12Rx、DAC_DHR8RD、DAC_DHR12LD,或者 DAC_DHR12RD 寄存器)。如果没有选中硬件触发(寄存器 DAC_CR1 的 TENx 位置 0),存入寄存器 DAC_DHRx 的数据会在一个 APB1 时钟周期后自动传至寄存器 DAC_DORx。如果选中硬件触发(寄存器 DAC_CR1 的 TENx 位置 1),数据传输在触发发生以后 3 个 APB1 时钟周期后完成。一旦数据从 DAC_DHRx 寄存器装入 DAC_DORx 寄存器,在经过时间 tSETTLING 之后,输出即有效,这段时间的长短依电源电压和模拟输出负载的不同会有所变化。TEN=0 触发使能时转换的时间如图 7.3 所示。

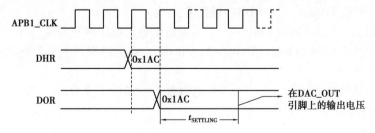

图 7.3　关闭触发(TEN=0)时的转换时序

6)DAC 输出电压

经过线性转换后,数字输入会转换为 0 到 VREF+之间的输出电压。

各 DAC 通道引脚的模拟输出电压通过以下公式确定：

$$DAC_{out} = V_{REF} \times \frac{DOR}{4\ 095} \tag{7.1}$$

7）双 DAC 通道转换

在需要两个 DAC 同时工作的情况下，为了更有效地利用总线带宽，DAC 集成了 3 个供双 DAC 模式使用的寄存器：DHR8RD、DHR12RD 和 DHR12LD，只需要访问一个寄存器即可完成同时驱动两个 DAC 通道的操作。对于双 DAC 通道转换和这些专用寄存器，共有 11 种转换模式可用。这些转换模式在只使用一个 DAC 通道的情况下，仍然可通过独立的 DHRx 寄存器操作。

7.3 DAC 相关配置寄存器

DAC 主要的寄存器见表 7.3，这些寄存器功能较多，详细的功能读者可以参考《STM32F4xx 数据手册》详细了解。

表7.3 DAC 主要的配置寄存器

寄存器	描述
DAC_CR	DAC 控制寄存器
DAC_SWTRIGR	软件触发寄存器
DAC_DHRxRxADC_SMPR1	DAC 通道数据保持寄存器
DAC_DORx	DAC 数据输出寄存器

7.4 DAC 的初始化结构体

在 STM32 的标准库中，把控制 DAC 相关的各种配置封装到了结构体 DAC_InitTypeDef 中，它主要包含了 DAC_CR 控制寄存器的各位的配置，其详细描述如下所述。

typedef struct
{
　uint32_t DAC_Trigger; ／＊DAC 触发方式 ＊／
　uint32_t DAC_WaveGeneration; ／＊ 是否自动输出噪声或三角波 ＊／
　uint32_t DAC_LFSRUnmask_TriangleAmplitude;／＊ 选择噪声生成器的低通滤波或三角波的幅值 ＊／
　uint32_t DAC_OutputBuffer; ／＊ 选择是否使能输出缓冲器 ＊／
}DAC_InitTypeDef;

1）DAC_Trigger

DAC_InitTypeDef 成员 DAC_Trigger 用于配置 DAC 的触发模式，当 DAC 产生相应的触发事件时，DHRx 寄存器的值转移到 DORx 寄存器中进行转换。该结构体可以设置 DAC 硬件触发模式（DAC_Trigger_None）、定时器触发模式（DAC_Trigger_T2/4/5/6/7/8_TRGO）、EXTI_9

触发方式(DAC_Trigger_Ext_IT9)、软件触发模式(DAC_Trigger_Software)。

2) DAC_WaveGeneration

成员 DAC_WaveGeneration 用于配置 DAC 输出伪噪声或三角波(DAC_WaveGeneration_None/Noise/Triangle),使用伪噪声和三角波输出时,DAC 都会把 LFSR 寄存器的值叠加到 DHRx 数值上,产生伪噪声和三角波,若希望产生自定义输出,直接配置为 DAC_WaveGeneration_None 即可。

3) DAC_LFSRUnmask_TriangleAmplitude

本成员通过控制 DAC_CR 的 MAMP2 位设置 LFSR 寄存器位的数据,即当使用伪噪声或三角波输出时要叠加到 DHRx 的值,非噪声或三角波输出模式下,本配置无效。使用伪噪声输出时 LFSR=0xAAA,MAMP2 寄存器位可以屏蔽 LFSR 的某些位,这时把本结构体成员赋值 DAC_LFSRUnmask_Bit0 ~ DAC_LFSRUnmask_Bit11_0 等宏即可;使用三角波输出时,本结构体设置三角波的最大幅值,可选择为 DAC_TriangleAmplitude_1 ~ DAC_TriangleAmplitude_4096 等宏。

4) DAC_OutputBuffer

本结构体成员用于控制是否使 DAC 的输出缓冲(DAC_OutputBuffer_ Enable/Disable),使能 DAC 的输出缓冲后可以减小输出阻抗,适合直接驱动一些外部负载。

7.5　ADC 概述

模数转换(ADC)是指将连续变量的模拟信号转换为离散的数字信号。典型的模拟数字转换器将模拟信号转换为表示一定比例电压值的数字信号。STM32F4xx 系列微控制器有 3 个 ADC,每个 ADC 有 12 位、10 位、8 位和 6 位可选,每个 ADC 有 16 个外部通道。另外还有两个内部 ADC 源和 VBAT 通道挂在 ADC1 上。ADC 具有独立模式、双重模式和三重模式,对于不同 AD 转换要求,几乎都有合适的模式可选。

ADC 的主要特征包括:

①可配置 12 位、10 位、8 位或 6 位分辨率。

②在转换结束、注入转换结束以及发生模拟看门狗或溢出事件时产生中断。

③单次和连续转换模式。

④用于自动将通道 0 转换为通道"n"的扫描模式。

⑤数据对齐以保持内置数据一致性。

⑥可独立设置各通道采样时间。

⑦外部触发器选项,可为规则转换和注入转换配置极性。

⑧不连续采样模式。

⑨双重/三重模式(具有两个或更多 ADC 的器件提供)。

⑩双重/三重 ADC 模式下可配置的 DMA 数据存储。

⑪双重/三重交替模式下可配置的转换间延迟。

⑫ADC 转换类型(参见数据手册)。

⑬ADC 电源要求:全速运行时为 2.4 ~ 3.6 V,慢速运行时为 1.8 V。

⑭规则通道转换期间可产生 DMA 请求。

7.6 ADC 的功能

图 7.4 给出了单个 ADC 的框图,我们对图中的每个部分进行编号,并用不同的颜色框了出来。

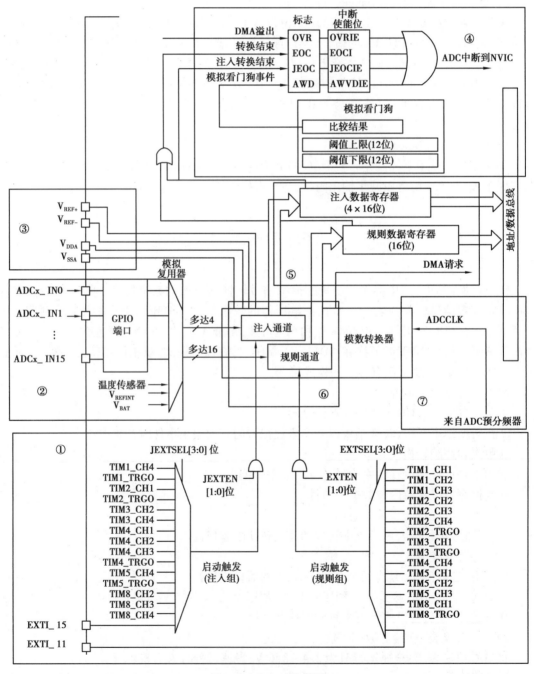

图 7.4 ADC 功能框图

在图 7.4 功能图中,方框①中描述了 ADC 所支持的外部事件触发,主要包括内部定时器触发和外部 I/O 触发。触发源的选择由 ADC 控制寄存器 ADC_CR2 的 EXTSEL[3:0]和 JEXTSEL[3:0]位来控制。EXTSEL[3:0]用于选择规则通道的触发源,JEXTSEL[3:0]用于选择注入通道的触发源。若使用外部触发事件,可以通过设置 ADC 控制寄存器 2:ADC_CR2 的 EXTEN[1:0]和 JEXTEN[1:0]来控制触发极性,此时有 4 种状态,分别是:禁止触发检测、上升沿检测、下降沿检测以及上升沿和下降沿均检测。

方框②中描述了 STM32 的 ADC 输入通道,STM32F4xx 有多达 19 个通道,方框②中标出了外部的 16 个通道 ADCx_IN0、ADCx_IN1…ADCx_IN15。这 16 个通道对应着不同的 I/O 口,ADC 通道和引脚的对应关系见表 7.4,其中 ADC1/2/3 还有内部通道:ADC 的通道 ADC1_IN16 连接内部的 VSS,通道 ADC1_IN17 连接内部参考电压 VREFINT,通道 ADC1_IN18 连接芯片内部的温度传感器或者备用电源 VBAT。ADC2 和 ADC3 的通道 16、17、18 全部连接内部的 VSS。外部的 16 个通道在转换的时候又分为规则通道和注入通道,其中规则通道最多有 16 路,注入通道最多有 4 路。一般应用中使用规则通道,注入通道是一种在规则通道转换的时候强行插入转换的一种。如果在规则通道转换过程中,有注入通道插队,那么就要先转换完注入通道,等注入通道转换完成后,再回到规则通道的转换流程。

表 7.4 ADC 通道和引脚的对应关系

ADC1	I/O	ADC2	I/O	ADC3	I/O
通道 0	PA0	通道 0	PA0	通道 0	PA0
通道 1	PA1	通道 1	PA1	通道 1	PA1
通道 2	PA2	通道 2	PA2	通道 2	PA2
通道 3	PA3	通道 3	PA3	通道 3	PA3
通道 4	PA4	通道 4	PA4	通道 4	PF6
通道 5	PA5	通道 5	PA5	通道 5	PF7
通道 6	PA6	通道 6	PA6	通道 6	PF8
通道 7	PA7	通道 7	PA7	通道 7	PF9
通道 8	PB0	通道 8	PB0	通道 8	PF10
通道 9	PB1	通道 9	PB1	通道 9	PF3
通道 10	PC0	通道 10	PC0	通道 10	PC0
通道 11	PC1	通道 11	PC1	通道 11	PC1
通道 12	PC2	通道 12	PC2	通道 12	PC2
通道 13	PC3	通道 13	PC3	通道 13	PC3
通道 14	PC4	通道 14	PC4	通道 14	PF4
通道 15	PC5	通道 15	PC5	通道 15	PF5
通道 16	连接内部温度传感器	通道 16	连接内部 VSS	通道 16	连接内部 VSS
通道 17	连接 VREFINT	通道 17	连接内部 VSS	通道 17	连接内部 VSS

方框③中描述了 ADC 的各个引脚,它们的名称、信号类型和作用见表 7.5。

表 7.5　ADC 引脚及其功能

名称	型号类型	注释
V_{REF+}	输入,正模拟参考电压	DAC 使用的高端/正极参考电压,$1.8\ V \leqslant V_{REF+} \leqslant V_{DDA}$
V_{DDA}	输入,模拟电源	模拟电源电压等于 V_{DD}, 全速运行时:$2.4\ V \leqslant V_{DDA} \leqslant V_{DD}(3.6\ V)$ 低速运行时:$1.8\ V \leqslant V_{DDA} \leqslant V_{DD}(3.6\ V)$
V_{REF-}	负模拟参考电压输入	ADC 低/负参考电压,$V_{REF-} = V_{SSA}$
V_{SSA}	输入,模拟电源接地	模拟电源的地线
$ADCx\_IN[15:0]$	模拟输入信号	16 个模拟输入通道

方框④中显示 ADC 的各种中断,可以看出:规则和注入组转换结束时能产生中断,当模拟看门狗状态位被设置时也能产生中断。它们都有独立的中断使能位。表 7.6 描述了 ADC 中断情况。ADC_SR 寄存器中存在另外两个标志,但这两个标志不存在中断相关性:

①JSTRT(开始转换注入组的通道)。

②STRT(开始转换规则组的通道)。

表 7.6　ADC 中断情况

中断事件	件标志	使能控制位
结束规则组的转换	EOC	EOCIE
结束注入组的转换	JEOC	JEOCIE
模拟看门狗状态位置 1	AWD	AWDIE
溢出(Overrun)	OVR	OVRIE

方框⑤中,ADC 转换后的数据根据转换组的不同,规则组的数据放在 ADC_DR 寄存器,注入组的数据放在 JDRx。如果是使用双重或者三重模式那规矩组的数据是存放在通用规矩寄存器 ADC_CDR 内的。

方框⑥中表示 ADC 的数据转换,STM32 的 ADC 控制器有 16 个多路通道。所有模块通过内部的模拟多路开关,可以切换到不同的输入通道并进行数模转换。STM32 特别地加入了多种成组转换模式,可以由程序设置好之后,对多个模拟通道自动地进行逐个采样转换。可以把转换组织成两组:规则通道组和注入通道组。在任意多个通道上以任意顺序进行的一系列转换构成组转换。例如,可以如下顺序完成转换:通道 3、通道 8、通道 2、通道 2、通道 0、通道 2、通道 2、通道 15。

规则通道组:规则组由多达 16 个转换组成。规则通道和它们的转换顺序在 ADC_SQRx 寄存器中选择。规则组中转换的总数应写入 ADC_SQR1 寄存器的 L[3:0] 位中。

规则序列:规则序列寄存器有 3 个,分别为 SQR3、SQR2、SQR1,见表 7.7。SQR3 控制着规则序列中的第 1 个到第 6 个转换,对应的位为:SQ1[4:0] ~ SQ6[4:0],第 1 个转换的是位 4:0 SQ1[4:0],如果要使通道 16 第 1 个转换,那么在 SQ1[4:0] 写 16 即可。SQR2 控制着

规则序列中的第 7 到第 12 个转换,对应的位为:SQ7[4：0]～SQ12[4：0],如果要使通道 1
第 8 个转换,则 SQ8[4：0]写 1 即可。SQR1 控制着规则序列中的第 13 到第 16 个转换,对应
位为:SQ13[4：0]～SQ16[4：0],如果要使通道 6 第 10 个转换,则 SQ10[4：0]写 6 即可。
具体使用多少个通道,由 SQR1 的位 L[3：0]决定,最多 16 个通道。

表 7.7　规则序列寄存器及功能

寄存器	寄存器位	功能	取值
SQR3	SQ1[4:0]	设置第 1 个转换的通道	通道 1ˆ16
	SQ2[4:0]	设置第 2 个转换的通道	通道 1ˆ16
	SQ3[4:0]	设置第 3 个转换的通道	通道 1ˆ16
	SQ4[4:0]	设置第 4 个转换的通道	通道 1ˆ16
	SQ5[4:0]	设置第 5 个转换的通道	通道 1ˆ16
	SQ6[4:0]	设置第 6 个转换的通道	通道 1ˆ16
SQR2	SQ7[4:0]	设置第 7 个转换的通道	通道 1ˆ16
	SQ8[4:0]	设置第 8 个转换的通道	通道 1ˆ16
	SQ9[4:0]	设置第 9 个转换的通道	通道 1ˆ16
	SQ10[4:0]	设置第 10 个转换的通道	通道 1ˆ16
	SQ11[4:0]	设置第 11 个转换的通道	通道 1ˆ16
	SQ12[4:0]	设置第 12 个转换的通道	通道 1ˆ16
SQR1	SQ13[4:0]	设置第 13 个转换的通道	通道 1ˆ16
	SQ14[4:0]	设置第 14 个转换的通道	通道 1ˆ16
	SQ15[4:0]	设置第 15 个转换的通道	通道 1ˆ16
	SQ16[4:0]	设置第 16 个转换的通道	通道 1ˆ16
	SQ[4:0]	需要转换为多少和通道	1ˆ16

注入通道组:注入组由多达 4 个转换组成。注入通道和它们的转换顺序在 ADC_JSQR 寄
存器中选择。注入组里的转换总数目应写入 ADC_JSQR 寄存器的 L[1:0]位中。

注入序列:注入序列寄存器 JSQR 只有一个,最多支持 4 个通道,具体有多少个通道由
JSQR 的 JL[2:0]决定。如果 JL 的值小于 4 的话,则 JSQR 跟 SQR 决定转换顺序的设置不一
样,第一次转换的不是 JSQR1[4:0],而是 JCQRx[4:0],x =(4-JL),跟 SQR 刚好相反。如果
JL=00(1 个转换),那么转换的顺序是从 JSQR4[4:0]开始,而不是从 JSQR1[4:0]开始,这个
要注意,编程时不要搞错。当 JL 等于 4 时,跟 SQR 一样。

温度传感器/ VREFINT 内部通道:

在 STM32F40x 系列微控制器中,温度传感器和通道 ADC1_IN16 相连接,内部参照电压
VREFINT 和 ADC1_IN17 相连接。可以按注入或规则通道对这两个内部通道进行转换。注
意:温度传感器和 VREFINT 只能出现在主 ADC1 中。

如图 7.5 所示,在执行规则通道组扫描转换时,如有例外处理则可启用注入通道组的转换。即注入通道的转换可以打断规则通道的转换,在注入通道被转换完成之后,规则通道才可以继续转换。需要注意的是:如果 ADC_SQRx 或 ADC_JSQR 寄存器在转换期间被更改,当前的转换被清除,一个新的启动脉冲将发送到 ADC 以转换新选择的组。

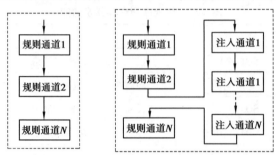

图 7.5　规则通道和注入通道转换

转换模式:ADC 分为单次转换、连续转换、扫描转换模式,具体描述如下:

单次转换模式下,ADC 只执行一次转换。该模式既可通过设置 ADC_CR2 寄存器的 ADON 位(只适用于规则通道)启动也可通过外部触发启动(适用于规则通道或注入通道),这时 CONT 位为 0。一旦选择通道的转换完成:

①如果一个规则通道被转换:

a.转换数据被储存在 16 位 ADC_DR 寄存器中。

b.EOC(转换结束)标志被设置。

c.如果设置了 EOCIE,则产生中断。

②如果一个注入通道被转换:

a.转换数据被储存在 16 位的 ADC_DRJ1 寄存器中。

b.JEOC(注入转换结束)标志被设置。

c.如果设置了 JEOCIE 位,则产生中断。然后 ADC 停止。在连续转换模式下,当前面 ADC 转换一结束马上就启动另一次转换。此模式可通过外部触发启动或通过设置 ADC_CR2 寄存器上的 ADON 位启动,此时 CONT 位是 1。每个转换后:

扫描模式可通过设置 ADC_CR1 寄存器的 SCAN 位来选择。一旦这个位被设置,ADC 扫描被 ADC_SQRx 寄存器(对规则通道)或 ADC_JSQR(对注入通道)选中的所有通道。在每个组的每个通道上执行单次转换。在每个转换结束时,同一组的下一个通道被自动转换。如果设置了 CONT 位,转换不会在选择组的最后一个通道上停止,而是再次从选择组的第一个通道继续转换。

需要注意的是:如果在使用扫描模式的情况下使用中断,会在最后一个通道转换完毕才会产生中断。而连续转换,是在每次转换后,都会产生中断。

如果设置了 DMA 位,在每次 EOC 后,DMA 控制器把规则组通道的转换数据传输到 SRAM 中。而注入通道转换的数据总是存储在 ADC_JDRx 寄存器中。

方框⑦表示 ADC 转换时间,ADC 输入时钟 ADC_CLK 由 PCLK2 经过分频产生,最大值是 36 MHz,典型值为 30 MHz,分频因子由 ADC 通用控制寄存器 ADC_CCR 的 ADCPRE[1:0]设置,可设置的分频系数有 2、4、6 和 8,注意这里没有 1 分频。对于 STM32F4xx 系列微控制器,一般设置 PCLK2＝HCLK/2＝84 MHz。所以程序一般使用 4 分频或者 6 分频。

采样时间：

ADC 需要若干个 ADC_CLK 周期完成对输入的电压进行采样,采样的周期数可通过 ADC 采样时间寄存器 ADC_SMPR1 和 ADC_SMPR2 中的 SMP[2:0]位设置,ADC_SMPR2 控制的是通道 0～9,ADC_SMPR1 控制的是通道 10～17。每个通道可以分别用不同的时间采样。其中采样周期最少是 3 个周期,即如果我们要达到最快的采样,那么应该设置采样周期为 3 个周期,这里说的周期就是 1/ADC_CLK。

ADC 的总转换时间跟 ADC 的输入时钟和采样时间有关,公式为：

$$Tconv＝采样时间+12 个周期 \tag{7.2}$$

当 ADCCLK＝30 MHz,即 PCLK2 为 60 MHz,ADC 时钟为 2 分频,采样时间设置为 3 个周期,那么总的转换时为：Tconv＝3+12＝15 个周期＝0.5 μs。

一般我们设置 PCLK2＝84 MHz,经过 ADC 预分频器能分频到最大的时钟只能是 21M,采样周期设置为 3 个周期,算出最短的转换时间为 0.7142 μs,这个才是最常用的。

7.7　ADC 主要的配置寄存器

为了深入理解 ADC 的工作原理,本节介绍主要的 ADC 寄存器。ADC 常用寄存器见表 7.8。有关 ADC 寄存器的详细说明请参考官方《STM32F4xx 参考手册》。

表 7.8　ADC 的主要寄存器

寄存器	描述
ADC_SR	ADC 状态寄存器
ADC_CR1	ADC 控制寄存器 1
ADC_CR2	ADC 控制寄存器 2
ADC_SMPR1	ADC 采样时间寄存器 1
ADC_SMPR2	ADC 采样时间寄存器 2
ADC_JOFRx(x=1..4)	ADC 注入通道数据偏移寄存器 x
ADC_HTR	ADC 看门狗高阈值寄存器
ADC_LTR	ADC 看门狗低阈值寄存器
ADC_SQR1	ADC 规则序列寄存器 1
ADC_SQR2	ADC 规则序列寄存器 2
ADC_SQR3	ADC 规则序列寄存器 3
ADC_JSQR	ADC 注入序列寄存器
ADC_JDRx (x= 1..4)	ADC 注入数据寄存器 x
ADC_DR	ADADC 通用状态寄存器
ADC_CSR	ADC 通用状态寄存器
ADC_CCR	ADC 通用控制寄存器
ADC_CDR	适用于双重和三重模式的 ADC 通用规则数据寄存器

7.8 ADC 初始化结构体及其配置

1）ADC 初始化结构体

标准库函数对每个外设都建立了一个初始化结构体 xxx_InitTypeDef（xxx 为外设名称），结构体成员用于设置外设工作参数，并由标准库函数 xxx_Init() 调用这些设定参数进入设置外设相应的寄存器，达到配置外设工作环境的目的。

结构体 xxx_InitTypeDef 和库函数 xxx_Init 配合使用是标准库精髓所在。结构体 xxx_Init-TypeDef 定义在 stm32f4xx_xxx.h 文件中，库函数 xxx_Init 定义在 stm32f4xx_xxx.c 文件中，编程时我们可以结合这两个文件内注释使用。ADC 的初始化结构体定义在 stm32f4xx_ADC.c 和 stm32f4xx_ADC.h 文件中，其原型为：

```
typedef struct {
uint32_t ADC_Resolution; //ADC 分辨率选择
FunctionalState ADC_ScanConvMode;  //ADC 扫描选择
FunctionalState ADC_ContinuousConvMode;  //ADC 连续转换模式选择
uint32_t ADC_ExternalTrigConvEdge;  //ADC 外部触发极性
uint32_t ADC_ExternalTrigConv;  //ADC 外部触发选择
uint32_t ADC_DataAlign;  //输出数据对齐方式
uint8_t ADC_NbrOfChannel; //转换通道数目
} ADC_InitTypeDef;
```

ADC_Resolution：配置 ADC 的分辨率，可选的分辨率有 12 位、10 位、8 位和 6 位。分辨率越高，AD 转换数据精度越高，转换时间也越长；分辨率越低，AD 转换数据精度越低，转换时间也越短。

ScanConvMode：可选参数为 ENABLE 和 DISABLE，配置是否使用扫描。如果是单通道 AD 转换使用 DISABLE，如果是多通道 AD 转换使用 ENABLE。

ADC_ContinuousConvMode：可选参数为 ENABLE 和 DISABLE，配置是启动自动连续转换还是单次转换。使用 ENABLE 配置为使能自动连续转换；使用 DISABLE 配置为单次转换，转换一次后停止需要手动控制才重新启动转换。

ADC_ExternalTrigConvEdge：外部触发极性选择，如果使用外部触发，可以选择触发的极性，可选禁止触发检测、上升沿触发检测、下降沿触发检测以及上升沿和下降沿均可触发检测。

ADC_ExternalTrigConv：配置外部触发选择，ADC 功能框图中列举了很多外部触发条件，可根据项目需求配置触发来源。一般情况下，我们使用软件自动触发。

ADC_DataAlign：转换结果数据对齐模式，可选右对齐 ADC_DataAlign_Right 或者左对齐 ADC_DataAlign_Left：一般我们选择右对齐模式。

ADC_NbrOfChannel：AD 转换通道数目。

ADC 除了有 ADC_InitTypeDef 初始化结构体外，还有一个 ADC_CommonInitTypeDef 通用初始化结构体。ADC_CommonInitTypeDef 结构体内容决定 3 个 ADC 共用的工作环境，比如模式选择、ADC 时钟等。

ADC_CommonInitTypeDef 结构体也是定义在 STM32_F4xx_ADC.h 文件中，具体定义

如下：

```
typedef struct {
uint32_t ADC_Mode; //ADC 模式选择
uint32_t ADC_Prescaler; //ADC 分频系数
uint32_t ADC_DMAAccessMode; //DMA 模式配置
uint32_t ADC_TwoSamplingDelay; //采样延迟
} ADC_CommonInitTypeDef;
```

ADC_Mode：ADC 工作模式选择，有独立模式、双重模式以及三重模式。

ADC_Prescaler：ADC 时钟分频系数选择，ADC 时钟是有 PCLK2 分频而来，分频系数决定 ADC 时钟频率，可选的分频系数为 2、4、6 和 8。ADC 最大时钟配置为 36MHz。

ADC_DMAAccessMode：DMA 模式设置，只有在双重或者三重模式才需要设置，可以设置三种模式，具体可参考参考手册说明。

ADC_TwoSamplingDelay：2 个采样阶段之前的延迟，仅适用于双重或三重交错模式。

2）ADC 配置一般步骤

对于 STM32F4xx 系列为控制，ADC 配置主要的库函数包含在 STM32F4xx_ADC.c 和 STM32F4xx_ADC.h 文件中，ADC 的配置步骤主要包括：

①开启 GPIO 口时钟，调用函数：GPIO_Init() 和 APB2PeriphClockCmd()。

②复位 ADC，同时设置 ADC 分频因子，调用函数：ADC_DeInit()、RCC_ADCCLKConfig()。

③初始化 ADC 参数，设置 ADC 的工作模式以及规则序列的相关信息，调用函数：void ADC_Init()。

④使能 ADC 并校准，调用函数：ADC_Cmd()。

⑤配置规则通道参数，调用函数：ADC_RegularChannelConfig()。

⑥开启软件转换，ADC_SoftwareStartConvCmd(ADC1)。

⑦等待转换完成，读取 ADC 值，调用函数：ADC_GetConversionValue(ADC1)。

7.9　DAC/ADC 应用实例

在嵌入式系统中，DAC/ADC 可以应用于数据采集或者数字信息转换为模拟信号的输出，其基本结构如图 7.6 所示。本节通过具体的实例介绍 DAC/ADC 的使用方法。

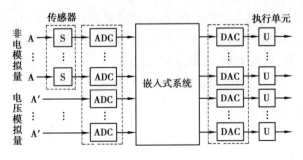

图 7.6　DAC/ADC 硬件结构

实例1:在本教程配套的实验板上,利用按键控制STM32F407ZGT6内部DAC1输出电压,并通过ADC1的通道1采集DAC的输出电压,在实验板LCD模块上面显示DAC获取到的电压值以及DAC的设定输出电压值等信息。

分析:本实例中,PA4作为DAC输出,PA5作为ADC输入,因此,实验中需要将PA4和PA5连接起来,如图7.7所示。通过DAC相关章节的介绍,我们已经了解了STM32F407ZGT6实现DAC输出的相关设置,DAC模块的通道1用来输出模拟电压的具体过程可以总结为:

图7.7 硬件连接

1)开启PA口时钟,将PA4设置为模拟输入

STM32F407ZGT6的DAC通道1是接在PA4上的,所以,我们先要使能GPIOA的时钟,然后将PA4设置为模拟输入。所调用的函数为:

RCC_AHB1PeriphClockCmd(RCC_AHB1Periph_GPIOA, ENABLE);//使能GPIOA时。

GPIO_InitStructure. GPIO_Pin = GPIO_Pin_4;

GPIO_InitStructure. GPIO_Mode = GPIO_Mode_AN;//模拟输入

GPIO_InitStructure. GPIO_PuPd = GPIO_PuPd_DOWN;//下拉

GPIO_Init(GPIOA, &GPIO_InitStructure);//初始化

2)使能DAC1时钟

DAC1作为一种外设,挂载在APB1总线,因此需要首先开启APB1总线时钟。

RCC_APB1PeriphClockCmd(RCC_APB1Periph_DAC, ENABLE);//使能DAC时钟

3)DAC结构体配置,设置DAC的工作模式

本步骤首先配置DAC初始化结构体DAC_InitTypeDef,然后调用DAC_Init函数初始化结构体。

typedef struct

{

uint32_t DAC_Trigger; //是否使用触发功能

uint32_t DAC_WaveGeneration; //是否使用波形发生

uint32_t DAC_LFSRUnmask_TriangleAmplitude；//屏蔽/幅值选择器

uint32_t DAC_OutputBuffer；//输出缓存控制位

}DAC_InitTypeDef；

4）使能 DAC 转换通道

该函数为：DAC_Cmd（DAC_Channel_1，ENABLE）；//使能 DAC 通道 1

5）设置 DAC 的输出值

通过函数 DAC_SetChannel1Data 设置 12 位右对齐数据格式,该函数实现格式为：DAC_SetChannel1Data（DAC_Align_12b_R，0）；//12 位右对齐数据格式设置 DAC 值。

根据以上分析,DAC 的初始化代码为：

```
//DAC 通道 1 输出初始化
void Dac1_Config(void)
{
GPIO_InitTypeDef    GPIO_InitStructure；
DAC_InitTypeDef     DAC_InitType；
RCC_AHB1PeriphClockCmd(RCC_AHB1Periph_GPIOA, ENABLE)；//使能 PA 时钟
RCC_APB1PeriphClockCmd(RCC_APB1Periph_DAC, ENABLE)；//使能 DAC 时钟
GPIO_InitStructure.GPIO_Pin = GPIO_Pin_4；
GPIO_InitStructure.GPIO_Mode = GPIO_Mode_AN；//模拟输入
GPIO_InitStructure.GPIO_PuPd = GPIO_PuPd_DOWN；//下拉
GPIO_Init(GPIOA, &GPIO_InitStructure)；//初始化 GPIO
DAC_InitType.DAC_Trigger=DAC_Trigger_None；//不使用触发功能 TEN1=0
DAC_InitType.DAC_WaveGeneration=DAC_WaveGeneration_None；//不使用波形发生
DAC_InitType.DAC_LFSRUnmask_TriangleAmplitude=DAC_LFSRUnmask_Bit0；
//屏蔽、幅值设置
DAC_InitType.DAC_OutputBuffer=DAC_OutputBuffer_Disable；/输出缓存关闭
DAC_Init(DAC_Channel_1,&DAC_InitType)；//初始化 DAC 通道 1
DAC_Cmd(DAC_Channel_1, ENABLE)；//使能 DAC 通道 1
DAC_SetChannel1Data(DAC_Align_12b_R, 0)；//12 位右对齐数据格式
}
//设置通道 1 输出电压
//vol:0~3300,代表 0~3.3V
void Dac1_Vol(uint_16 vol)
{
double temp=vol；
temp/=1000；
temp=temp*4096/3.3；
DAC_SetChannel1Data(DAC_Align_12b_R,temp)；//12 位右对齐数据格式
}
```

其中 Dac1_Vol 函数用于设置 DAC 通道 1 的输出电压,即将电压值转换为 DAC 输入值。

根据以上步骤,编写程序,最终的实现效果如图 7.8 所示。

图 7.8　程序运行效果

在程序运行过程中,读者可以通过调节实验板上的 KEY2 按键,增大输出电压,通过调节 KEY1 按键,减小电压。

实例 2:在本教程配套的实验板上,采用 ADC 获取光敏传感器的电压变化,从而得出环境光线的变化参数,并在 LCD 上面显示出来。

分析:本实例中,光敏传感器是一种常用传感器,它利用光敏元件将光信号转换为电信号,光传感器是目前产量最多、应用最广的传感器之一,它在自动控制和非电量电测技术中占有非常重要的地位。本实例中,光电传感器的硬件电路如图 7.9 所示。

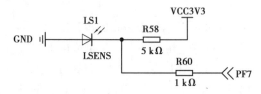

图 7.9　光电传感器电路图

图 7.9 中,LS1 是光敏二极管,R58 为其提供反向电压,当环境光线变化时,LS1 两端的电压也会随之改变,从而通过 ADC3_IN5 通道,读取 LIGHT_SENSOR(PF7)上面的电压,即可得到环境光线的强弱。光线越强,电压越低;光线越暗,电压越高。

ADC 固件库编程的固件库函数和初始化结构体位于 stm32f4xx_adc.c 和 stm32f4xx_adc.h 文件中,通过构建驱动文件并调用固件库函数,可以实现光敏传感器的初始化函数:

```
void LS_Init(void)
{
GPIO_InitTypeDef  GPIO_InitStructure;
RCC_AHB1PeriphClockCmd(RCC_AHB1Periph_GPIOF, ENABLE);//使能 GPIOF 时钟
```

//初始化 ADC3 通道

GPIO_InitStructure. GPIO_Pin = GPIO_Pin_7;//PA7 通道 7

GPIO_InitStructure. GPIO_Mode = GPIO_Mode_AN;//模拟输入

GPIO_InitStructure. GPIO_PuPd = GPIO_PuPd_NOPULL ;//不带上下拉

GPIO_Init(GPIOF, &GPIO_InitStructure) ;//初始化

Adc3_Init( ) ;//初始化 ADC3

}

//读取光电传感器的值

//0～100:0,最暗;100,最亮

u8 LS_Val(void)

{

u32 temp_val=0;

u8 t;

for(t=0;t<LSENS_READ_TIMES;t++)

{

temp_val+=Get_Adc3(ADC_Channel_5) ; //读取 ADC 值,通道 5

delay_ms(5) ;

}

temp_val/=LSENS_READ_TIMES;//得到平均值

if(temp_val>4000) temp_val=4000;

return (u8) (100-(temp_val/40)) ;

}

其中:LS_Val 函数用于获取当前光照强度,该函数通过调用 Get_Adc3 得到通道 ADC_
Channel_5 转换的电压值,并经过简单量化后,处理成 0～100 的光强值。0 对应最暗,100 对
应最亮。ADC 的初始化由 ADC_InitTypeDef 结构体完成,调用 ADC_Init 函数完成结构体的初
始化,具体实现代码为:

Void Adc3_Config(void)

{

ADC_CommonInitTypeDef ADC_CommonInitStructure;

ADC_InitTypeDef ADC_InitStructure;

RCC_APB2PeriphClockCmd(RCC_APB2Periph_ADC3, ENABLE) ; //使能 ADC3 时钟

RCC_APB2PeriphResetCmd(RCC_APB2Periph_ADC3,ENABLE) ; //ADC3 复位

RCC_APB2PeriphResetCmd(RCC_APB2Periph_ADC3,DISABLE) ; //复位结束

ADC_CommonInitStructure. ADC_Mode = ADC_Mode_Independent;//独立模式

ADC_CommonInitStructure. ADC_TwoSamplingDelay = ADC_TwoSamplingDelay_5Cycles;//
两个采样阶段之间的延迟为 5 个时钟

ADC_CommonInitStructure. ADC_DMAAccessMode = ADC_DMAAccessMode_Disabled;

ADC_CommonInitStructure. ADC_Prescaler = ADC_Prescaler_Div4;//预分频 4 分频

ADC_CommonInit(&ADC_CommonInitStructure) ;//初始化

ADC_InitStructure. ADC_Resolution = ADC_Resolution_12b;//12 位模式

ADC_InitStructure. ADC_ScanConvMode = DISABLE;//非扫描模式

ADC_InitStructure. ADC_ContinuousConvMode = DISABLE;//关闭连续转换

ADC_InitStructure. ADC_ExternalTrigConvEdge = ADC_ExternalTrigConvEdge_None;

//禁止触发检测,使用软件触发

ADC_InitStructure. ADC_DataAlign = ADC_DataAlign_Right;//右对齐

ADC_InitStructure. ADC_NbrOfConversion = 1;//1 个转换在规则序列中

ADC_Init(ADC3, &ADC_InitStructure);//ADC 初始化

ADC_Cmd(ADC3, ENABLE);//开启 AD 转换器

}

//获得 ADC 值

//ch:通道值 0~16 ADC_Channel_0~ADC_Channel_16

//返回值:转换结果

u16 Get_Adc3(u8 ch)

{

//设置指定 ADC 的规则组通道,一个序列,采样时间

ADC_RegularChannelConfig(ADC3, ch, 1, ADC_SampleTime_480Cycles);

ADC_SoftwareStartConv(ADC3);//使能指定的 ADC3 的软件转换启动功能

while(! ADC_GetFlagStatus(ADC3, ADC_FLAG_EOC));//等待转换结束

return ADC_GetConversionValue(ADC3);//返回最近一次 ADC3 规则组的转换结果

}

综上所述,将程序下载到实验板后,效果如图 7.10 所示。

图 7.10 程序运行效果

7.10　本章小结

在 STM32F40xx 系列微控制器中,ADC 可以将引脚上连续变化的模拟电压转换为内存中存储的数字变量,它是建立模拟电路到数字电路的桥梁。与 ADC 相对应,从数字电路到模拟电路的桥梁即 DAC(Digital-Analog Convertor)不是唯一可以实现将数字量转换为模拟量功能的外设,PWM 波形同样可实现用数字量对模拟量进行编码的操作。PWM 只有完全导通和完全断开两种状态,故其不存在静态功耗。所以在直流电机调速等大功率的引用场景,使用 PWM 来对模拟量进行编码是比使用 DAC 更好的选择。目前 DAC 的应用场景通常在波形发生领域,例如信号发生器、音频解码芯片等。本章通过对相关内容的介绍,能够帮助读者更好地理解 DAC/ADC 的工作原理,通过学习,读者可以在本章的基础上完成相关的应用设计。

7.11　本章习题

1. ADC 的主要功能是什么？ADC 主要有哪些性能指标?

2. STM32F4xx 系列微控制器内部的温度传感器通过哪个 AD 采集?

3. 简述 STM32Fxx 系列微控制器中的 ADC 转换模式。

4. 简述 STM32F4xx 系列微控制器中的 DAC 转换过程。

5. 利用 STM32F4xx 系列微控制器的 DAC2 产生一个频率为 2 kHz,幅值为 0 ~ 3 的正弦波。

6. 编程实现使用 STM32F4xx 系列微控制器的内部温度传感器来读取温度值,并且将采集的结果通过 USART1 发送到 PC。

第 **8** 章

嵌入式实时操作系统

本章学习要点：

1. 掌握嵌入式实时操作系统的基本概念；

2. 掌握 FreeRTOS 的基本组成；

3. 掌握 FreeRTOS 的任务及任务转换；

4. 掌握 FreeRTOS 的任务间通信机制。

在嵌入式领域中，嵌入式实时操作系统（Embedded Real-time Operation System，RTOS）正得到越来越广泛的应用。采用嵌入式实时操作系统（RTOS）可以更合理、更有效地利用 CPU 的资源，简化应用软件的设计，缩短系统开发时间，更好地保证系统的实时性和可靠性。由于 RTOS 需占用一定的系统资源（尤其是 RAM 资源），因此只有 μC/OS-Ⅱ、embOS、salvo、FreeR-TOS 等少数实时操作系统能在较小的 RAM 单片机上运行。嵌入式实时操作系统正在工业、航天、无人机、军工领域得到大量的应用，目前，代表性的国产化嵌入式实时操作系统有 Re-Works/ReDe、djyos、Huawei LiteOS、RT-Thread 等。

本章主要阐述嵌入式实时操作系统的概念、任务、调度算法、通信机制等内容。

8.1 嵌入式实时操作系统概述

8.1.1 嵌入式实时操作系统定义

嵌入式实时操作系统是指当外界事件或数据产生时，能够接受并以足够快的速度予以处理，其处理的结果又能在规定的时间之内控制生产过程或对处理系统作出快速响应，调度一切可利用的资源完成实时任务，并控制所有与实时任务协调一致运行的操作系统。

实时性是嵌入式系统的重要特征。嵌入式实时操作系统首先是运行在嵌入式平台，是保证在一定时间限制内完成特定功能的操作系统。嵌入式实时操作系统有硬实时和软实时之分，硬实时要求在规定的时间内必须完成操作，这是在操作系统设计时保证的；软实时则只要按照任务的优先级，尽可能快地完成操作即可。通常使用的操作系统在经过一定裁剪之后就可以变成实时操作系统（如 Linux 系统），嵌入式实时操作系统的核心是任务调度。

8.1.2　嵌入式实时操作系统的特点

嵌入式系统是专用的计算机系统,这就要求针对不同的应用,系统的功能不同,对嵌入式实时操作系统的要求也不同,因此,嵌入式实时操作系统需要独立进行设计,相比于通用计算机系统,并不受到国外技术专利权的限制,因此在我国发展较为有优势。嵌入式实时操作系统主要有以下的特点:

①专用性:嵌入式实时操作系统是需要根据用户需求、产品的功能、硬件平台进行软件设计的,因此具有专用性,不同的系统与设备不存在通用性。

②可裁剪性:嵌入式实时操作系统主要针对嵌入式硬件平台,需要适应硬件设备的使用需求,在资源有限的微处理器上实现更多功能,并且保证系统的正常运行,因此要具有可裁剪性,以便根据用户的需求对其功能进行缩减或增加,适应更多的需求。

③可靠性:嵌入式实时操作系统要保证系统能够正确、可靠地运行,特别是在无人值守的应用场景,以保证其可以持续稳定地提供服务,避免出现故障,造成较为严重的损失。

④低功耗:低功耗是嵌入式系统的重要特点,嵌入式实时操作系统主要应用于小型可移动设备中,为了保证设备的应用时间和使用效率,嵌入式实时操作系统应尽量降低能耗,提高设备的续航能力。

⑤内存需求小:嵌入式实时操作系统在小型电子设备中应用广泛,无法配备质量较大的大容量存储器,主要使用闪存等小容量存储器,因此其存储量较小。

⑥实时调度机制:随着物联网及 AI 技术的发展,智能家具、智能玩具等智能化产品广泛采用了嵌入式实时操作系统,这要求嵌入式实时操作系统可以及时对任务作出实时调度,并且准确执行调度任务。

⑦开发不便:嵌入式实时操作系统无法自我完善和升级,需要通用计算机辅助完成,且需要专门的开发工具和环境。

8.1.3　嵌入式实时操作系统的评价指标

嵌入式实时操作系统为嵌入式系统的开发者提供了系统级的软件支撑环境,简化了嵌入式应用软件的设计过程。随着嵌入式实时操作系统在嵌入式产品中的大量应用,嵌入式实时操作系统的选择与评价成为了一个重要的问题。嵌入式实时操作系统的评价可以包括很多角度,例如:接口资源、API 的丰富程度、网络支持、可靠性等。其中,实时性是嵌入式实时操作系统评价的最重要的指标之一,实时性的优劣是用户选择操作系统的一个重要参考。但实际上,影响嵌入式操作系统实时性的因素有很多,常用的实时性指标主要包括:

①常用系统调用平均运行时间,指内核执行常用的系统调用所需的平均时间。根据 POSIX 标准,可以选取进程、线程、同步原语(信号量和互斥体等)、文件、内存、中断处理、时钟等常用的系统调用进行测试,如建立/删除进程与线程、设置/得到优先级、创建/释放信号量、分配/释放内存空间等。

②任务切换时间,指 CPU 控制权由运行态的任务转移给另一个就绪任务所需的时间。

③线程切换时间:线程是可被调度的最小单位。在嵌入式系统的应用系统中,很多功能是以线程的方式执行的,所以线程切换时间同样是考察的一个要点。

④中断响应时间,指从中断发生到开始执行用户的中断服务程序代码来处理该中断的时间。包括中断延迟时间、中断响应时间、中断执行时间和中断恢复时间。

⑤系统响应时间,指系统调度延迟,指从系统发出处理请求到系统作出应答的时间,这个时间主要由内核任务调度算法决定。

8.2 FreeRTOS 嵌入式实时操作系统

FreeRTOS 是一个源码开放、免费的嵌入式实时操作系统。FreeRTOS 以"小巧、简单、易用"著称,并支持抢占式任务调度,同时支持现有大部分硬件架构以及交叉编译器。

FreeRTOS 由 Richard Barry 开发,自 2002 年以来,一直都在积极完善中。像所有操作系统一样,FreeRTOS 的主要工作是执行任务。大部分 FreeRTOS 的代码都涉及优先权、调度以及执行用户自定义任务。但与其他操作系统不同的是,FreeRTOS 是一款运行在嵌入式系统上的实时操作系统。由于其可以免费使用,极大地降低了嵌入式产品的设计、开发成本。

8.2.1 FreeRTOS 的特点

FreeRTOS 是可裁剪的小型嵌入式操作系统,除开源、免费之外,还包括以下特点:

①FreeRTOS 内核支持抢占式调度、合作式调度和时间片调度。

②FreeRTOS 支持的芯片种类很多,已经在超过 30 多种芯片架构上进行移植。

③FreeRTOS-MPU 支持 ARM-Cortex-M 系列的 MPU(内存保护单元),如:M3/M4/M7 内核。

④设计得简单易用,典型的内核使用大小在 4~9 k。

⑤移植非常简单,代码主要用 C 编写。

⑥同时支持合作式和抢占式任务。

⑦支持消息队列、二值信号量、计数信号量、递归信号量和互斥信号量,可用于任务与任务间的消息传递和同步,任务与中断间的消息传递和同步。

⑧优先级继承方式的互斥信号量。

⑨有高效的软件定时器。

⑩强大的跟踪执行函数。

⑪具有堆栈溢出检查功能。

⑫提供丰富的、配置好的工程例子。

⑬任务的数量不限。

⑭任务优先级数量不限。

⑮多个任务可以分配相同优先级,即支持时间片调度。

⑯免费的开发工具。

⑰免费的嵌入式软件源码。

⑱免版权费。

8.2.2　FreeRTOS 源代码结构

FreeRTOS 是一个相对较小的应用程序。最小化的 FreeRTOS 内核仅包括 3 个(.c)文件和少数头文件,总共不到 9 000 行代码,还包括了注释和空行。一个典型的编译后(二进制)代码映像小于 10KB。

FreeRTOS 的代码可以分解为 3 个主要功能构成:任务、通信和硬件接口。

①任务:给定优先级的用户定义的 C 函数。FreeRTOS 中的 task.c 和 task.h 文件完成了所有有关创建、调度和维护任务的繁重工作。

②通信:任务间通信,FreeRTOS 中 queue.c 和 queue.h 两个文件用来处理任务间通信。任务和中断使用队列互相发送数据,并且使用信号和互斥来发送临界资源的使用情况。

③硬件接口:连接 FreeRTOS 内核与硬件之间代码,保证了 FreeRTOS 在各种微处理器上的运行。

FreeRTOS 核心源码文件的编写遵循 MISRA 代码规则,同时支持多种编译器(keil、GCC、IAR 等),考虑有些编译器的性能还比较弱,不支持 C 语言的新标准 C99 和 C11 的一些特性和语法,所以 FreeRTOS 的源码中就没有引入 C99 和 C11 的新特性,但是有一个例外,源码中使用了头文件 stdint.h。以 FreeRTOS v9.0 版本为例,FreeRTOS 的代码主要包含两个文件夹:FreeRTOS_CORE 和 FreeRTOS_PORTABLE。这两个文件夹下包含多个(.c)文件,各个(.c)文件的主要用途包括:

croutine.c/croutine.h:协程处理实现,在 8 位/16 位平台下效率较高,在 32 位平台建议使用任务 task。

event_groups.c/event_groups.h:定义事件标志组的实现。

heap_x.c:内核堆实现,FreeRTOS 提供了 heap_1.c ~ heap_5.c 5 种堆管理器,各有优缺点,需要根据应用进行选择。

list.c/list.h:链表实现,主要为调度器提供数据结构算法支持服务,例如任务链表。

port.c/portmacro.h:硬件相关层级可移植抽象,主要包括 SysTick 中断,上下文切换,中断管理,具体实现很大程度上取决于平台(单片机体系硬件内核和编译器工具集),通常以汇编语言实现。

queue.c/queue.h/semphr.h:信号量、互斥体实现。

tasks.c/task.h:任务管理器实现。

timers.c/timers.h:软件定时器实现。

FreeRTOS.h:选编译配置文件,用于汇总所有源文件的编译选择控制。

FreeRTOSConfig.h:FreeRTOS 内核配置,配置 RTOS 所需要的资源,Tick 时钟和 irq 中断配置。

8.2.3　FreeRTOS 的调度算法

FreeRTOS 操作系统支持 3 种调度算法,分别为基于优先级的抢占式任务调度算法、基于优先级的时间片轮转调度算法和合作式调度算法,实际应用中主要是抢占式任务调度算法和时间片轮转调度算法,合作式调度算法则使用较少。

基于优先级的抢占式任务调度算法：每个任务都有不同的优先级，任务会一直运行到被高优先级任务抢占或者遇到阻塞式的 API 函数，比如 vTaskDelay（延时函数）。

基于优先级的时间片轮转调度算法：每个任务都有相同的优先级，任务会运行固定的时间片个数或者遇到阻塞式的 API 函数，比如 vTaskDelay，才会执行同优先级任务之间的任务切换。

1）调度器

调度器使用特定的算法来决定当前需要执行哪个任务，调度器可以识别任务的状态，这些状态一般包括就绪态、挂起态，当任务处于就绪态时，任务才能被调度器调度；当任务处于挂起态时，需要先激活任务后，才能被调度器调度。调度器的核心是调度算法，通过算法实现任务的切换。

2）抢占式调度

抢占式调度算法是给任务设置成不同的优先级。优先级高的任务总是先被执行，优先级低的任务则被放到列表等待，也就是最高优先级的任务一旦就绪，总能得到 CPU 的控制权，如图 8.1 所示。

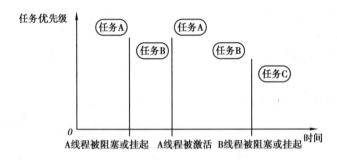

图 8.1　抢占式调度

由图 8.1 可知，线程 A、B、C 优先级从高到低，当线程 A 运行时，线程 B、C 进入等待状态；当线程 A 进入阻塞或者挂起状态后，线程等待列表内的最高优先级的任务变成了线程 B，此时调度器开始完成线程 B 的调度，运行一段时间后，线程 C 被重新激活或者从阻塞状态里面退出，则调度器重新进行调度，把 CPU 控制权再重新返还给线程 A；当 A、B 任务同时被阻塞或者挂起后，则调度器将 CPU 控制权交给任务 C，这样就完成了 3 个任务间的切换工作。

抢占式调度方式的优点是：可以通过控制任务的优先级实现对不同任务的响应速度的控制，优先级越高，越能得到优先响应，但这种方式的缺点是优先级低的任务被响应的速度可能受优先级高的任务的阻塞或者挂起频率限制，导致优先级低的任务响应效率太低。

3）时间片轮转调度器

在小型的嵌入式 RTOS 中，最常见的时间片调度算法就是轮询调度算法（Round-Robin Scheduling）。这种算法很容易理解，其实就是将 CPU 的控制权划分成很多的时间片，调度器将就绪态的任务放到任务列表内，轮询完成任务调度，每个任务的优先级都是相同的，并且获得 CPU 控制的时间都是相同，如图 8.2 所示。

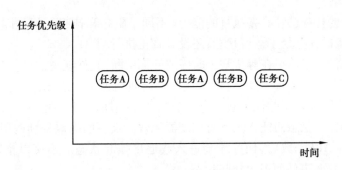

图 8.2　时间片轮转调度器

从图 8.2 可以看出,调度器总是循环定期调度任务列表内的所有任务,这种方法的优势是每个任务都能够受到相同的待遇,资源分配相对合理,但是如果时间片划分的周期太小,可能会造成系统资源大量浪费在系统调度上,并且这种调度方式的实时性相对较低。

在 FreeRTOS 操作系统中只有同优先级任务才会使用时间片调度,用户需要在 FreeRTO-SConfig. h 文件中使能宏定义:

#define configUSE_TIME_SLICING 1

默认情况下,此宏定义已经在 FreeRTOS. h 文件里使能,用户不用在 FreeRTOSConfig. h 文件中再单独使能。

8.2.4　任务和任务优先级

1)任务和协程

在应用程序可以使用任务也可以使用协程,或者两者混合使用,但是任务和协程使用不同的 API 函数,因此在任务和协程之间不能使用同一个队列或信号量传递数据。通常情况下,协程仅用在资源非常少的微处理器中,特别是 RAM 非常稀缺的情况下。目前协程很少被使用到,因此对于协程,FreeRTOS 作者既没有把它删除也没有进一步开发。

嵌入式实时操作系统的应用程序可认为是一系列独立任务的集合。每个任务在独立的环境中运行,不依赖于系统中的其他任务或者 RTOS 调度器。在任意时刻,只有一个任务运行,RTOS 调度器决定运行哪个任务。调度器会不断地启动、停止每一个任务,宏观看上去就像整个应用程序都在执行。作为任务,不需要对调度器的活动有所了解,在任务切入、切出时保存上、下文环境(寄存器值、堆栈内容)是调度器主要的职责。为了实现这点,每个任务都需要有自己的堆栈。当任务切出时,它的上、下文环境会被保存在该任务的堆栈中,以便调度器在恢复任务时能使该任务在被切出的地方继续执行,一般情况下,任务具有以下特性:

①简单,每个任务尽可能完成简单的操作。

②没有使用限制,每个任务都有可能被调度器选中运行。

③支持优先级,不同任务可以使用不同优先级。

④抢占,高优先级任务能够抢占低优先级任务。

⑤每个任务都有堆栈,将导致 RAM 使用量增大。

2)任务的状态

FreeRTOS 的任务有 4 种状态,具体包括:运行态、就绪态、阻塞态和挂起态。

运行态:若一个任务正在运行,就说这个任务处于运行状态,此时它占用处理器。

就绪态:就绪的任务已经具备执行的能力(不同于阻塞和挂起),但是因为有一个同优先级或者更高优先级的任务处于运行状态,还没有真正执行。

阻塞态:如果任务当前正在等待某个时序或外部中断,我们就说这个任务处于阻塞状态。比如一个任务调用 vTaskDelay()后会阻塞到延时周期到为止。任务也可能阻塞在队列或信号量事件上。进入阻塞状态的任务通常有一个"超时"周期,在事件超时后解除阻塞。

挂起态:处于挂起状态的任务同样对调度器无效。仅在明确地分别调用 vTaskSuspend()和 xTaskResume() API 函数后,任务才会进入或退出挂起状态。不可以指定超时周期事件(不可以通过设定超时事件而退出挂起状态)。

FreeRTOS 各状态之间可以在等待事件或 API 函数调用期间进行切换,各状态之间的切换如图 8.3 所示。

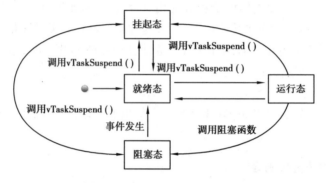

图 8.3　FreeRTOS 任务各状态之间的切换

3)任务的优先级

FreeRTOS 任务可以设置不同的优先级,并且优先级的数量没有限制,优先级数越大,表示优先级越高,优先级数越小,则优先级越低,空闲任务的优先级是 0。FreeRTOS 中任务的最高优先级是通过 FreeRTOSConfig.h 头文件中的 configMAX_PRIORITIES 进行配置的,用户实际可以使用的优先级范围是 0 到 configMAX_PRIORITIES-1。例如:可以配置此宏定义为 5,此时用户可以使用的优先级号是 0,1,2,3,4。

```
#define configUSE_PREEMPTION            1
#define configUSE_IDLE_HOOK             0
#define configUSE_TICK_HOOK             0
#define configCPU_CLOCK_HZ              ( ( unsigned long ) 72000000 )
#define configTICK_RATE_HZ              ( ( TickType_t ) 1000 )
#define configMAX_PRIORITIES            ( 5 )    //任务优先级数
#define configMINIMAL_STACK_SIZE        ( ( unsigned short ) 128 )
#define configTOTAL_HEAP_SIZE           ( ( size_t ) ( 17 * 1024 ) )
#define configMAX_TASK_NAME_LEN         ( 16 )
#define configUSE_TRACE_FACILITY        0
#define configUSE_16_BIT_TICKS          0
#define configIDLE_SHOULD_YIELD         1
```

在 FreeRTOS 中,任务的操作是调用相应的函数完成,这些函数的函数名和对应的功能见表 8.1。

表 8.1　FreeRTOS 中的任务操作函数

函数名称	功能描述
vTaskPrioritySet( )	设置任务优先级
uxTaskPriorityGet( )	获取任务优先级
vTaskDelete( )	删除任务
vTaskSuspend( )	任务挂起
vTaskSuspendAll( )	挂起全部任务
xTaskResumeAll( )	恢复全部任务
uxTaskPriorityGet( )	任务优先级获取
vTaskPrioritySet( )	任务优先级修改
vTaskResume( )	任务恢复
xTaskGetTickCount( )	获取任务滴答数
vTaskResumeFromISR( )	任务恢复
vTaskDelayUntil( )	绝对延时
xTaskGetTickCount( )	获取当前的系统时间
taskYIELD( )	主动让出任务时间片

8.2.5　任务间通信—信号量

1)信号量定义

信号量是操作系统完成资源管理和任务同步的消息机制,FreeRTOS 信号量包括:二值信号量、计数信号量、互斥信号量(后面简称互斥量)和递归互斥信号量(后面简称递归互斥量)。可以将互斥信号量看成一种特殊的二值信号量,但互斥量和二值信号量在用法上不同,这些不同体现在:

①二值信号量用于同步,实现任务间或者任务和中断间同步;而互斥量用于互锁,保证同时只能有一个任务访问某个资源。

②二值信号量用于同步时,一般是一个任务(或中断)给出信号,另一个任务获取信号;互斥量必须在同一个任务中获取信号、同一个任务给出信号。

③互斥量具有优先级继承机制,二值信号量没有;互斥量不能用在中断服务程序中,但二值信号量可以。

④创建互斥量和创建二值信号量的 API 函数不同,但是共同获取和给出信号 API 函数相同。

2)二值信号量

二值信号量相当于只有一个队列项的队列,创建二值信号量和创建队列使用了同一个函数。二值信号量的队列只能为空或满,并不关系队列存放的消息。任务和中断使用队列无须关注谁控制队列,只须知道队列是空还是满。

二值信号量主要用于同步,可以实现任务与任务间及任务与中断之间的同步,二值信号量用于实现任务和中断之间同步的工作过程如下:

①任务因为请求信号量而产生阻塞,如图 8.4 所示,任务通过 xSemaphoreTake( )函数获取信号量,但此时二值信号量无效,任务进入阻塞状态。

图 8.4　任务因请求信号量而阻塞

②中断服务程序释放二值信号量,如图 8.5 所示,当任务被阻塞时,有中断发生,在中断程序使用 xSemaphoreGiveFromISR( )函数释放信号量,则二值信号变为有效。

图 8.5　中断服务程序释放二值信号量

③任务获取二值信号量成功,则任务解除阻塞状态,开始执行任务处理程序。

④在任务处理完相关事件后,会再次调用 xSemaphoreTake( )函数尝试获取二值信号量,但由于二值信号量无效,任务将再次进入阻塞状态。

3)互斥信号量

互斥量是一个包含优先级继承机制的二进制信号量。用于实现任务同步(任务之间或者任务与中断之间)时,二进制信号量会更好。用作互斥时,信号量创建后可用信号量个数应该是满的,任务在需要使用临界资源时(临界资源是指任何时刻只能被一个任务访问的资源),先获取互斥信号量,使其变空,这样其他任务需要使用临界资源时就会因为无法获取信号量而进入阻塞,从而保证了临界资源的安全。

互斥量和信号量使用相同的 API 函数,因此互斥量也允许指定一个阻塞时间。阻塞时间单位为系统节拍周期时间。

在很多应用中,系统的硬件资源是唯一的,当低优先级任务占用资源,而高优先级任务需要占用该任务的时候,由于高优先级没有"令牌",因此高优先级任务也得等低优先级任务执行完,归还令牌后,高优先级任务申请令牌,并且占用硬件资源。在使用互斥量的时候,有时候会出现死锁。

4)计数信号量

二进制信号量可以被认为是长度为 1 的队列,计数信号量则可以被认为长度大于 1 的队列,主要用于事件计数和资源管理。

①用于事件计数:在这种应用场合,初始值一般为 0,当事件发生时,事件处理程序将给出一个信号,此时信号量计数值增 1,当处理事件时,处理程序会取走信号量,信号量计数值减 1。因此,计数值是事件发生的数量和事件处理的数量差值。

②用于资源管理:在这种应用场合,信号量表示可用的资源数目,初始值为可用的最大资源数目。

计数信号量用于资源管理时,允许多个任务获取信号量访问共享资源,但不能超过其最大资源数目,当访问的任务数达到可支持的最大数目时,会阻塞其他试图获取该信号量的任务,直到有任务释放了信号量。例如:某个资源限定只能有两个任务访问,那么第3个任务访问的时候,会因为获取不到信号量而进入阻塞,等到有任务(比如任务1)释放掉该资源的时候,第3个任务才能获取到信号量从而进行资源的访问,其运作的机制如图8.6所示。

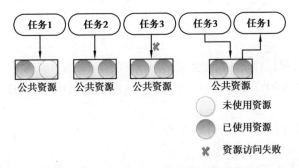

图 8.6　计数信号量运行机制

FreeRTOS 信号量操作常用函数名称和其对应的功能描述见表8.2。

表8.2　FreeRTOS 信号量操作常用函数

函数名称	功能描述
vSemaphoreCreateBinary( )	创建二值信号量
xSemaphoreCreateMutex( )	创建互斥量
xSemaphoreGiveFromISR( )	用于释放一个信号量的宏
xSemaphoreTake( )	用于获取二值信号量、计数型信号量、互斥量
xSemaphoreCreateCounting( )	创建计数信号量

8.2.6　任务间通信-消息队列

1)消息队列的概念

消息队列就是通过 RTOS 内核提供的服务,任务或中断服务子程序可以将一个消息(注意:FreeRTOS 消息队列传递的是实际数据,并不是数据地址,RTX,uCOS-Ⅱ 和 uCOS-Ⅲ 是传递的地址)放入队列。同样,一个或者多个任务可以通过 RTOS 内核服务从队列中得到消息。通常,先进入消息队列的消息先传给任务,也就是说,任务先得到的是最先进入消息队列的消息,即先进先出的原则(FIFO),FreeRTOS 的消息队列支持 FIFO 和 LIFO 两种数据存取方式:

①使用消息队列可以让 RTOS 内核有效地管理任务,而全局数组是无法做到的,任务的超时等机制需要用户自己去实现。

②使用了全局数组就要防止多任务的访问冲突,而使用消息队列则处理好了这个问题,用户无须担心。

③使用消息队列可以有效地解决中断服务程序与任务之间消息传递的问题。

④FIFO 机制更有利于数据的处理。

2)FreeRTOS 任务间消息队列的实现

任务间消息队列的实现是指各个任务之间使用消息队列实现任务间的通信。

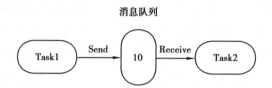

运行条件：

①创建消息队列,可以存放 10 个消息。

②创建两个任务 Task1 和 Task2,任务 Task1 向消息队列放数据,任务 Task2 从消息队列取数据。

③FreeRTOS 的消息存取采用 FIFO 方式。

运行过程主要有以下两种情况：

a. 任务 Task1 向消息队列放数据,任务 Task2 从消息队列取数据,如果放数据的速度快于取数据的速度,那么会出现消息队列存放满的情况,FreeRTOS 的消息存放函数 xQueueSend 支持超时等待,用户可以设置超时等待,直到有空间可以存放消息或者设置的超时时间溢出。

b. 任务 Task1 向消息队列放数据,任务 Task2 从消息队列取数据,如果放数据的速度慢于取数据的速度,那么会出现消息队列为空的情况,FreeRTOS 的消息获取函数 xQueueReceive 支持超时等待,用户可以设置超时等待,直到消息队列中有消息或者设置的超时时间溢出。

8.2.7 FreeRTOS 中断方式消息队列的实现

FreeRTOS 中断方式消息队列的实现是指中断函数和 FreeRTOS 任务之间使用消息队列。

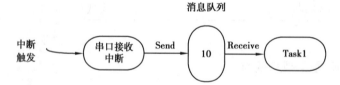

消息队列运行条件：

①创建消息队列,可以存放 10 个消息。

②创建 1 个任务 Task1 和一个串口接收中断。

③FreeRTOS 的消息存取采用 FIFO 方式。

运行过程主要有以下两种情况：

a. 中断服务程序向消息队列放数据,任务 Task1 从消息队列取数据,如果放数据的速度快于取数据的速度,那么会出现消息队列存放满的情况。由于中断服务程序里面的消息队列发送函数 xQueueSendFromISR 不支持超时设置,所以发送前要通过函数 xQueueIsQueueFull-FromISR 检测消息队列是否满。

b. 中断服务程序向消息队列放数据,任务 Task1 从消息队列取数据,如果放数据的速度慢于取数据的速度,那么会出现消息队列存为空的情况。在 FreeRTOS 的任务中可以通过函数 xQueueReceive 获取消息,因为此函数可以设置超时等待,直到消息队列中有消息存放或者设置的超时时间溢出。

FreeRTOS 消息队列操作常用函数包括：

①消息队列—xQueueHandle。

②xQueueCreate( )创建队列，会从堆中分配内存，内存不足返回 NULL。

③xQueueSend( )将数据发送到队列尾。

④xQueueSendToBack( )将数据发送到队列尾。

⑤xQueueSendToBack( )将数据发送到队列头。

⑥xQueueSendToBackFromISR( )在中断中，将数据发送到队列尾。

⑦xQueueSendToFrontFromISR( )在中断中，将数据发送到队列头。

⑧注：参数 xTicksToWait：当值为 portMAX_DELAY，并且 INCLUDE_vTaskSuspend=1 时为无限制等待。

⑨xQueueReceive( )从队列中取出数据。

⑩xQueuePeek( )查看队列中的数据。

⑪xQueueReceiveFromISR( )在中断中，从中断中将数据取出。

⑫uxQueueMessagesWaiting( )查询队列中当前有效数据的单元个数。

⑬uxQueueMessagesWaitingFromISR( )在中断中，查询队列中当前有效数据的单元个数。

8.2.8　事件标志组

事件位用来表明某个事件是否发生，事件位通常用作事件标志，用一个二进制表示一个事件，这个二进制位为1，表示发生了对应事件，为0则表示没有事件发生，例如：当收到一条消息并且把这条消息处理掉以后就可以将某个位（标志）置1，当队列中没有消息需要处理的时候就可以将这个位（标志）置0。多个二进制位组合起来就可以用来表示事件标志组。

在 FreeRTOS 中，事件标志组中的所有事件标志位使用 EventBits_t 数据类型来保存，在STM32F40xx 微控制器中，EventBits_t 数据类型为 32 位，但 FreeRTOS 事件标志组使用了第24位来存储事件标志位，因此，事件标志组最大存储事件数是24。

事件标志组常用的函数及对应功能描述见表8.3。

表 8.3　事件标志组常用函数

函数名称	功能描述
xEventGroupCreate( )	用于创建事件标志组
xEventGroupClearBits( )	事件标志位清零
xEventGroupClearBitsFromISR( )	中断服务程序中用于事件标志位清零
xEventGroupSetBits( )	事件标志位置1
xEventGroupGetBits( )	获取事件标志组当前的值

8.2.9　内存管理

在计算系统中，变量、中间数据一般存放在系统存储空间中，只有在实际使用时才将它们从存储空间调入中央处理器内部进行运算。通常存储空间可以分为两种：内部存储空间和外部存储空间。内部存储空间访问速度比较快，能够按照变量地址随机访问，也就是我们通常所说的 RAM（随机存储器），或计算机的内存；而外部存储空间内所保存的内容相对来说比较固定,即使掉电后数据也不会丢失,可以把它理解为计算机的硬盘。本章我们主要讨论内部存储空间(RAM)的内存管理。

FreeRTOS 操作系统将内核与内存管理分开实现,操作系统内核仅规定了必要的内存管理函数原型,而不关心这些内存管理函数是如何实现的,所以在 FreeRTOS 中提供了多种内存分配算法(分配策略),但上层接口(API)却是统一的。这样做可以增加系统的灵活性:用户可以选择对自己更有利的内存管理策略,在不同的应用场合使用不同的内存分配策略。

在嵌入式程序设计中内存分配可以根据所设计系统的特点来决定选择动态内存分配还是静态内存分配算法,一些可靠性要求非常高的系统应选择静态内存分配,而普通业务系统则可以使用动态内存分配来提高内存使用效率。静态分配可以保证设备的可靠性,但是需要考虑内存上限,内存使用效率低,动态则是相反。

FreeRTOS 内存管理模块用于管理系统中的内存资源,它是操作系统的核心模块之一。主要包括内存的初始化、分配以及释放。

那么,为什么不直接使用 C 标准库中的内存管理函数呢? 在计算机中,我们可以用 malloc( )和 free( )这两个函数动态地分配内存和释放内存。但是,在嵌入式实时操作系统中,调用 malloc( )和 free( )却是危险的,主要原因包括:

①这些函数在小型嵌入式系统中并不总是可用的,小型嵌入式设备中的 RAM 不足。

②它们占据了相当大的一块代码空间。

③它们并不是确定的,每次调用这些函数执行的时间可能都不一样。

④它们有可能产生碎片。

⑤这两个函数会使得链接器配置得复杂。

⑥如果允许堆空间的生长方向覆盖其他变量占据的内存,它们会成为 debug 的灾难。

在一般的实时嵌入式系统中,由于实时性的要求,很少使用虚拟内存机制。所有的内存都需要用户参与分配,直接操作物理内存,所分配的内存不能超过系统的物理内存,所有的系统堆栈的管理,都由用户自己管理。

同时,在嵌入式实时操作系统中,对内存的分配时间要求更为苛刻,分配内存的时间必须是确定的。一般内存管理算法是根据需要存储的数据长度在内存中去寻找一个与这段数据相适应的空闲内存块,然后将数据存储在里面。而寻找这样一个空闲内存块所耗费的时间是不确定的,因此对于实时系统来说,这就是不可接受的。实时系统必须要保证内存块的分配过程在可预测的确定时间内完成,否则实时任务对外部事件的响应也将变得不可确定。

而在嵌入式系统中,内存是十分有限而且是十分珍贵的,用一块内存就少了一块内存,而在分配中随着内存不断被分配和释放,整个系统内存区域会产生越来越多的碎片,因为在使用过程中,申请了一些内存,其中一些释放了,导致内存空间中存在一些小的内存块,它们地址不连续,不能够作为一整块的大内存分配出去,所以当系统无法分配到合适的内存时,会导致系统瘫痪。其实系统中还有内存,但是因为小块的内存的地址不连续,导致无法分配成功,所以我们需要一个优良的内存分配算法来避免这种情况的出现。

由于不同的嵌入式系统具有不同的内存配置和时间要求,单一的内存分配算法只能适合部分应用程序。因此,FreeRTOS 将内存分配作为可移植层面(相对于基本的内核代码部分而言),FreeRTOS 有针对性地提供了不同的内存分配管理算法,这使得应用于不同场景的设备可以选择适合自身内存算法。

FreeRTOS 对内存管理做了很多事情,FreeRTOS 的 V9.0.0 版本为我们提供了 5 种内存管理算法,分别是 heap_1.c、heap_2.c、heap_3.c、heap_4.c、heap_5.c,源文件存放于 FreeRTOS\Source\portable\MemMang 路径下,在使用时选择其中一个添加到工程中去即可。

FreeRTOS 的内存管理模块通过对内存的申请、释放操作来管理用户和系统对内存的使用,使内存的利用率和使用效率达到最优,同时最大限度地解决系统可能产生的内存碎片问题。

8.3　本章小结

嵌入式操作系统是嵌入式系统的重要组成,目前嵌入式实时操作系统有上千种之多,本章主要介绍了嵌入式实时操作系统的定义,嵌入式实时操作系统的特点,嵌入式实时操作系统的评价指标,并以 FreeRTOS 嵌入式实时操作系统为例,介绍了其构成、调度算法、任务和任务优先级、任务间通信、内存管理等内容,通过这些内容的学习,可以帮助读者了解嵌入式操作系统的基本工作原理、实现方法。

8.4　本章习题

1. 什么是嵌入式实时操作系统? 与通用计算机操作系统相比,嵌入式实时操作系统有什么特点?

2. 常见的嵌入式操作系统有哪些? 请举例说明。

3. 简述嵌入式实时操作系统 FreeRTOS 的特点。

4. FreeRTOS 任务有哪几种状态? 各状态应如何切换?

5. FreeRTOS 支持哪些任务调度方式,各有什么特点?

6. 什么是队列? 它有什么特点?

7. 简述互斥信号量和二值信号量的区别和联系。

第 **9** 章

嵌入式机器人的控制与感知

本章学习要点：

1. 掌握嵌入式传感器的种类及应用；

2. 了解嵌入式小车的轮胎类型和特点；

3. 掌握各执行器的工作原理；

4. 了解嵌入式系统的控制技术。

本书前 8 章详细介绍了嵌入式系统的基础知识，为读者提供了全面的理论基础。第 1 章介绍了嵌入式系统的基本定义、组成结构、微处理器和操作系统，探讨了嵌入式系统的发展趋势。第 2 章深入讲解了嵌入式微处理器体系结构、Cortex-M4 寄存器、总线结构和存储结构等内容。第 3 章重点介绍了 Cortex-M4 中的基本指令及用法，以及编程中需要注意的问题。第 4 章则着重介绍了 STM32F4xx 系列微控制器的基本引脚及使用方法，包括 GPIO 常用的寄存器控制原理、通过 C 语言直接访问 GPIO 引脚和 GPIO 固件库访问方法等。第 5 章以 STM32F4xx 系列微控制器为例，详细讲解了嵌入式微控制器中定时器与中断控制的基本概念、工作原理和编程方法。第 6 章介绍的内容涵盖了 USART 通信、嵌入式 I2C 通信、SPI 通信和 CAN 通信等多个方面，帮助读者深入了解嵌入式通信技术。第 7 章则重点介绍了嵌入式系统的 DAC/ADC 工作原理、功能和参数配置等内容，并通过实例介绍了 DAC/ADC 固件库编程实现方法。第 8 章以 FreeRTOS 嵌入式实时操作系统为例，详细介绍了其构成、调度算法、任务和任务优先级、任务间通信、内存管理等内容。

从本书第 9 章开始将进一步探讨嵌入式系统的硬件及应用，主要围绕传感器、执行器、轮胎和控制部分展开。传感器是嵌入式系统中非常重要的组成部分，可以将各类物理量转换为电信号，如温度、湿度、光强、声音等。传感器的选择和使用对于嵌入式系统的性能和稳定性都有着至关重要的影响。执行器则是将电信号转化为物理行动的部分，如电机、伺服器等，它们可以根据嵌入式系统的指令进行动作控制。不同的机器人有不同的轮胎搭配方案，本章还介绍了嵌入式机器人的轮胎分类。控制部分则是嵌入式系统中的核心，它根据传感器和执行器的反馈信息，控制整个系统的运行状态。在本章的学习中，读者将了解到传感器、执行器、轮胎和控制部分在嵌入式系统中的作用和实现方式。如图 9.1 所示为整书逻辑框架。通过本章的学习，读者将深入了解嵌入式系统的实际应用，在实践中掌握嵌入式。

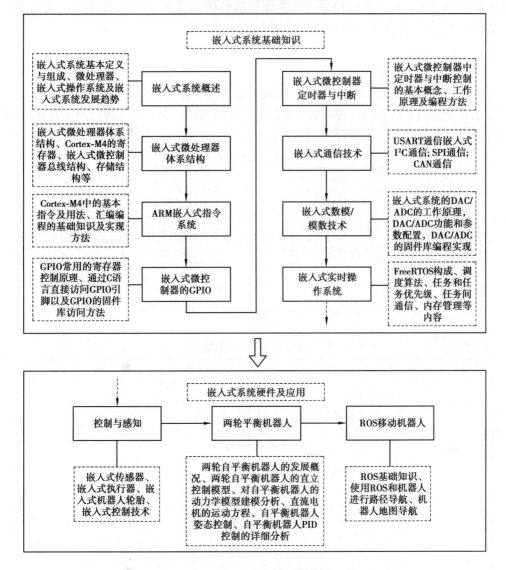

图 9.1　整书逻辑框架梳理

9.1　嵌入式传感器

现在有许多不同类型的传感器可用于机器人设计,它们采用不同的测量技术和接口与控制器通信。因此,本章将选择一些典型的传感器系统,并讨论与控制器的接口相关的硬件技术。在选择传感器时,需要考虑多个因素,包括适当的测量技术、体积、质量、工作温度范围、功耗和价格。

传感器与 CPU 之间的数据传输方式可以是 CPU 控制(轮询)或传感器控制(中断)。使用轮询方式时,CPU 需要不断地查询传感器状态位以确认传感器是否就绪,这种方式比较耗时。而中断方式只需要一条中断线,传感器通过中断请求表示数据准备就绪,CPU 便可以立即响应该中断请求。在特定应用场景下选择合适的传感器非常重要,需要综合考虑测量技术、体积、质量、工作温度范围、功耗和价格等因素。

9.1.1　传感器类型

根据传感器的输出信号进行分类是可行的,这有助于在将它们与嵌入式系统连接时进行选择。表 9.1 总结了典型的传感器信号输出及其应用范例。但是从应用的角度来看,还需要根据不同的分类方式进行选择,见表 9.2。

表 9.1　传感器输出

类型	输出
触觉传感器	二进制信号
倾角传感器	模拟信号
陀螺仪	定时信号
GPS 模块	串口连接
数字摄像机	并口连接

表 9.2　传感器类型

项目	本体	全局
内部	电池电量传感器 片上温度传感器 轴编码器 加速度传感器 陀螺仪 倾角传感器 罗盘	
外部	板载摄像机 声呐传感器 红外测距传感器 激光扫描仪	高空摄像机 卫星全球定位系统 声呐

在机器人设计中,传感器的分类非常重要。根据安装位置,可以将传感器分为本地或板载传感器和全局传感器。本地或板载传感器安装在机器人上,用于监测机器人自身状态,而全局传感器安装在机器人所处的环境中,通过传回信号给机器人实现环境监测。

对于移动机器人系统,还需要进一步区分内部传感器和外部传感器。内部传感器监测机器人的内部状态,例如电池电量、机器人姿态等;而外部传感器监测机器人周围的环境,例如障碍物、地形等。

此外,传感器还可以根据其工作方式进行分类。被动式传感器监测机器人所处的环境,例如数字摄像机和陀螺仪等;而主动式传感器为了测量而对环境施加激励,例如声呐传感器、激光传感器和红外测距传感器等。移动机器人常见的传感器按照这些分类方式已在表9.2中进行了总结。

9.1.2　二值传感器

二值传感器是传感器中最简单的。它只返回1位信息，内容是0或1。典型的例子是机器人上使用的触觉传感器，如微型开关。用控制器或者锁存器的一个数字输入口就能使传感器与控制器连接起来。图9.2给出了用一个电阻去连接一个数字输入的方法。如果开关断开，上拉电阻就会产生一个高电平，这就是所谓的"低态有效"设置。

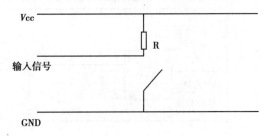

图9.2　触觉传感器的接口电路

9.1.3　模拟与数字信号传感器

很多传感器的输出都是模拟信号，而非数字信号。这意味着传感器到微控制器的接口电路还需要一个A/D转换器。使用这种传感器的典型例子是：麦克风、模拟红外测距传感器、模拟电子罗盘、气压传感器。

从另一方面讲，数字传感器往往比模拟传感器要复杂，并且准确度也要高些。如果同一传感器既有模拟输出，也有数字输出，那么后者同时具有模拟传感器和A/D转换器的功能。

数字传感器的输出信号有不同的形式，其既可以是并行接口（如8位或16位数字输出线），也可以是串行接口（如标准的RS232接口）或是"异步串行"接口。"异步串行"说的是数据转换结果一位一位地从传感器发出。在传感器上设置完芯片使能线后，CPU会通过串行时钟信号线发出脉冲，同时在每个脉冲到来的时候从传感器的单输出线读取一位信息（如每个脉冲的上升沿）。

9.1.4　A/D转换器

A/D转换器是一种将模拟信号转换为数字信号的设备。通常情况下，A/D转换器被用于将模拟传感器输出的信号转换成数字信号，以便进行数字信号处理和存储。传感器输出的电压或电流信号通常是连续的，即它们可以取任意值。在A/D转换器中，这个连续信号通过采样、量化和编码3个步骤被转换为离散的数字信号。首先，采样器对模拟信号进行采样，即以一定的时间间隔对模拟信号进行采样并保留采样值。然后，量化器将每个采样值映射到最接近的数字值，即将连续信号转换为离散信号。最后，编码器将每个数字值表示为二进制码字，生成数字信号输出。数字信号传感器本身就能够直接输出数字信号，因此不需要A/D转换器。数字信号通常是由数字传感器通过内部的数字电路产生的，例如使用计数器、比较器等技术，将事件如脉冲、频率等转换为数字信号。与模拟传感器相比，数字传感器具有更高的精度和稳定性,并且可以直接集成到数字系统中,因此得到越来越广泛的应用。

A/D 转换器有 3 个主要特征指标。第一是精度,通常用位数或值来表示,例如 10 位 A/D 转换器。第二是速度,通常用每秒的最大转换次数来表示,例如 500 次转换/s。第三是测量范围,通常用伏特表示,例如 0 ~ 5 V。

由于 A/D 转换器的种类繁多,因此输出的格式也各不相同。典型的输出格式包括并行接口(例如 8 位精度)和同步串行接口。后者的一个好处是每次测量的位数没有限制,例如可以达到 10 或 12 位精度。图 9.3 显示了典型的 A/D 转换器到 CPU 的接口设置。

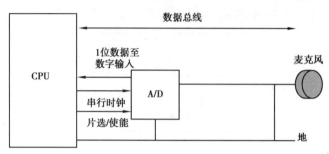

图 9.3　A/D 转换器的接口电路

许多 A/D 转换器模块还包含一个多路复用器,这样就可以连接多个传感器,顺序地读取并转换数据。为此,A/D 转换器还需要一个 1 位输入线,以通过同步串行传输(从 CPU 到 A/D 转换器)设置特定的信号输入线。

9.1.5　轴编码器

轴编码器是一种重要的位置反馈传感器,它可以测量旋转轴的角度和方向。在许多应用中,轴编码器都是必不可少的,因为它们提供了对运动系统的实时控制和反馈,这对于确保系统稳定性和精度非常关键。轴编码器是一种用于测量电机、传动系统等设备旋转角度或位移的传感器。它主要由机械结构和电子元件两部分组成,其中机械结构提供了旋转角度或位移变化的物理信号,而电子元件则将这些信号转换成数字信号输出给控制器或其他计算机设备。

编码器信号通常由两个正交的脉冲信号组成,称为 A 相和 B 相。当轴编码器旋转时,它会输出一个包含许多周期的正弦波形的模拟信号。使用光电传感器或磁敏传感器可以检测到这些信号,并将它们转换成数字信号。在数字信号处理器中,可以使用相位差测量技术来确定编码器的位置和方向。

在轴编码器的信号处理过程中,还需要考虑一些误差来源。例如,机械结构和传感器的不精确性可能导致误差。此外,由于 A 相和 B 相信号存在一定的时间延迟,因此在高速旋转时也可能出现误差。为了降低这些误差,可以使用多种技术,例如信号滤波、误差校正、降噪等。

除上述提到的 A 相和 B 相信号以外,轴编码器通常还会输出一个 Z 相信号,用于检测轴的位置。Z 相信号通常在轴旋转一周时只产生一个脉冲信号,可用于确定轴的起始位置。

此外,轴编码器还可以采用不同的编码方式,例如绝对编码和增量编码。绝对编码器可以直接输出轴的位置信息,而无须进行计数,因此具有高精度和高速度的优点。然而,绝对编码器成本较高,并且不适合需要连续旋转的应用。相比之下,增量编码器可以通过对两个相位差异的脉冲信号进行计数来确定轴的位置信息,并且可以连续旋转,但具有精度较低的缺点。为了提高精度和可靠性,轴编码器还可以与其他传感器结合使用,如加速度计、陀螺仪等。这些传感器可以提供更加全面和准确的旋转角度或位移信息,从而使得轴编码器的性能得到进一步提升。

9.1.6 位置敏感传感器

嵌入式机器人使用了各种类型的测距传感器,用于测量障碍物的距离以实现机器人导航的目的。这类传感器对位置敏感,具体来说有以下传感器。

1) 声呐传感器

嵌入式声呐传感器是一种集成式的传感器系统,常用于无人机、机器人、智能车辆等嵌入式应用。它可以发送超声波脉冲并测量回波,以检测周围环境中的物体或障碍物,并通过数字信号处理进行数据分析和判断。

嵌入式声呐传感器可以采用单个或多个超声波传感器,其工作方式类似于传统声呐传感器。超声波传感器发射超声波脉冲,记录从发射到接收所用的时间,并由此计算出物体或障碍物与传感器之间的距离。为满足不同应用的需求,嵌入式声呐传感器可以调节发射脉冲的频率和幅度。

相比传统声呐传感器,嵌入式声呐传感器具有更小的尺寸和更高的精度,可安装在机器人或无人机等狭小空间中。另外,嵌入式声呐传感器通常具有更高的采样率和响应速度,可实时监测周围环境。同时,它还可以与其他传感器(如视觉传感器、惯性导航系统)集成使用,提高定位和控制的精度和稳定性。

尽管声呐传感器存在反射和干扰等问题,但仍是一种有用的传感器系统。为避免这些问题的出现,可以对声呐信号进行编码,例如使用伪随机码。总而言之,嵌入式声呐传感器通过发射超声波检测周围环境中的物体或障碍物,并以数字信号形式输出数据,具有小尺寸、高精度、高采样率、快响应速度等优点,适用于无人机、机器人、智能车辆等嵌入式应用场景。

2) 激光传感器

嵌入式激光传感器是一种可以直接嵌入设备中的激光测距传感器。嵌入式激光传感器的优点包括精确度高、响应速度快、可靠性好、功耗低等。同时,由于它们的体积小、质量轻,因此可以方便地嵌入各种设备中,不会占用太多空间。目前在很多的移动机器人系统中,声呐传感器已被红外传感器或是激光传感器所取代。现在移动机器人的标准传感器是激光传感器,它可以从机器人的视角返回近乎完美的 2D 地图,或是完整的 3D 距离图。

3) 红外传感器

嵌入式红外传感器是一种特殊的红外测距传感器,通常被集成在嵌入式系统中,用于实现物体距离的测量和控制。它采用红外 LED 和检测器进行工作,具有以下优点:小型化、低功耗、高精度和易于集成。由于其小尺寸和低功率操作,可以节省能源并延长电池寿命。而通过高频的红外脉冲和检测器,可以实现非常高的测量精度。此外,由于嵌入式红外传感器已经集成在嵌入式系统中,因此可以直接进行数据处理和控制,简化了系统设计和集成过程。嵌入式红外传感器广泛应用于智能车、ROS 机器人和无人机中。

由于光子的飞越时间对于简单而廉价的传感器阵列来说太短了,因此红外测距传感器不能采用与声呐传感器相同的方法。取而代之的是红外传感器,通常使用的红外 LED 其频率在 40 kHz 左右,还用到一个检测阵列,如图 9.4 所示。反射光线的相角随着目标的变化而变化,这样便可用来测量距离。使用的波长一般是 880nm。尽管人眼不可见,但是可用红外检测卡或用红外摄像机(IR-sensitive camera)将光束捕获后,转换为可见光。图 9.5 所示的是 Sharp 的 GP2D02,工作原理与上述原理相似。这种传感器有两种不同的类型,一是模拟输出的 Sharp GP2D12;二是数字串行输出的 Sharp GP2D02。

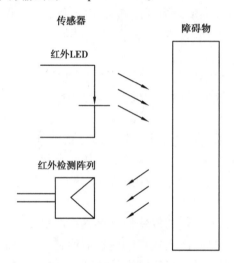

图 9.4 红外传感器原理

图 9.5 Sharp PSD 传感器

模拟传感器电压返回值与测量距离有关。数字传感器有一个数字串行接口,由 CPU 时钟信号触发,它的 8 位测量数据在一条数据线上按位传输。

传感器的返回值和实际距离之间不存在线性或比例关系。因此,在使用传感器进行测量时,需要对其原始数据进行后期处理,以获得准确的测量结果。最简单的方法是使用查表法,其中每个传感器对应一个参数表,包含 256 个检索值。RoBIOS 操作系统的硬件描述表提供了这样的参数表,使得每个传感器只需校正一次,并且对于应用程序来说是完全透明的。利用这种方法,可以简化传感器校准的过程,同时提高测量结果的准确性。

9.1.7 电子罗盘

嵌入式机器人中电子罗盘是一个非常重要的传感器,如图 9.6 所示,它可以帮助机器人确定自己在空间中的位置和朝向。在本章我们将探讨电子罗盘的工作原理及其在嵌入式机器人中的应用。

图9.6 电子罗盘芯片图

首先,让我们了解一下什么是电子罗盘。简单来说,它是一种利用磁场测量方向的传感器。电子罗盘通常由3个坐标轴组成,分别为 x、y 和 z 轴。这些轴与地球磁场的方向相互垂直,并产生一个磁通量,这是用来测量方向的基准信号。电子罗盘通常使用霍尔传感器或磁阻传感器来检测磁场。这些传感器可以检测到磁场的强度和方向,并转换为数字信号输出。通过这些信号,我们可以计算出机器人在三维空间中的角度和方向。这使得机器人能够知道自己的朝向,并对此做出相应的动作。

在嵌入式机器人中,电子罗盘可以用于导航和定位。例如四轮小车,电子罗盘可以帮助小车了解自己的方向,并计算出最佳路径。在机器人足球比赛中,电子罗盘可以帮助机器人定位足球,并计算出最佳射门位置。但是,电子罗盘也存在一些缺点。第一,它易受到外部磁场的干扰,例如金属结构和电子设备等。这些干扰可能会导致电子罗盘产生错误的方向信号,从而影响机器人的导航和定位。第二,电子罗盘的精度可能会受到温度变化的影响,因此需要进行校准。为了消除这些问题,可以采用一些技术手段来改进电子罗盘的性能。例如,可以将电子罗盘与其他传感器结合使用,如结合加速度计和陀螺仪,以提高系统的可靠性和精度。我们还可以使用滤波器来消除噪声和干扰,从而提高电子罗盘的精度和稳定性。

电子罗盘有两种主要类型:模拟电子罗盘和数字罗盘。模拟电子罗盘只能区分出8个方向,并使用不同的电压等级表示每个方向。这种传感器成本较低,只适用于某些四轮驱动的嵌入式小车等。数字罗盘相对复杂,但提供了更高的方向分辨率,我们通常选择分辨率为1°、精度为2°的传感器,并可以在室内使用。数字罗盘具有控制线用于重启、测量和模式选择,同时使用数字串行接口发送数据。数字罗盘可分为标准样式和装有万向接头的样式。装有万向接头的电子罗盘在倾斜达15°时仍能精确测量。

因而电子罗盘是嵌入式机器人中非常重要的传感器之一。它可以帮助机器人确定自己在空间中的位置和朝向,并在导航和定位方面发挥重要作用。虽然电子罗盘存在一些缺点,但通过采用一些技术手段,可以改进它的性能,从而提高机器人的导航和定位精度。

9.1.8 其他惯性传感器

除了前面章节介绍的传感器,在嵌入式机器人中,还使用了加速度传感器、陀螺仪、倾角传感器等惯性传感器,共同构成了完整的机器人"感官",下面分别展开介绍。

1）加速度传感器

加速度传感器常用于测量机器人在某个轴线上的加速度，以确定机器人的姿态和运动状态。单轴加速度传感器（例如 Analog Devices ADXL05）能够测量 x、y 或 z 轴方向上的加速度并输出模拟信号，双轴加速度传感器则较为少见（例如 Analog Devices ADXL202），可对 x 和 y 轴上的加速度进行测量，并输出 PWM 信号。

然而，传统简单传感器存在一些缺陷和局限，特别是在机器人运动中容易受到抖动等干扰，需要通过软件滤波处理来提高数据的准确性和稳定性。为了提高测量精度，通常会使用多种类型的传感器，并通过软件算法将其输出数据融合。例如，可以结合使用陀螺仪和倾角传感器来提供更完整的导航信息。

Analog Devices 公司生产多款型号的加速度传感器，如图 9.7 所示，能够进行单轴或双轴测量，并输出模拟或 PWM 信号。对于位置噪声等干扰，加速度传感器非常敏感，因此需要使用低通滤波器对模拟输出信号进行处理，或者对数字输出信号进行数字滤波，以提高信噪比并减少误差。

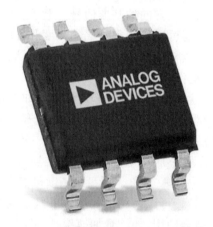

图 9.7　Analog Devices 加速度传感器

2）陀螺仪

陀螺仪常用于测量机器人沿一个轴线上的旋转变化，如图 9.8 所示，以检测机器人的方向和转向。其中压电陀螺是一种常见的类型，可以接收 PWM 输入信号，并输出 PWM 信号表示旋转变化。HiTec 陀螺仪可用作传感器来检测模型直升机的转动，需连接在接收器和伺服

图 9.8　陀螺仪传感器

执行器之间,具备 PWM 输入和输出。使用 RoBIOS 库中的 SERVOSet 例程产生中间位置的 PWM 信号作为陀螺仪输入,然后用 EyeBot 控制器的 TPU 输入读取陀螺仪的 PWM 输出信号。

但观察到所使用的压电陀螺仪(HiTec GY 130)存在一个明显的漂移问题。即使在不移动传感器的情况下,其输出的漂移电压也会随着时间变化,可能是由传感器内部温度变化所导致。因此,需要进行温度补偿来消除这个影响。

另外,这种陀螺仪只能检测沿一个轴线的方向变化(单轴旋转),需要通过积分来记录当前的方向,具体来说,陀螺仪可以测量物体绕着一个轴的旋转速度,比如绕着 x 轴的旋转速度。如果我们想要知道物体在三维空间中的朝向,就需要通过不断地对测得的旋转速度进行累加(即积分),来得到物体当前相对于初始状态的旋转角度。这样,我们就能够推算出物体当前的方向。但随着时间增长,积分误差会越来越大。解决方法包括去除异常值、使用滑动平均法减少噪声、使用比例因子调整角度值、重新校准陀螺仪静止状态的平均值和边界值等。这些处理方法可以帮助消除传感器的漂移并提高角度测量的精度。

3)倾角传感器

倾角传感器常用于测量机器人相对于水平面的倾斜角度,如图 9.9 所示,以检测机器人的倾斜状态和姿态。它可以输出模拟信号或 PWM 信号表示倾斜角度。此外,数字输出的倾角传感器也可用于更精确的角度测量。由于倾角仪测量的是相对于某轴的绝对方向角,而非角度的变化率,因此在方向测量方面似乎比陀螺仪更合适,接口电路与加速度传感器相同。

图 9.9 倾角传感器

使用 Seika 倾角传感器的测量表明存在时延问题,同时位置噪声也会导致振荡。特别是对于需要立即响应的系统,陀螺仪比倾角仪更具优势。经测试,最佳解决方案是同时使用倾角仪和陀螺仪。同时使用倾角仪和陀螺仪可以充分利用它们各自的优势来提高系统测量的准确性和响应速度。倾角传感器适合测量相对于水平面的倾斜角度,而陀螺仪适合测量旋转变化。在机器人的姿态控制中,两者结合使用可以更全面、准确地描述机器人的状态。例如,在嵌入式飞行控制系统中,倾角传感器可用于检测机身的倾角,而陀螺仪可用于检测飞机的旋转速度。

正如倾角传感器中所述的飞控系统中结合使用倾角传感器和陀螺仪,在其他的嵌入式机器人中,这些惯性传感器都是可以结合使用的。例如,在平衡机器人中,加速度传感器可以检测机器人的倾斜状态,陀螺仪可以检测机器人的转向变化,而倾角传感器可以检测机器人相对于水平面的倾斜角度。通过这些传感器的组合,机器人可以实现自我平衡和方向控制。

此外,多种传感器合并使用还可以增强系统的可靠性。如果某个传感器出现问题或失效,其他传感器还可以继续提供数据,使系统能够继续工作。因此,在机器人的姿态控制中,建议同时使用多种传感器,包括倾角传感器、陀螺仪、加速度传感器等,以获得更全面、准确的信息。

9.1.9 数字摄像机

数字摄像机是机器人使用的复杂的传感器之一。由于需要处理器速度和存储能力,直到最近才能在嵌入式系统中使用。早期的嵌入式视觉系统设计重点就是构建一个小型紧凑的嵌入式视觉系统,并成为第一个此类产品,例如 1995 年的 EyeBot。

现在许多消费电子产品和玩具都内置有摄像机,市场上也出现了带有板载图像处理功能的数字摄像机。对于移动机器人的应用,高帧速率是非常重要的,因为机器人在移动时需要传感器的数据更新速度更快。但是,高帧速率和高分辨率之间存在相互制约关系,不能过分考虑摄像机的分辨率。

对于许多小型移动机器人而言,60 px×80 px 的分辨率足够了。尽管分辨率较低,但我们仍然可以分辨出挡在机器人前面的物体或障碍物。在这个分辨率下,EyeBot 控制器上的帧速率可以达到 30 f/s,但使用图像处理算法后,帧速率会下降,下降的程度取决于算法的复杂度。

图像分辨率必须足够高以便能够在一定距离内检测出目标物体。当远处的物体变得仅有几个像素点时,便不足以使用检测算法。很多高级图像的处理流程对时间的要求是非线性的,但即使是简单的线性滤波器也需要对所有的像素点循环检测,这需要消耗一定时间。随着摄像芯片更新换代,分辨率会逐渐提高,例如 QVGA(Quarter VGA)分辨率可以达到 1 024 px×1 024 px,而厂家也不再生产低分辨率的传感器芯片。这意味着需要传输的视频数据量越来越大,传输速率也越来越高。因此,系统需要额外的高速硬件来支持嵌入式视觉系统,并确保它们能够跟上摄像机的传输速度。由于没有足够的内存空间来保存这些高清图片,结果是系统可达到的帧速率就降为每秒若干帧,而不能应用典型的图像处理算法。

如图 9.10 所示的是 EyeCam 摄像机模块。EyeCam C2 除了有数字输出,还有模拟灰度视频输出口,模拟灰度视频输出可以用于高速摄像机聚焦或是模拟视频记录,例如以演示为目的的应用。

图 9.10 EyeCam 摄像机

近年来,摄像机传感器技术不断发展,旧有的 CCD(电荷耦合器件)传感器芯片被更为廉价的 CMOS(互补金属氧化物半导体)芯片所取代。尽管 CMOS 传感器的亮度敏感区域比 CCD 传感器大数个数量级,但对于与嵌入式系统的接口而言,它们之间并没有太大差别。大多数传感器提供几种不同的接口协议,可以通过软件进行选择,这样可以实现更多用途的硬件设计。

传感器的硬件接口一般为 16 位并行、8 位并行、4 位并行或串行,并需要控制器提供一些控制信号。只有少数传感器能够缓存视频数据,并允许控制器通过握手信号的方式进行任意低速读取。虽然这对于低速控制器最佳,但标准的摄像芯片有自己的时钟信号,并且通过帧起始信号以数据流的方式发送完整的视频数据。这要求控制器 CPU 足够快以保持和数据流同步。

针对不同的传感器芯片,需要进行不同的软件参数设置。常见的需设置参数包括帧速率、图片起始点的 (x,y) 坐标、图片大小的 (x,y) 坐标、亮度、对比度、色彩强度或者自动亮度等。由于现代传感器越来越像一个微控制器系统,因此需要投入更多的精力进行软件设计和开发。

CPU 最简单的摄像机接口如图 9.11 所示。摄像机时钟和 CPU 的中断相连,而并行摄像机数据输出直接连到数据总线上。摄像机每字节的视频数据都会使得 CPU 产生中断,然后 CPU 使能摄像机输出,并从数据总线上读取一个字节的视频数据。

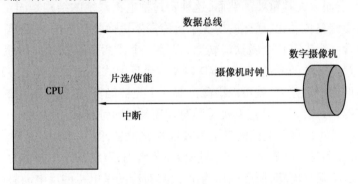

图 9.11　摄像机的接口

在视频数据传输过程中,每次中断的开销都很大。这是因为系统寄存器需要在中断发生时保存到堆栈中,在中断返回时恢复。中断的启动和返回时间是一条普通指令执行时间的 10 倍,具体的时间开销与所使用的微控制器有关。因此,每个视频字节产生一次中断不是最佳方案。更好的方法是将多个字节数据缓存,并间歇性地使用数据块传输视频数据。可以使用 FIFO 缓存作为中介来保存视频数据,它支持非同步的并行读写模式。摄像机向 FIFO 缓存器写数据时,CPU 可以同时读取数据,而缓存器中的其他数据保持不变。摄像机的输出和 FIFO 输入相连,摄像机的像素时钟触发 FIFO 的写信号线。从 CPU 内部看,FIFO 的数据输出和系统数据总线相连,片选信号触发 FIFO 的读信号。FIFO 还有 3 条状态信号线:空标志位、满标志位和半满标志位。这些数字输出可用于控制 FIFO 缓存器的数据块传输。

由于 FIFO 接收的数据流是连续的,半满标志位是这些状态信号线中最重要的一条,它用于连接 CPU 的中断线。只要 FIFO 的状态为半满,系统就会对 FIFO 缓存器中另一半的数据进行批量读取操作。如果 CPU 响应很快,这将意味着不会产生视频数据丢失,全满标志位也将永远不会被置位。

9.2　嵌入式执行器

本节主要探讨嵌入式机器人的执行器,其中最常用的方式是使用电机和带阀门的气动执行器。这些执行器都具有体积小、功耗低、效率高和可靠性高等特点,并可以直接与其他组件进行交互和通信。在使用电机方面,本节将主要研究直流电机及其变种,如伺服器(也称为舵机)。其中,伺服器是一种带有内置定位硬件的直流电机,与伺服电机不同,请注意区分。

9.2.1　直流电机

嵌入式移动机器人通常使用直流电机作为其主要动力源。直流电机具有干净、安静的特点,并能够为多种任务提供足够的动力。相比于气动执行器,直流电机更易于控制。但需要注意的是,标准的直流电机转速不稳定,因此需要一个轴编码器来提供反馈信号以控制电机转速。在选择适合机器人项目的电机系统时,最好选择集成了直流电机、变速箱和光电或磁编码器等元件的封装系统。这样可以使整个系统更紧凑,更易于防尘并避免杂散光线的干扰,对于光电编码器而言尤其重要。然而,这种密封型电机系统的结构是固定的,传动比也难以调整。如果需要调整传动比,最坏的情况下可能需要更换整套电机、变速箱和编码器系统。

磁编码器包含一个带有数个磁铁的转盘,以及一个或两个霍尔效应传感器;而光电编码器则是一个带有黑白区域的转盘,一个 LED 以及一个反射式或透射式光电传感器。如果两个传感器之间的角度有一定差异,就可以检测出哪一个先被触发(磁编码器用磁铁,光电编码器用亮区)。通过这种方式,可以确定电机是顺时针还是逆时针旋转。

图 9.12(a)所示的是直流电机的一个等效线性化模型,图 9.12(b)是对应的直流电机的三维模型,相关参数和常量见表 9.3。在不同转速范围内,电机的效率并非为恒值。电机可以建模为一组串联的电阻与电感,所受电压为 V_{emt},其对应的是电机的反电动势。这个电压由电机线圈切割磁感线运动所产生,其与发电机的工作原理相同。所得到的电压与电机转速近似成线性关系。K_e 为反电动势常数。电机两端的电压为 V_a,在电枢回路中产生的电流为 i。电机的转矩 τ_m 与电流成正比,其中 K_m 为电机的转矩常数:

$$\tau_m = K_m i \tag{9.1}$$

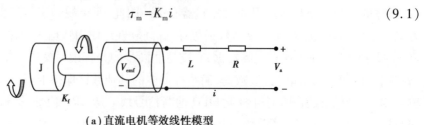

(a)直流电机等效线性模型

(b)直流电机三维模型

图 9.12　直流电机模型

表 9.3　直流电机相关参数常量

参数	参数详情	参数	参数详情
θ	电机转轴的角位置 rad	R	额定端电阻 Ω
ω	电机的角速度 rad/s	L	转子电感 H
α	电机的角加速度 rad/s^2	J	转子惯性系数 kg·m^2
i	电枢回路中的电流 A	K_f	摩擦系数 N·m·s/rad
V_a	施加的端电压 V	K_m	转矩惯量 N·m/A
V_e	$V_e = K_e\omega$,反电动势 V	K_e	反电动势常数 V·s/rad
τ_m	$\tau_m = K_m i$,电机转矩 N·m	K_s	速度常数 rad/(V·s)
τ_a	施加的转矩(负载)N·m	K_r	调速常数(V·s)/rad

选择适当功率输出的电机对于特定任务非常重要。电机的输出功率可以表示为角速度和负载转矩的乘积。另外,电机的输入功率等于端电压乘以回路中的电流。在电机回路中流动的电流会产生热量,导致热功率损失。电机的效率是电能转化为机械能的功率比,它可以被定义为输出功率除以输入功率。需要注意的是,在不同的转速范围内,电机的效率不是恒定的。电机的电气部分可以被建模为一组串联的电阻和电感,并且受到反电动势的影响。反电动势是由于电机线圈切割磁场产生的电压,与发电机的工作原理类似。这个电压与电机的转速成近似线性关系,反电动势常数 K 用于描述这种关系。

在简化的直流电机模型中,电机的电感和摩擦均忽略不计,电机的转动惯量用 J 表示。电流和角加速度近似表示如下,其中 K_e 是反电动势参数。

$$i = \frac{-K_e}{R}\omega + \frac{1}{R}V_a \qquad (9.2)$$

随着转矩的增加,电机转速线性减小,电流线性增加。当功率输出达到最大时,转矩输出居于中等水平,而转矩输出较低时,电机的效率最高。

9.2.2　H 桥

H 桥是一种电子电路,它可以在负载的两个方向上施加电压。它由 4 个开关(如晶体管或 MOSFET)组成,按特定配置连接到负载之间,通过以特定顺序打开和关闭开关,可以反转负载跨越的电压,实现对负载的双向控制,H 桥通常用于电机控制应用中,可用于控制直流电机的速度和方向。此外,H 桥还被广泛应用于电源、音频放大器和机器人技术等领域。基本

H桥、半桥、全桥和三相桥是不同类型的H桥,选择适合的H桥取决于应用需求,包括电压和电流水平、开关频率和效率等因素。

在嵌入式开发的场景中,我们需要电机具备正转、反转和调速的功能。为了实现电机的正/反转操作,可以使用H桥结构。H桥结构由4个开关组成,通常被放置在电机驱动器的电路板上。如图9.13展示了H桥的结构,其外形类似于字母"H"。电机的两个端子 a 和 b 与电源的正负极相连接。当开关1和2被合上时,端子 a 与正极相连,而端子 b 与负极相连,此时电机会正转。同样地,当开关3和4被合上时,端子 a 与负极相连,而端子 b 与正极相连,此时电机会反转。这种方式可以使电机实现正转和反转的控制。同时,通过控制开关的开合时间,还可以实现对电机的调速操作。

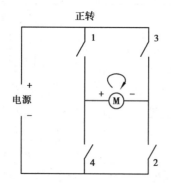
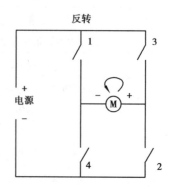

图9.13　H桥电路图

当使用微控制器来实现H桥时,需要通过连接功率放大器(图9.14)来控制电机,因为微控制器的输出功率限制非常严格。直接将数字输出引脚连接到电机可能会导致整个控制器芯片损坏,因为电机可能会吸取很大的电流。典型的功率放大器包括两片分离的放大器,这些放大器与电机实现了电气隔离,所以可以直接将它们与微控制器的数字输出连接起来。编程时,可以确定电机的转向和转速,例如将 x 设置为1, y 设置为0。停止电机有两种方法,一种是将 x 和 y 都设为逻辑0或逻辑1,另一种是将转速设为0。

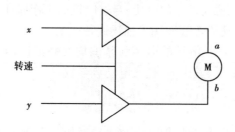

图9.14　功率放大器

9.2.3　脉宽调制

脉宽调制(PWM)是一种巧妙的控制电机转速的方法,它避免了使用模拟功率电路。它通过在固定频率下生成脉冲信号,并通过改变脉冲宽度来控制等效或有效的模拟电机信号,从而达到控制电机转速的目的。这些脉冲的生成频率通常为20 kHz,在人耳听力范围之外。

软件可以生成PWM信号。许多微控制器,如M68332,具有特殊模式和输出端口,支持

PWM 输出。然后,将带有 PWM 信号输出的数字输出端口连接到功率放大器的速度引脚上。由于电机输入信号是从零跳到期望 PWM 值的阶跃信号,因此这些测量值称为"阶跃响应"。

通常情况下,电机产生的速度与 PWM 信号比不是线性关系。因此,在使用 MOTORDrive 函数时,需要对每个电机进行校准,以重新得到线性的速度响应曲线。

1)电机校准

电机校准是一种将不同 PWM 输入与电机转速相对应的过程。在校准过程中,电机会在 0～100 个不同的 PWM 设置下进行测量,记录达到期望速度所需的 PWM 比例值,并将其记录在硬件描述表中。这些记录可以消除差异,因为许多直流电机在正转和反转时速度对 PWM 比例的曲线不同。因此,电机校准对于使用差速驱动的机器人非常重要,因为差速驱动的机器人在运行时通常需要一个电机正转,一个电机反转。通过电机校准,可以消除转动方向不同时速度对 PWM 比例的曲线差异。

2)开环控制

开环控制是一种基础的控制方式,它通过对电机施加固定的 PWM 信号来控制电机的转速和方向。开环控制使得我们可以实现机器人正/反转以及速度可调,但它并不能提供电机的实际运行速度信息。实际的电机运行速度受许多外部因素影响,而不仅与 PWM 信号有关。通过闭环控制,我们可以借助传感器的反馈信号来监测电机实际的运行速度,并确保电机在不同负载下能够以设定的转速运行。

9.2.4　伺服器

伺服器就是一个直流电机内封装有用于 PW 控制的电子器件,如图 9.15 所示,在嵌入式机器人领域有广泛的应用如 ROS 机器人等。一个伺服器有 3 根线:Vcc 线、地线以及 PW 输入控制信号线。不同于直流电机的 PWM,伺服器的输入脉冲信号并不会转化为速度,而是模拟用来确定伺服器旋转头位置的控制输入。伺服器的内部由直流电机和简单的反馈电路所组成,通常用电位计来检测伺服器转头所在的位置。

图 9.15　伺服器

伺服器所使用的 PW 信号频率始终是 50 Hz,所以每 20 ms 生成一个脉冲。每个脉冲的宽度表示了伺服器转盘的给定位置。例如,脉宽为 0.7 ms 时,转头将旋转到左极限位置(-120°);脉宽为 1.7 ms 时,将旋转到右极限位置(+120°)。脉冲的持续时间和角度取决于伺服器的品牌与型号。

伺服器也存在与步进电机相同的问题:它们不能向外部提供反馈信号。当给伺服器施加一定的 PW 信号时,我们并不清楚伺服器何时能达到给定位置,甚至是否能达到给定位置,例如负载过大或是遇到了障碍物时。

9.3　嵌入式机器人轮胎

9.3.1　普通轮胎

嵌入式机器人小车中引用最广泛、成本最低的轮胎就是普通轮胎,其中普通轮胎由实心轮胎和充气轮胎组成,实心轮胎是一种常见的嵌入式小车轮胎,内部由橡胶或聚氨酯等材料制成,没有气体填充,不需要充气,可以有效避免气压不足或漏气等问题。充气轮胎是一种在内部充入空气或其他气体的轮胎,通常由橡胶和尼龙等材料组成,具有较好的缓冲效果和抓地力。这些普通的轮胎由橡胶或塑料等硬质材料制成,只适用于平坦的表面。它们的优点是成本低,使用寿命较长,对表面的损害也比较小。缺点是它们缺乏足够的抓地力,在不平整的地面上行驶可能会受到一定限制。

9.3.2　履带

履带通常由橡胶或金属链节制成,如图9.16所示,结构强度更高,通过性良好,其中的导轮是由金属轮组成,其是一种以金属材料制成的轮毂,具有较好的承载能力和耐用性。但是金属轮质量较大,可能会降低小车的速度和机动性。履带适用于不平坦或有障碍物的表面。履带的特点首先是抗压性能好,履带可以分散重力,减少对地面的冲击力,从而减少了因车辆质量过大而对地面造成的损坏。其次是穿越能力强,履带提供了更大的接触面积,可以更容易地穿越各种不平坦的地形,如泥泞、沙漠、雪地等。最后,履带通过牵引链轮与地面摩擦产生的反作用力来前进,有着非常强的牵引力,尤其适合在陡峭、崎岖的山区和沼泽地带行驶。此外,由于履带具有很好的分散重力的能力,它能够承受比轮胎更重的载荷。履带拥有较强的耐磨性,履带采用耐磨材料制成,能够适应不同地形行驶,并且使用寿命长。综上所述,履带是一种适用于各种复杂地形的交通工具,它能够提供强大的牵引力和承载能力,以及良好的耐磨性和穿越能力。

图9.16　履带

9.3.3　麦克纳姆轮

麦克纳姆轮(Mecanum wheel)是瑞典麦克纳姆公司的专利,如图9.17所示。这种全方位移动方式基于一个有许多位于机轮周边的轮轴的中心轮原理,这些成角度的周边轮轴把一部分的机轮转向力转化到一个机轮法向力上。依靠各自机轮的方向和速度,这些力最终合成在任何要求的方向上产生一个合力矢量,从而保证了这个平台在最终的合力矢量的方向上能自由地移动,而不改变机轮自身的方向。在它的轮缘上斜向分布着许多小滚子,故轮子可以横向滑移。小滚子的母线很特殊,当轮子绕着固定的轮心轴转动时,各个小滚子的包络线为圆柱面,所以该轮能够连续地向前滚动。麦克纳姆轮结构紧凑,运动灵活。每个轮子可以独立旋转,从而使机器人可以进行复杂的运动,如旋转、平移和斜行。这种轮胎的优点是机动性强,可以在狭小的空间内进行操作,但其成本较高。

图 9.17　麦克纳姆轮

9.3.4　全向轮

全向轮是一种能够实现自由移动的车轮,通常由多个小轮组成,如图 9.18 所示。在嵌入式小车中,全向轮可以让车辆在任意方向上移动,而不需要像传统车轮那样必须面对特定的方向。全向轮通常采用三角形或四边形排列,每个轮子都可以独立旋转,从而使整个车身产生运动。全向轮的工作原理是通过改变各个轮子的转速和旋转方向来控制车辆的方向和速度。全向轮在嵌入式小车中的应用非常广泛,例如在机器人足球比赛中,全向轮的灵活性可以使机器人更加灵活地移动和拦截对手。另外,在自动导航系统中,全向轮可以帮助车辆更好地避免障碍物,并保持稳定的行驶状态。全向轮包括轮毂和从动轮,该轮毂的外圆周处均匀开设有 3 个或 3 个以上的轮毂齿,每两个轮毂齿之间装设有一从动轮,该从动轮的径向与轮毂外圆周的切线方向垂直。

图 9.18　全向轮

9.4 嵌入式控制技术

闭环控制是嵌入式系统中至关重要的一部分,它通过控制算法将执行器和传感器连接起来。本节我们将使用编码器的反馈信号来实现电机转速和位置的闭环控制,并逐步介绍 PID(比例、积分、微分)控制。驱动电机向前、向后运动或改变转速,我们已经介绍了相应的方法。但由于缺乏反馈信号,我们无法验证电机的实际转速。这非常重要,因为给定相同的模拟电压或等效的 PWM 信号并不能保证电机在所有情况下都以相同的转速运行。即使给定相同的 PWM 信号,电机空载时的转速也会高于带有负载(例如小车)时的转速。为了控制电机的转速,我们必须从电机轴上的编码器获取反馈信号。反馈控制也称为"闭环控制",本节简称为"控制"。

9.4.1 开关控制

为了控制电机的转速,我们需要获取电机当前的转速反馈信号。由于电机的转速还受到其负载的影响,简单地设定一个固定值的 PWM 输出是不够的。

反馈控制的思想是,用户或应用程序指定期望的转速,同时也有电机当前的实际转速,可以通过轴编码器进行测量。测量及相应动作的执行速度可以非常快,例如每秒 100 次或高达每秒 20 000 次。动作则取决于控制器模型。基本原则都是如果期望转速大于实际转速,则按一定程度增加电机的驱动功率;如果期望转速小于实际转速,则按一定程度减小电机的驱动功率。

最简单的情况是当电机的实际转速远低于期望转速时(比如刚接通电源时电机转速几乎为零),控制器会选择最大限度地增加电机的驱动功率,相当于全速前进。而当电机的实际转速远高于期望转速时(比如需要快速停止电机时),控制器会选择直接切断电机电源,使其停止转动。

这两种情况下,不需要复杂的控制器算法,直接对电源的通断进行控制,就可以使电机的转速快速接近期望值,是反馈控制中最简单的情况。其控制方式的符号定义见表 9.4。

表9.4 控制率符号定义

$R(t) = K_c$	电机输出的时间 t 函数
$v_{act}(t)$	t 时刻电机实际测量的转速
$v_{des}(t)$	t 时刻电机的期望转速
K_c	控制常数
$R(t) = K_c$	当 $v_{act}(t) < v_{des}(t)$
$R(t) = 0$	其他情况下的取值

开关控制器也称为分段常数控制器。如果其测得的转速太低,电机的输入将设为常数 K_c;反之设为 0。这种控制器只对 $v_{des}(t)$ 为正时有效。

开关控制器是最为简单的控制方法。不仅在电机控制领域,很多工程系统中都能看到它的应用。例如电冰箱、加热器、恒温器等。绝大多数这样的系统都使用一个滞环区间,其包括两个期望值,一个用于开启,一个用于关闭。这样便于防止在期望值附近出现过于频繁的开关切换,从而减少额外的耗损。带滞环区间的开关控制器的公式如式(9.3)所示。

$$R_{(t+\Delta t)} = \begin{cases} K_c & v_{act}(t) < v_{des}(t) \\ 0 & v_{act}(t) > v_{des}(t) \\ R(t) & \text{其他} \end{cases} \tag{9.3}$$

这个定义描述了一种工程系统的行为,在该系统中存在一个滞环区间,当输入信号发生变化时,这个区间内的输出不会立即发生改变,而是需要一定时间才能跟随上来。这个效应被称为滞环效应,它可能是由信号传输的延迟、控制器响应速度等因素造成的。

在实际工程应用中,滞环效应是非常普遍的现象。例如,在机械系统中,摩擦力和惯性作用都可能导致滞环效应的出现。在电子系统中,信号传输的延迟和固定的采样周期也会产生滞环效应。

因此,对于工程系统的控制和设计,需要考虑滞环效应的影响并进行相应的补偿。这可以通过添加滤波器、调整控制器参数等方法来实现。

9.4.2　PID 控制

PID 控制是一种常见的反馈控制策略,它使用比例、积分和微分这 3 个参数来调节系统的输出,以使其达到期望值。PID 代表比例、积分和微分,这些参数通常称为控制器的"增益"。

比例项(P)计算当前误差的大小,并将其乘以比例系数 K_p,从而得出一个修正量;积分项(I)会累加误差并乘以积分系数 K_i,用于减少系统稳态误差;微分项(D)测量误差变化率,并乘以微分系数 K_d,以防止系统过冲。

PID 控制器的总输出是三者项的加权和,PID 控制器可用于各种控制应用中,例如温度、速度、位置和压力控制等。PID 控制器的设计需要根据实际应用场景进行调整,以获得最佳性能。在实际应用中,PID 控制器经常被用来解决控制系统中的偏差问题。例如,在自动行驶的嵌入式小车,PID 控制器可以帮助小车自动保持在正确的车道上,并及时校正任何偏差。在温度控制应用中,PID 控制器可以应对温度变化,并自动调整加热或冷却系统的输出。

虽然 PID 控制器是一种广泛使用的控制策略,但它仍然存在一些局限性。例如,在某些情况下,PID 控制器可能无法完全消除偏差,需要采用更复杂的控制算法来实现更精确的控制。此外,PID 控制器的参数需要根据实际应用场景进行调整,以达到最佳性能。

最简单的控制方法并非总是最好的。另一个更为高级的控制器便是 PID 控制器,它近乎是工业标准,其中包括比例,积分和微分 3 个控制部分。接下来将先分别讨论控制器这 3 个部分的作用以及组合使用。

1)比例控制器

比例控制器在嵌入式开发中应用广泛,其作用是根据被控对象的反馈信号与给定设定值之间的误差,输出一个与误差成比例关系的控制信号,从而实现对被控对象的控制。比例控制器主要由误差放大器、比例增益调节器和输出部分组成。

首先,误差放大器对被控对象的反馈信号与设定值进行比较并计算误差,即被控量与设定量之间的差值。误差放大器的作用是将这个误差放大到与比例增益调节器匹配的范围内，以便比例增益调节器可以对它进行处理。比例增益调节器根据误差大小和比例增益系数来计算输出信号。比例增益系数是通过调节比例控制器中的旋钮或其他控制手段来设置的，它决定了输出信号的大小。当误差较大时，输出信号也会相应地变大；当误差较小时，输出信号也会相应地减小。因此，比例控制器的输出信号与误差成线性比例关系。最后，输出部分将经过比例增益调节器处理后的信号转换成控制信号，控制被控对象的运动。比例控制器通常用于控制简单的自动化系统，如温度、压力、流量等。

比例控制器只能对误差信号进行处理，而不能对误差积分或微分进行处理。因此，在实际应用中，比例控制器常常与积分控制器和微分控制器组合使用，形成 PID 控制器，以达到更好的控制效果。在嵌入式开发比例控制器中，比例控制算法是关键所在。在比例控制算法中，需要通过数学模型来建立被控对象与控制器之间的关系，并根据实际应用需求对比例增益系数进行调整。通常情况下，比例控制算法会采用嵌入式系统专业的编程语言，如 C、C++ 或汇编语言等。

2）稳态误差

嵌入式开发稳态误差是指在比例控制器中，由于被控对象的特性或者控制系统本身的缺陷，使得输出信号与设定值之间存在一个恒定的偏差，即稳态误差。稳态误差是比例控制器设计和调试过程中需要考虑和解决的问题。

稳态误差通常分为静态误差和动态误差两种。静态误差是指系统在稳定状态下，输出信号与设定值之间的恒定偏差。静态误差可以通过调节比例增益系数来消除或者减小。如果比例增益系数设置过小，则静态误差将无法消除；如果比例增益系数设置过大，则会导致系统出现过度调节、震荡等不良反应。因此，在实际应用中，需要根据被控对象的特性和控制系统的要求，选择合适的比例增益系数来减小或消除静态误差。动态误差是指被控对象在受到外界干扰时，输出信号与设定值之间的瞬时偏差。动态误差通常是由被控对象动态响应速度慢或控制系统的带宽不足所导致。为了消除动态误差，可以采用加入积分环节和微分环节的 PID 控制器的方法，使得系统具有更好的稳定性和响应速度。

在嵌入式开发中，稳态误差是需要特别注意的问题。通常情况下，可以通过对被控对象进行模型建立和实验测试，确定比例增益系数和 PID 控制器参数等关键因素，以实现对稳态误差的有效控制。此外，在嵌入式开发中，还需要注重系统的抗干扰能力和稳定性，以保证系统能够在复杂的工业环境中正常运行。

3）积分控制器

嵌入式开发积分控制器是将积分控制器应用于嵌入式系统中的一种实现方式。积分控制器是 PID 控制器中的一个重要组成部分，用于对误差信号进行积分处理，从而对被控对象的静态误差进行控制。在嵌入式系统中，积分控制器可以实现各种控制任务，例如温度、湿度、电流、电压和速度等。

嵌入式开发积分控制器主要由以下几个部分组成：传感器、数据采集模块、处理器、积分控制算法、输出控制器和执行器。其中，传感器负责检测环境参数，并将其转换为电信号；数据采集模块接收传感器信号，并将其进行数字化处理；处理器负责运行积分控制算法，根据误差信号进行积分处理，并输出相应的控制信号到输出控制器；输出控制器将控制信号转换为执行器能够理解的控制命令，并将其传递给执行器；执行器则根据控制命令执行相应的动作。

4）微分控制器

开发嵌入式微控制器程序需要开发者具备广泛的知识和技能。只有深入了解硬件原理、掌握编程语言和工具，才能编写出高质量的程序，并实现精准的微分控制。

嵌入式微控制器是一种小型电子计算机，它集成了处理器、存储器、输入/输出接口以及一些其他的硬件模块，用于实现特定的控制功能。微控制器广泛应用于嵌入式开发工作，具有体积小、功耗低、成本低等优势。在嵌入式微控制器中，常使用微分控制算法来实现控制系统。微分控制是一种基于系统状态变化率的控制方法，通过对系统状态变化率进行反馈控制，从而调整系统输出并保持系统稳定。在实际应用中，需要将微分控制算法转换成嵌入式微控制器可执行的程序，这就需要开发者具备相关的软件开发技能。开发嵌入式微控制器程序需要掌握多个方面的知识，包括硬件原理、嵌入式操作系统、编程语言等。其中，硬件原理是非常重要的一个方面，因为嵌入式微控制器的运行环境和普通计算机有很大不同。了解硬件原理可以帮助开发者更好地理解嵌入式微控制器的特性和工作方式，从而更好地写出程序。

在编程语言方面，C 语言是嵌入式微控制器最常用的编程语言之一。因为 C 语言具有高效、可移植等特点，非常适合嵌入式系统的开发。此外，还需要掌握与微控制器相关的编程工具，如 Keil、IAR 等，以便进行程序编译和调试。

9.4.3　速度控制器和位置控制

嵌入式机器人的运动控制需要综合考虑速度控制和位置控制两个方面，采用适合的控制算法来实现精确的控制。

在机器人运动控制中，速度控制和位置控制是两个重要的概念。速度控制是指控制机器人电机旋转的速度，以达到特定的线速度或角速度。而位置控制则是指控制机器人运动到特定位置或姿态。这两种控制方法常常需要配合使用，以实现精确的机器人运动。

在进行位置控制时，通常需要一个附加控制器来对电机速度进行调节。这个附加控制器通常被称为位置控制器。位置控制器通过设定所有运行阶段相应的期望转速，尤其是加速或减速（启动或停止）阶段，来控制机器人在特定时间内移动到目标位置或者姿态。一般来说，位置控制器会根据当前位置和目标位置之间的误差输出一个控制信号，该信号经过 PID 算法处理后，作为电机控制器的输入，来控制电机的转速和方向。

在速度控制中，我们可以直接控制电机的转速，使其达到特定的线速度或角速度。一般来讲，速度控制器也采用 PID 算法来计算控制信号，该信号被送入电机驱动器，从而控制电机的转速和方向。同时，为了保证速度控制的精度，需要对电机进行校准，并且根据系统反馈实时调整控制信号。

9.4.4　多电机直线行驶

嵌入式小车通常使用多个电机来完成驱动和转向功能。其中一种流行的设计是"差分转向"设计，这种设计需要不断地监视和更新两个电机的转速来保证直线行驶，并通过对其中一个电机施加一定的偏移量来实现圆形行驶。在差分转向设计中，驱动与转向功能是融合在一起的，并且需要对两个电机的转速进行同步控制。因此，嵌入式小车多电机直线行驶通常采用 PID 控制算法来实现。该算法通过测量小车当前位置和目标位置之间的误差，计算出控制信号,从而调整小车电机的转速和方向,使得小车能够直线行驶或者按照设定的曲线路径行驶。具体实现过程涉及同时测量和更新两个电机的转速,计算控制信号(包括比例项、积分项和微分项),将控制信号作为电机控制器的输入,进行转速和方向的调整,重复执行上述步骤直到达到目标位置。在实际应用中,还需要考虑路面不平、电机转速不稳定等因素,需要通过实验和调试来优化 PID 参数,以达到更好的控制效果。嵌入式小车多电机直线行驶通常采用 PID 控制算法来实现。该算法通过测量小车当前位置和目标位置之间的误差,计算出控制信号,从而调整小车电机的转速和方向,使得小车能够直线行驶。

具体实现过程是首先测量小车当前位置和目标位置之间的误差,即小车偏离目标路径的距离。再根据误差大小计算出控制信号,根据所使用的 PID 算法不同,控制信号的计算方式也会有所不同,但一般包括 3 部分:比例项、积分项和微分项。其中比例项用于快速响应误差变化,积分项用于消除误差的累积效应,微分项用于减小误差变化的速率。再将计算出的控制信号作为电机控制器的输入,调整电机的转速和方向。转速和方向的控制方式也会根据实际情况而有所不同,可以采用 PWM 调制等方式进行控制。重复执行上述步骤,直到小车达到目标位置。需要注意的是,在实际应用中,还需要考虑各种外部因素对小车行驶的影响,比如路面不平、电机转速不稳定等因素,需要通过实验和调试来优化 PID 参数,以达到更好的控制效果。

9.5　本章小结

本章主要介绍了嵌入式控制与感知系统的相关知识。在传感器方面,我们讨论了不同类型的传感器和它们的应用场景,以及如何选择合适的传感器来采集需要的数据。在执行器方面,我们介绍了各种执行器的类型和其工作原理,并探讨了如何使用执行器来实现控制目标。此外,我们还介绍了嵌入式机器人轮胎的设计和应用。在控制技术方面,我们深入研究了 PID 控制器的原理和应用。我们讨论了如何根据实际应用场景选择合适的控制器。最后,本章强调了在嵌入式控制与感知系统中重要的实时性和可靠性,以及如何考虑这些因素来设计和实现一个高效的嵌入式系统。

通过本章的学习,读者可以深入了解嵌入式控制与感知系统的基础知识和实践技巧,并能够应用这些知识和技能来设计和开发有效的嵌入式控制与感知系统。

9.6　本章习题

1. 二值传感器的特点有哪些?
2. H 桥的作用是什么?
3. 能列举几个常见的嵌入式传感器和执行器,并分析其工作原理和应用场景吗?
4. 嵌入式机器人轮胎类型都有哪些?
5. PID 控制器是如何工作的?

第 10 章
两轮自平衡机器人

本章学习要点：

1. 掌握自平衡机器人系统的设计原理和方法；

2. 掌握 MPU6050 六轴传感器的使用；

3. 掌握自平衡机器人的基本原理。

移动机器人是机器人领域重要的组成部分，移动机器人的研究可以追溯到 20 世纪 60 年代，发展至今其研究领域包括轮式、腿式、履带式以及水下式机器人等。随着以 AI 为代表的新一代信息技术的发展，移动机器人得到快速发展，但移动机器人尚有不少技术问题有待解决，因此近几年对移动机器人的研究相当活跃。随着移动机器人研究不断深入、应用领域更加广泛，所面临的环境和任务也越来越复杂。机器人经常会遇到一些比较狭窄，而且有很多大转角的工作场合，如何在这种比较复杂的环境中灵活快捷地执行任务，成为人们颇为关心的一个问题。两轮自平衡机器人概念就是在这样的背景下提出来的。两轮自平衡机器人是一个高度不稳定两轮机器人，是一种多变量、非线性、强耦合系统，是检验各种控制算法的典型实验装置。同时由于其具有体积小、运动灵活、零转弯半径等特点，两轮平衡与机器人又将在军用和民用领域有广泛的应用前景。因此它适用于在狭小空间内运行，能够在大型购物中心、国际性会议或展览场所、体育场馆、办公大楼、大型公园及广场、生态旅游风景区、城市中的生活住宅小区等各种室内或室外场合中作为人们的中、短距离代步工具，具有很大的市场和应用前景。

本章主要阐述两轮自平衡机器人概况、原理、组成、设计与实现方法等内容。

10.1 两轮自平衡机器人概述

两轮自平衡机器人的相关研究始于 1987 年，由日本东京电信大学自动化系的 Kazuo Yamato 教授第一次提出类似的设计思想。1986 年，该国的 Kazuo Yamafu ji 教授突发奇想，设计了一个两轮同轴、重心位于机身上部的模型，在这个模型中，电机和控制芯片设计在上部，靠很多个陀螺仪来监测模型的姿态。受当时计算机和传感器技术的限制，Kazuo Yamafu ji 的两轮自平衡模型只能沿着事先设置好的轨道行驶。

  1995 年,美国人 Dean Kaman 发明了一种机器人,该机器人直到 2003 年 3 月才正式在美国上市。它的工作原理主要是建立一种与人体的平衡能力相似的,被称为"动态稳定"的平衡系统。该系统主要通过内置的精密固态陀螺仪、倾斜传感器以每秒 100 次的频率来判断车体姿态,测出驾驶者重心,然后由精密且高速的中央微处理器计算出适当的指令,最后通过驱动马达来达到动态平衡。该系统以每秒高频次的频率进行细微调整,不管什么状态和地形都能自动保持平衡。假设我们以站在车上的驾驶人与车辆的总体重心纵轴作为参考线,当这条轴线发生偏折时,系统会自动平衡。

  2002 年,美国人 Dan Piponi 设计的机器人只适用于平坦路线。同年,瑞士一个以 Felix Grasser 为主研的研究小组制作设计了一个钢结构的可以远程控制的两轮自平衡机器人,实验结果令人满意。美国科学家 David P. Anderson 研发的两轮自平衡机器人(图 10.1),可通过控制实现其本身的零半径回转,可适用于更为复杂的运行环境。

图 10.1 David P. Anderson 研发的两轮自平衡机器人

  2007 年,日本渡边亮教授设计了一种被称为 NXTway 的两轮自平衡车。如图 10.2 所示,车的结构和控制方法更加合理、更加精简,该车具有控制器,可以控制前进、后退、播放音乐等功能。

图 10.2 NXTway 的两轮自平衡车

  中国科技大学研制出了两轮自平衡代步电动车 Free Mover,如图 10.3 所示,它是一种左右两轮并行的具有自平衡能力的电动车,通过在车体内嵌入 CPU,采集平衡状态速度和加速度传感器的数据,根据系统数学模型添加控制算法,计算输出脉宽调制信号(Pulse-Width Modulation,PWM)来控制两个伺服电机的转矩,使车体保持平衡,并能够根据人体重心的偏移自动前进、后退及转弯等。

图 10.3　中国科技大学的两轮自平衡代步电动车

此外,台湾某大学设计的两轮自平衡机器人主要由两轮自平衡机器人车体、FPGA 及个人电脑 3 个部分所构成,摆杆、支架和电机构成两轮自平衡机器人的车体,左、右两轮子的前进后退维持车身部分的平衡,由 PC 机通过 AD/DA 卡对获取到的陀螺仪信号与电机编码器信号作处理后,输入 FPGA,通过 FPGA 运算,输出脉冲信号来控制电机的转速及正反转。控制方面,根据模糊理论设计的模糊控制器具有一定的进步性。

哈尔滨工业大学研究人员采用单片机作为主控芯片,并通过反射式红外传感器实现测量的车体倾斜角度。如图 10.4 所示,这些采集到的信息传输到主控芯片,信息处理后通过控制输出不同的 PWM 来控制机器人电机的旋转速度。

图 10.4　哈尔滨工业大学自平衡机器人

如今,以自平衡机器人为原理的自平衡产品已经得到了广泛的应用,国内研究在平衡机器人机械结构、控制系统等方面,尤其是应用方面取得了不断的发展。

10.2 两轮自平衡机器人原理

10.2.1 两轮自平衡机器人的直立控制

两轮自平衡机器人的直立状态类似倒立摆,在没有外力的作用下,具有高度的不稳定性,因而是一种经典的控制算法验证平台。倒立摆的例子在我们日常生活中也经常遇到。如图10.5 所示,人可以通过控制身体以及手的移动方向和速度,来保持手指尖撑住的直杆屹立不倒。在保持直杆平衡的过程中,人需要完成两个操作:一是人眼可以实时并准确地观测到直杆的姿态,二是手指能够根据直杆的姿态来迅速调整自身位置和速度。人通过眼睛去观察直杆将要倾倒的方向,然后通过大脑、眼睛和手的协同,改变直杆的方向和距离,使得直杆处于竖直平衡状态。两轮平衡机器人通过姿态传感器检测出姿态角并判断出将要倾倒的方向,再将姿态信息传递给中央处理器进行处理,最后中央处理器发出控制信号控制两轮自平衡机器人的两个电机实现加减速,以实现其动态平衡。

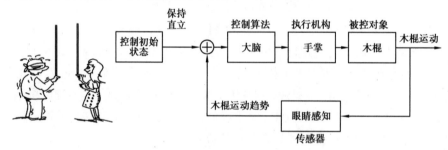

图 10.5　木棍直立的反馈调节系统

图 10.6 所示为自平衡机器人维持平衡的简单示意图,机器人在没有外力的情况下会向左倾或者右倾。当向右倾斜时,轮子向右加速,当给定适当的速度时,机器人恢复到竖直平衡状态。这个向右的速度是通过主控芯片来控制两轮自平衡机器人上的两个电机实现的。同理,当车身向左倾斜时,电机会给机器人向左的速度以保持平衡。两轮自平衡机器人除了能保持平衡,还可以通过左右电机转速的不同来实现转弯掉头控制。

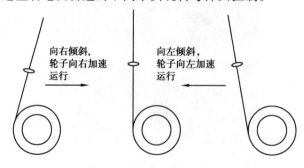

图 10.6　机器人保持平衡原理图

图 10.7 所示为自平衡机器人直线行驶与左右转行驶的原理图,两轮自平衡机器人左右两轮是两个电机独立控制的,两个电机的转速不同。当机器人直线行驶时,左右两个电机的转速相同,当两轮转速不同时,机器人会出现左右转向的情况,当左轮转动速度大于右轮转动速度时,机器人向右转向;反之,则向左转。

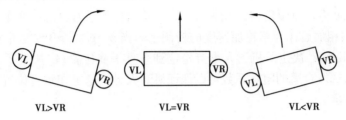

VL>VR　　　　　　VL=VR　　　　　　VL<VR

图 10.7　自平衡机器人直行与左右转原理图

10.2.2　两轮自平衡机器人的动力学模型

两轮自平衡机器人可以看成一个轮式倒立摆系统,当其进行直线运动时,通常可以使用简化的二维模型描述,其受力情况如图 10.8 所示。

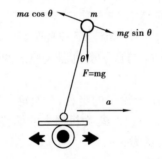

图 10.8　自平衡机器人受力分析

由图 10.8 可知,当机器人偏离平衡位置时,机器人会加速偏离平衡位置直到倒下。如果要使机器人像单摆一样稳定在平衡位置,则需要施加另外一个力,使得机器人的回复力与位移相反。为了实现机器人平衡,现实中,当机器人偏离平衡位置时,控制机器人向其倾斜的方向做加速运动,这样机器人就会受到一个额外的力,这个力与其轮子的加速度方向相反,大小成正比。此时,机器人受到的恢复力变为:

$$F' = mg \sin \theta - ma \cos \theta \tag{10.1}$$

当自平衡机器人达到平衡时,偏移角 θ 往往很小,因此,可以认为 $\sin \theta \approx \theta$,$\cos \theta \approx 1$,则式 (10.1) 可以表示为:

$$F' = mg\theta - ma \tag{10.2}$$

若机器人的加速度 a 与偏角 θ 成正比,比例为 k_1,那么 $a = \theta k_1$。当 $k_1 > g$(g 为重力加速度)时,回复力的方向便和位移的方向相反,机器人可保持平衡,式 (10.2) 可表示为:

$$F' = mg\theta - mk_1\theta \tag{10.3}$$

为了使能机器人能够尽快在垂直位置稳定,根据倒立摆的运动特性,还需要增加一个阻尼力,而增加的阻尼力的大小应与偏角的速度成正比,方向相反。于是,式 (10.3) 可以转换为:

$$F' = mg\theta - mk_1\theta - mk_2\hat{\theta} \tag{10.4}$$

根据以上控制方法,两轮机器人能够稳定在竖直方向上。因此,可得到控制车轮加速度的控制算法:

$$a = k_1\theta - k_2\hat{\theta} \tag{10.5}$$

式(10.5)中,θ 为车模倾角;$\hat{\theta}$ 为角速度;k_1, k_2 均为比例系数;k_1, k_2 两个参数的作用如图 10.10 所示。两项相加后作为车轮加速度的控制量。当 $k_1 > g$, $k_2 > 0$ 时自平衡机器人便能够保持直立状态。其中 k_1 决定了机器人维持稳定到垂直平衡位置;k_2 决定了机器人回到垂直位置的阻尼系数,选取合适的阻尼系数可以保证机器人尽快稳定在垂直位置。这两个系数的作用如图 10.9 所示。

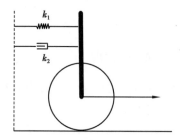

图 10.9 自平衡机器人控制两个系数作用

为了进一步讨论比例系数 k_1, k_2 与自平衡机器人稳定的关系,下面将通过对自平衡机器人建模来确定其应满足的条件。

如图 10.10 所示,r 为机器人两个轮子的半径,L 为轮子圆心到机器人中心的距离,外力干扰引起机器人产生的角加速度为 $\sigma(t)$,θ_b 为机器人的偏移角度,θ_w 为轮子转动的角度。于是,自平衡机器人运动方程可以表示为:

$$\frac{\partial^2\theta(t)}{\partial t^2} = g\sin\theta(t) - a\cos\theta(t) + L\sigma(t) \tag{10.6}$$

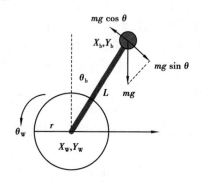

图 10.10 两轮自平衡机器人二维物理模型

自平衡机器人在保持平衡时,角度一般很小,一般小于 $10°$,因此,可以认为 $\sin\theta \approx \theta$,$\cos\theta \approx 1$,于是式(10.6)可以简化为:

$$L\frac{\partial^2\theta(t)}{\partial t^2} = g\theta(t) - a(t) + L\sigma(t) \tag{10.7}$$

当自平衡机器人保持平衡时,加速度 $a(t) = 0$,于是,式(10.7)可以表示为:

$$L \frac{\partial^2 \theta(t)}{\partial t^2} = g\theta(t) + L\sigma(t) \tag{10.8}$$

将式(10.8)进行拉普拉斯变换,则可以表示为:

$$Ls^2 = g\Theta(s) + L\Phi(s) \tag{10.9}$$

两边同时除以 $\Theta(s)$ 并移项,可得到平衡机器人保持平衡时的传递函数为:

$$H(s) = \frac{\Theta(s)}{\Phi(s)} = \frac{1}{s^2 - \dfrac{g}{L}} \tag{10.10}$$

此时系统具有的两个极点为:

$$sp = \pm\sqrt{\frac{g}{L}} \tag{10.11}$$

一个极点位于 s 平面的右半平面,因此机器人系统不稳定。由倒立摆模型可知自平衡机器人系统的加速度由自平衡机器人的倾角以及自平衡系统角加速度决定,所以在控制系统需要引入自平衡机器人倾角和角速度构成的比例微分反馈控制环节,如图 10.11 所示。

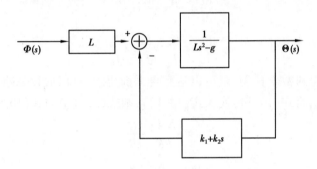

图 10.11　加入比例微分反馈后的系统框图

此时系统的传递函数为:

$$H(s) = \frac{\Theta(s)}{\Phi(s)} = \frac{1}{s^2 + \dfrac{k_2}{L}s + \dfrac{k_1 - g}{L}} \tag{10.12}$$

系统的两个极点为:$s_p = \dfrac{-k_2 \pm \sqrt{k_2^2 - 4L(k_1 - g)}}{2L}$。系统稳定的条件是两个极点都位于 s 平面的左半平面。因此,当 $k_1 > g$, $k_2 > 0$ 时,机器人能够在竖直方向上稳定。

10.2.3　直流电机的运动方程

两轮自平衡机器人的动力来源于直流电机,对平衡机器人加速度的控制,本质上是对电机的控制,因此研究电机运动方程是解决这一问题的关键所在。根据电子电路理论,直流电机线性模型如图 10.12 所示。

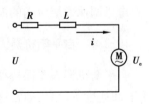

图 10.12　直流电机电路

根据基尔霍夫电压定律,该电路的微分方程为:

$$U_e + Ri + L\frac{di}{dt} = U \tag{10.13}$$

其中 U 为直流电机在回路的两端电压, U_e 为直流电机两端电压; i 为直流电机回路电流; R 为直流电机的回路电阻; L 为直流电机的回路电感。此时,电机线圈也同时会产生一个反向电动势,与线圈转速成正比,关系方程为:

$$U_e = K_e \omega \qquad (10.14)$$

其中, K_e 为直流电机的反电动系数; ω 为直流电机的转速。

在直流电机中,电机转矩输出与电流成正比,可以表示为:

$$T_m = C_m i \qquad (10.15)$$

其中, T_m 为直流电机在回路中有电流通过时产生的感应转矩; C_m 为直流电机的转矩系数。

根据牛顿第二定律 $F = ma$,电机轴的总转矩近似等于电机轴的加速度与负载转动惯量的乘积,可以表示为:

$$T_m - T_a = J_R \frac{dw}{dt} \qquad (10.16)$$

结合式(10.13)—式(10.16)可以得出电机运动的基本方程,如下所示:

$$\frac{di}{dt} = -\frac{R}{L}i - \frac{K_e}{L}\omega + \frac{U}{L} \qquad (10.17)$$

$$\frac{d\omega}{dt} = -\frac{K_m}{J_R}i - \frac{K_f}{J_R}\omega + \frac{T_a}{J_R} \qquad (10.18)$$

简化处理直流电机数学模型,就可以达到自平衡要求,可以假设忽略直流电机的电感 L 和电机摩擦 K_f,因此,将式(10.14)代入式(10.17),则式(10.17)与式(10.18)可以简化为:

$$i = -\frac{K_e U_e}{R K_e} + \frac{U}{R} \qquad (10.19)$$

$$\frac{d\omega}{dt} = -\frac{K_m}{J_R}i + \frac{T_a}{J_R} \qquad (10.20)$$

将式(10.19)代入式(10.20),当忽略直流电机的电感时,电流在线圈的电压也可忽略不计,进而电流趋向于一个稳定值,此时式(10.20)可以表示为:

$$\frac{d\omega}{dt} = \frac{K_m K_e}{J_R R} - \frac{U K_m}{J_R R} + \frac{T_a}{J_R} \qquad (10.21)$$

由式(10.21)可知,可以通过改变电机回路电阻 R、直流电机转动惯量 J_R 和直流电机在回路的两端电压 U,使得自平衡机器人可以加速到一个稳定的速度 ω,由于电压可以通过处理器输出 PWM 波形进行控制,实现无极调速,电机输出平滑性好,因此,通过控制电压调速的方法在电机调速领域应用的范围也更为广泛。

10.2.4 自平衡机器人运动姿态控制

自平衡机器人要保持平衡状态,需要通过传感器反馈位姿信息,比如,维持机器人平衡的倾角、角速度等信息,通常这些信息需要通过独立的传感器获得。随着传感器技术的发展,近年来,MPU6050 传感器越来越被广泛应用于各类平衡系统中。

MPU6050 是 InvenSense 公司的 MPU6050 作为主芯片,能同时检测三轴加速度、三轴陀螺仪(三轴角速度)的运动数据以及温度数据。利用 MPU6050 芯片内部的 DMP 模块(Digital Motion Processor,数字运动处理器),可对传感器数据进行滤波、融合处理,直接通过 I²C 接口向主控器输出姿态解算后的数据,从而大大降低了主控器的运算量。其姿态解算频率最高可达 200 Hz,非常适合用于对姿态控制实时要求较高的领域。常见应用于手机、智能手环、四轴飞行器、计步器等的姿态检测。MPU6050 传感器模块原理图如图 10.13 所示。

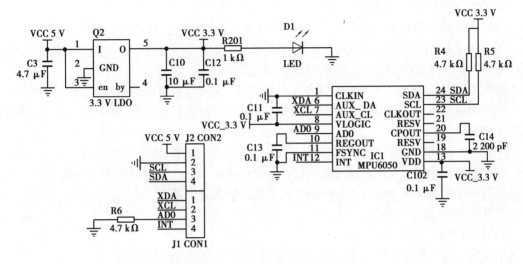

图 10.13　MPU6050 传感器原理图

图 10.13 中,MPU6050 模块引脚定义见表 10.1。

表 10.1　MPU 6050模块引脚定义

引脚序号	引脚名称	功能说明
1	V_{DD}	电源输入引脚(3.3 V/5 V)
2	GND	接地
3	SCL	I^2C 时钟信号引脚
4	SDA	I^2C 数据信号引脚
5	AUX-DA	I^2C 串行数据信号线,用于外接传感器
6	AUX-CL	I^2C 串行时钟信号线,用于外接传感器
7	AD0	从机地址设置引脚:接地或悬空时,地址为 0x68;接 VCC 时,0x69
8	INT	中断输出引脚

1)MPU6050 的主要特点

①以数字输出 6 轴或 9 轴的旋转矩阵、四元数(Quaternion)、欧拉角格式(Euler Angle forma)的融合演算数据。

②具有 131 LSBs/(°/sec)敏感度与全格感测范围为±250、±500、±1 000 与±2 000°/sec 的 3 轴角速度感测器(陀螺仪)。

③可程式控制,且程式控制范围为±2g、±4g、±8g 和±16g 的 3 轴加速器。

④移除加速器与陀螺仪轴间敏感度,降低设定给予的影响与感测器的漂移。

⑤数字运动处理(Digital Motion Processing,DMP)引擎可减少复杂的融合演算数据、感测

器同步化、姿势感应等的负荷。

⑥运动处理数据库支持 Android、Linux 与 Windows。

⑦具有运作时间偏差与磁力感测器校正演算功能,免除了客户另外进行校正的需求。

⑧带有以数位输出的温度传感器。

⑨以数位输入的同步引脚(Sync pin)支援视频电子影像稳定技术与 GPS。

⑩可程式控制的中断(interrupt)支援姿势识别、摇摄、画面放大缩小、滚动、快速下降中断、high-G 中断、零动作感应、触击感应、摇动感应功能。

⑪VDD 供电电压为 2.5 V±5%、3.0 V±5%、3.3 V±5%;VDDIO 供电电压为 1.8 V±5%。

⑫陀螺仪工作电流:5 mA;陀螺仪待命电流:5 A;加速器运作电流:350 A;加速器省电模式电流:20 A@ 10 Hz。

⑬具有高达 400 kHz 快速模式的 I^2C,和最高 20 MHz 的 SPI 串行主机接口。

⑭内建频率产生器在所有温度范围(full temperature range)仅有±1% 频率变化。

⑮封装小(4 mm×4 mm×0.9 mm QFN),可用于便携式产品。

2)MPU6050 常用寄存器

(1)电源管理寄存器 1(0X6B)

电源管理寄存器主要用于系统时钟源、温度、MPU6050 复位等设置。

Register (Hex)	Register (Decimal)	Bit7	Bit6	Bit5	Bit4	Bit3	Bit2	Bit1	Bit0
6B	107	DEVICE _RESET	SLEEP	CYCLE	—	TEMP _DIS	CLKSEL[2:0]		

其中 DEVICE_RESET 位用来控制复位,设置为 1 时,复位 MPU6050,复位结束后,MPU 硬件自动清零该位。

SLEEP 位用于控制 MPU6050 的工作模式,复位后,该位为 1,即进入了睡眠模式(低功耗),MPU6050 工作模式时,该需清零。

TEMP_DIS 位用于设置是否使能温度传感器,设置为 0,则使能温度传感器。

CLKSEL[2:0]用于选择系统时钟源,其时钟源的选择见表 10.2。

表 10.2 MPU 时钟源选择

CLKSEL[2:0]	时钟源
000	内部 RC 晶振(8M)
001	PLL,使用 X 轴陀螺作为参考
010	PLL,使用 Y 轴陀螺作为参考
011	PLL,使用 Z 轴陀螺作为参考
100	PLL,使用外部 32.768 kHz 作为参考
101	PLL,使用外部 19.2 MHz 作为参考
110	保留
111	关闭时钟,保持时序产生电路复位状态

注意:一般情况下,以陀螺仪的 X 轴为参考,所以设置为 001。

（2）陀螺仪配置寄存器（0X1B）

Register （Hex）	Register （Decimal）	Bit7	Bit6	Bit5	Bit4	Bit3	Bit2	Bit1	Bit0
1B	27	XG_ST	YG_ST	ZG_ST	FS_SEL[1：0]		—	—	—

该寄存器 Bit7~Bit5 主要用于传感器自测，一般不进行设置。而 FS_SEL[1：0]位用于设置陀螺仪的满量程范围：设置为 00 表示的范围为±250°/S；01 表示的范围为±500°/S；10 表示的范围为±1 000°/S；1 表示的范围为±2 000°/S；一般情况下，该位一般设置为3。因为陀螺仪的 ADC 为 16 位分辨率，因此，灵敏度为：65 536/4 000＝16.5LSB/（°/S）。

（3）加速度传感器配置寄存器（0X1C）

Register （Hex）	Register （Decimal）	Bit7	Bit6	Bit5	Bit4	Bit3	Bit2	Bit1	Bit0
1C	28	XA_ST	YA_ST	ZA_ST	AFS_SEL[1：0]		—		

加速度传感器配置寄存器主要的配置位为 AFS_SEL[1：0]，主要用于配置加速度传感器的满量程范围：00，±2g；01，±4g；10，±8g；11，±16g，一般情况下，该位被设置为 00，即±2g。

（4）配置寄存器（0X1A）

Register （Hex）	Register （Decimal）	Bit7	Bit6	Bit5	Bit4	Bit3	Bit2	Bit1	Bit0
1A	26	—	—	EXT_SYNC_SET[2：0]			DLPF_CFG[2：0]		

该寄存器主要用于数字低通滤波器的配置，配置位为 DLPF_CFG[2：0]，MPU 6050 中陀螺仪和加速度计的数字滤波都可以用该位配置，具体配置参数见表10.3。

表 10.3　配置寄存器 DLPF_CFG[2：0]配置参数

DLPF_CFG[2：0]	加速度传感器 Fs＝1 kHz		陀螺仪		
	带宽/Hz	延迟/ms	带宽/Hz	延迟/ms	Fs/kHz
000	260	0	256	0.98	8
001	184	2.0	188	1.9	1
010	94	3.0	98	2.8	1
011	44	4.9	42	4.8	1
100	21	8.5	20	8.3	1
101	10	13.8	10	13.4	1
110	5	19.0	5	18.6	1
111	保留		保留		8

(5)陀螺仪采样分频寄存器(0X19)

Register (Hex)	Register (Decimal)	Bit7	Bit6	Bit5	Bit4	Bit3	Bit2	Bit1	Bit0
1B	27	XG_ST	YG_ST	ZG_ST	FS_SEL[1:0]		—	—	—

该寄存器主要用于设置 MPU6050 的陀螺仪采样频率,计算公式为:

$$采样频率 = \frac{陀螺仪输出频率}{1+SMPLRT}$$

其中,陀螺仪的输出频率为 1 kHz 或 8 kHz,当 DLPF_CFG 设置为 0 或者 7 的时候,输出频率(F_s)为 8 kHz,其他情况是输出频率是 1 kHz。

10.2.5 卡尔曼滤波算法

1)卡尔曼滤波器

卡尔曼滤波器(Kalman Filter)是一个最优化自回归数据处理算法(optimal recursive data processing algorithm),它的广泛应用已经超过 30 年,应用领域包括航空器轨道修正、机器人系统控制、雷达系统与导航追踪等。

卡尔曼滤波器分两步实现:

①时间更新或预测;

②测量更新或校正。

时间更新(或预测)由式(10.22)和式(10.23)给出,列向量 $\hat{x}_k$ 表示在实际测量之前先验完成的状态变量 x 的估计。矩阵 $\boldsymbol{P}_k$ 是误差协方差的先验估计 $\boldsymbol{P}_k = \text{cov}(x_k - \hat{x}_k)$。

$$\hat{x}_k = \boldsymbol{A}\hat{x}_{k-1} + \boldsymbol{B}u_{k-1} \tag{10.22}$$

$$\boldsymbol{P}_k = \boldsymbol{A}\boldsymbol{P}_{k-1}\boldsymbol{A}^{\text{T}} + \boldsymbol{Q} \tag{10.23}$$

测量更新(或校正)由式(10.24)、式(10.25)和式(10.26)给出。式(10.24)中,矩阵 $\boldsymbol{K}_k$ 表示卡尔曼增益,是一个用于平衡预测值和真实值的状态变量,式(10.26)中计算的矩阵 $\boldsymbol{P}_k$ 是在时间 k 处的误差协方差,该误差协方差将用于预测式(10.23)中下一步骤的下一误差协方差。

$$\boldsymbol{K}_k = \boldsymbol{P}_{k-1}^{-}\boldsymbol{H}^{\text{T}}(\boldsymbol{H}\boldsymbol{P}_k^{-}\boldsymbol{H}^{\text{T}} + \boldsymbol{R})^{-1} \tag{10.24}$$

$$\hat{x}_k = \hat{x}_{k-1}^{-} + \boldsymbol{K}_k(z_k - \boldsymbol{H}\hat{x}_k^{-}) \tag{10.25}$$

$$\boldsymbol{P}_k = (\boldsymbol{I} - \boldsymbol{K}_k\boldsymbol{H})\boldsymbol{P}_k^{-} \tag{10.26}$$

卡尔曼滤波算法基本上由计算公式[式(10.22)]和预测公式[式(10.23)]组成,卡尔曼滤波测量更新过程则是由式(10.24)—式(10.26)完成。

2)卡尔曼滤波用于传感器数据融合

对于 MPU6050 的陀螺仪来说,其测量输出结果 ω 可以视为由角速度真值 ∂ 和一个漂移偏差 b 构成,通过对 ∂ 积分可以得到倾角真值 θ,倾角 θ 和倾角角速度 ∂ 存在导数关系,θ 可以用来做一个状态向量,而陀螺仪漂移偏差 b 可以作为另一个状态变量,陀螺仪倾角测量真值 θ 和漂移偏差 b 的最新状态可以表示为:

$$\theta_{k+1} = \theta_k + (\omega_k - b_k)T + \omega_\theta \tag{10.27}$$

$$b_{k+1} = b_k + \omega_b \tag{10.28}$$

其中,ω 为陀螺仪角速度测量值,$\omega_k = \partial_k + b_k$,$T$ 为采样时间,ω_θ、ω_b 表示过程噪声,则状态方程

和测量方程可写为：

$$x_{k+1} = \begin{bmatrix} 1 & -T \\ 0 & 1 \end{bmatrix} x_k + \boldsymbol{\omega}_k \tag{10.29}$$

$$y_{k+1} = \begin{bmatrix} 1 & 0 \end{bmatrix} \boldsymbol{x}_k + \boldsymbol{\varphi}_k \tag{10.30}$$

其中，$\boldsymbol{x}_k = \begin{bmatrix} \theta_k \\ b_k \end{bmatrix}$，$\boldsymbol{\omega}_k = \begin{bmatrix} \omega_\theta \\ \omega_b \end{bmatrix}$，$\boldsymbol{\varphi}_k$ 为观测噪声。

状态更新方程为：

$$\hat{x}_k = A\hat{x}_{k-1} + B\omega_{k-1} \tag{10.31}$$

$$\boldsymbol{P}_k^- = A P_{k-1} A^{\mathrm{T}} + Q \tag{10.32}$$

式中 $A = \begin{bmatrix} 1 & -T \\ 0 & 1 \end{bmatrix}$，$\boldsymbol{B} = \begin{bmatrix} T \\ 0 \end{bmatrix}$，$\boldsymbol{Q}$ 表示过程噪声 ω_k 的协方差矩阵，即 $\boldsymbol{Q} = E\begin{bmatrix} \omega_k & \omega_k^T \end{bmatrix}$。

测量更新为：

$$K_k = \boldsymbol{P}_{k-1}^- \boldsymbol{H}^{\mathrm{T}} (\boldsymbol{H} \boldsymbol{P}_k^- \boldsymbol{H}^{\mathrm{T}} + \boldsymbol{R})^{-1} \tag{10.33}$$

$$\hat{x}_k = \hat{x}_{k-1}^- + K_k (z_k - H\hat{x}_k^-) \tag{10.34}$$

$$\boldsymbol{P}_k = (\boldsymbol{I} - \boldsymbol{K}_k \boldsymbol{H}) \boldsymbol{P}_k^- \tag{10.35}$$

式中 $\boldsymbol{H} = \begin{bmatrix} 1 & 0 \end{bmatrix}$，$\boldsymbol{R}$ 表示测量噪声的协方差矩阵，$\boldsymbol{R} = E\begin{bmatrix} \varphi_k & \varphi_k^{\mathrm{T}} \end{bmatrix}$，$z_k$ 表示加速计的测量输出值。

10.2.6　自平衡机器人的 PID 控制设计

PID 控制是指按偏差的比例、积分和微分进行控制。其调节实质是根据输入的偏差值，按比例、积分、微分的函数关系进行运算，运算结果用于输出控制。针对自平衡机器人的特点，可以使用双环 PID 控制实现机器人的平衡控制，其结构如图 10.14 所示，其中内环为速度环，速度环对编码器产生的脉冲转换得到实时速度信息，以该信息作为反馈量实现速度闭环控制。外环为姿态环，主要用于保持机器人倾斜角度为 0。通过数据融合后的机器人倾角最优值作为反馈量实现机器人姿态闭环控制。姿态闭环控制采用了 PD 控制器，利用卡尔曼滤波输出的机器人倾角和角速度的优化值来计算电机 PWM 信号的占空比，表达式为：

$$\mathrm{PWM} = K_{\mathrm{p}} \times \theta + K_{\mathrm{d}} \times \theta \tag{10.36}$$

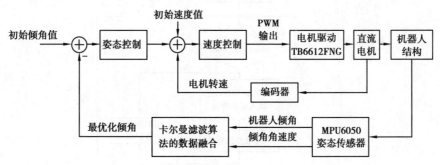

图 10.14　自平衡机器人双闭环 PID 控制算法

在姿态环和速度环的相互作用下，融合后的由主控制器输出给直流电机驱动模块的 PWM 信号可以表示为：

$$\mathrm{PWM}_{\mathrm{MCU}} = K_{\mathrm{p}} \times \theta + K_{\mathrm{d}} \times \theta + K_{\mathrm{p}S} \times V_{\mathrm{speed}} \tag{10.37}$$

10.2.7　自平衡机器人硬件设计

采用 STM32F407ZGT6 最小系统设计自平衡机器人，可以得到如图 10.15 所示的硬件整体设计框架图。其中 STM32F407ZGT6 控制器需要采集倾角、方向、角速度、速度等信息。根据这些信息的处理和计算，由控制器处理并输出 L。PWM 通过 TB6612 驱动模块控制左右两个直流电机所带动的驱动轮。

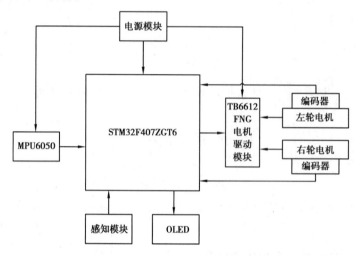

图 10.15　系统的硬件电路结构框图

10.2.8　自平衡机器人软件设计

自平衡机器人软件设计主要包括如下内容：各类外设驱动，系统时钟初始化，NVIC 中断初始化，定时器外部中断初始化，I^2C 驱动，PWM 外设驱动，陀螺仪 MPU6050 传感器、加速度传感器驱动，AD 驱动，卡尔曼滤波算法，系统的 PID 算法等。控制系统软件流程框图如图 10.16 所示。

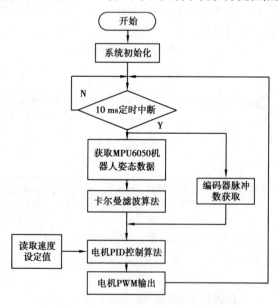

图 10.16　控制系统主程序流程图

10.3　本章小结

　　本章首先介绍了两轮自平衡机器人的发展概况,主要目的是帮助读者了解自平衡机器人的基本情况。其次介绍了两轮自平衡机器人的直立控制模型,这有利于读者进一步理解自平衡机器人的直立控制的原理。通过对自平衡机器人的动力学模型建模分析、直流电机的运动方程、自平衡机器人姿态控制、自平衡机器人 PID 控制的详细分析,进而了解自平衡机器人的构成原理,同时本章还从软硬件的角度讨论了自平衡机器人的设计与实现方法,通过上述内容的讨论,使读者理解了机器人系统的基本构成和设计方法。

10.4　本章习题

1. 构建动力学模型,分析自平衡机器人保持稳定的原理。
2. 简述卡尔曼滤波的实现过程。
3. 简述自平衡机器人闭环 PID 控制算法。
4. 简述自平衡机器人的基本构成。

第11章

三轮全向移动机器人

本章学习要点：

1. 掌握三轮全向机器人的基本设计；

2. 掌握三轮全向机器人的运动学原理；

3. 掌握基于 ROS 的三轮全向机器人移动控制。

三轮移动机器人由 3 个轮子或轮子组合的底盘控制移动。这种机器人通常用于室内环境，例如办公室、仓库或家庭。它们可以用于各种任务，例如巡逻、运输、清洁、监控等。三轮移动机器人的优点之一是它们的机动性，它们可以在狭小的空间中转弯和移动，使它们能够适应不同的工作环境。此外，它们通常比四轮机器人更轻巧灵活，因此更适合需要快速移动和机动性的任务。三轮全向移动底盘因其良好的运动性并且结构简单，近年来备受欢迎。3 个轮子互相间隔 120°，每个全向轮由若干个小滚轮组成，各个滚轮的母线组成一个完整的圆。机器人既可以沿轮面的切线方向移动，也可以沿轮子的轴线方向移动，这两种运动的组合即可实现平面内任意方向的运动。

本章主要阐述三轮移动机器人概况、原理与实现方法，另外还阐述基于 ROS 的三轮移动机器人的移动控制方法。

11.1　三轮全向机器人概述

三轮机器人是一种常见的机器人类型，它采用 3 个轮子作为运动基础。相比于四轮或更多轮的机器人，三轮机器人在空间利用、灵活性和能耗等方面有其独特的优势，因此被广泛应用于不同的领域。

11.1.1　三轮全向机器人发展现状

近年来，随着人工智能、机器视觉等技术的不断发展，三轮全向机器人在物流、清洁、配送等领域得到了广泛应用。同时，三轮全向机器人的功能和运动控制也在不断升级。

一般来说，三轮机器人通常由一个中央控制器和多个不同类型的传感器组成。中央控制器负责整个系统的运行和决策，而传感器则用于获取环境信息，例如距离、速度、方向等。这些信息可以帮助机器人进行自主导航和避障操作,从而实现预设任务或目标。

在工业领域,三轮机器人被广泛应用于物流和仓储管理。例如,在仓库内部,机器人可以通过内置的地图和定位系统,快速准确地找到存放货物的位置,并将其送至需要的地点。在物流领域,机器人可以帮助承担一些简单、重复性的工作,如搬运、装卸和分类等。

此外,在家庭服务领域,三轮机器人也有一定的应用前景。例如,在智能家居中,机器人可以通过内置语音识别和智能控制系统,根据用户的需求来完成各种操作,如调节室温、打开窗帘等。

除了上述应用领域,三轮机器人还可用于许多其他领域,例如医疗护理、环境监测、安防警务等。在医疗护理方面,机器人可以帮助护理人员进行一些简单的工作,如送药、记录病历等。在环境监测方面,机器人可以搭载传感器对空气质量、水质、温度等环境因素进行实时监测。在安防警务方面,机器人可以通过内置的摄像头和红外线等传感器,快速准确地发现异常情况,并及时向指定人员报警。

总之,三轮机器人是一种具有广泛应用前景的机器人类型。它可以帮助我们完成许多简单、重复性的工作,从而提高工作效率和生活质量。随着科技的不断发展,相信三轮机器人在未来还将有更广泛的应用前景,为我们的生产和生活带来更多便利和创新。

11.1.2　三轮全向移动机器人底盘设计分析

1) 全向轮

全向移动机器人是目前移动机器人领域研究的热门对象,具备完整约束,相比于具有常规轮子的移动机器人功能更强大,因为它提供了更好的机动性,具有在狭窄空间内转弯和朝着任何方向移动的能力。这些机器人可用于家庭服务,工厂的智能分拣,医疗服务等。

全向移动机器人具有良好的机动性全向轮,包括轮毂和从动轮,轮毂的外圆周处均匀装有轮毂齿,并且每两个轮毂齿之间装设有一个动轮,如图 11.1 所示。全向轮能够向许多方向移动,它既可以像一个正常的车轮直线滑动,也可以使用其滚轮侧向滚动,全向轮的移动和旋转可以很容易地控制和跟踪,并且可以控制轮子的转速达到想要的效果,无须润滑,轮子的维护和安装都是非常简单和稳定的。

图 11.1　全向轮

2）三轮结构模型

三轮全向移动底盘因其良好的运动性并且结构简单稳定，近年来备受欢迎。在如图11.2 所示的机械结构的设计中，3 个轮子互相间隔 120°，每个小滚轮在其切线方向的线连接在一起可以构成一个整圆。机器人移动时既可以沿着其轮面的切线方向，也可以沿着轮子轴线方向，这两种移动方式的组合就可以实现平面内向任意方向运动。

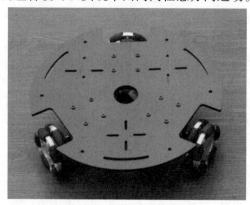

图 11.2　三轮结构模型

3）全向轮驱动

如图 11.3 所示为三轮全向机器人是启智机器人的底盘。在平面上移动的机器人都有前后、左右和自转 3 个自由度的运动，即在运动中的机器人的状态都由这 3 个参数来确定。如果移动机器在平面上沿着其任意方向移动时不用改变自身状态，那么机器人所具有的自由度为 3 个，在不打滑的情况下具有侧向移动的能力。三轮全向移动机器人属于一种特殊的轮式机器人，它可以在平面上任意方向直线移动，也可以在原地旋转任意的角度。可见，三轮全向移动机器人的运动非常灵活，可以在空间有限、对机器人的性能要求高的场合下工作。

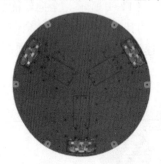

图 11.3　三轮全向机器人底盘

4）三轮全向机器人底盘设计分析

全向轮底盘大体上由 7 个部分组成：电机、减速机、承重轴承、联轴器、全向轮、驱动器、控制板，如图 11.3 所示为三轮全向轮底盘。设全向轮底盘加上承重后总质量为 m，假定地面的摩擦系数为 μ，重力加速度 g 为 9.8 N/kg，全向轮半径为 R，则单轮需要克服的摩擦力 F 为：

$$F = \frac{mg\mu}{3} \tag{11.1}$$

需要的最小输出扭矩 T 的计算公式为：

$$T = FR \tag{11.2}$$

全向轮底盘的电机通常是直流无刷电机或步进电机。这些电机提供动力,使车辆能够行驶和转向。要求每个电机上都要有里程计(编码器),目的是获得小车上每个电机的里程与比较粗糙的速度信息。为了控制电机,需要 2 ~ 3 个电机驱动。如图 11.4 所示是一个具有 L298N 逻辑的双路电机驱动,满足 3 个电机的控制要求。

图 11.4　双路电机驱动器

减速机的作用是将电机输出的高速转动转换为低速高扭矩。通过减速机,底盘可以获得更大的牵引力和更精确的控制。承重轴承位于全向轮和车辆底盘之间,帮助支撑和分担负载。承重轴承通常由球轴承或滚动轴承组成。联轴器连接电机和减速机,使它们能够顺畅地工作。联轴器还有助于减少振动和噪声,并延长机械部件的寿命。

驱动器接收来自控制板的指令,并将其转换为电机和全向轮的运动。驱动器通常由控制电路、功率放大器、传感器和电源组成。

控制板是全向轮底盘的中央控制单元,负责协调各个部件的运动。控制板接收来自遥控器或其他输入设备的指令,并将其转换为驱动器可以理解的信号。控制板还可以监测车辆的状态,并进行必要的调整。如图 11.5 所示为一个 STM32F407ZGT6 最小系统板。需要板上自带能提供 3.3 V 的 LDO,还有 3 ~ 4 个开关和两盏 LED,可以不需要 RTC 电池。

图 11.5　STM32F407ZGT6 最小系统板

机器人底盘最少需要一个 MPU6050 模块,一个 HMC5883L 模块。这是为了融合出机器人的 yaw 角即平面上机器人移动的偏角,这是 3 个机器人的状态变量之一。单独一个 MPU6050 测出的 yaw 角度会随着时间漂移,需要 HMC5883 磁力计矫正。另外可以根据需要在底盘集成一个到两个普通的超声波测距模块(如 HC-SR04),主要作为避障用。如图 11.6 所示的 GY-87 模块集成了 MPU6050,HMC5883,BMP180 的 GY-87 模块。

图 11.6　GY-87 模块

11.1.3　底盘软件设计分析

为贴合使用上位机系统学习,将三轮机器人底盘软件架构分为 3 个层级,即用户层、ROS 层、硬件层,ROS 的知识将在下文介绍。

①用户层:用户层是机器人控制系统的最高层,提供了友好的用户界面和操作方式。通过用户层,使用者可以灵活地设定机器人的运动速度、方向和目标点的坐标位置等参数,并且可以发送控制指令到 ROS 层进行处理。

②ROS 层:ROS 层是机器人操作系统中的核心层,它负责解析用户发送的控制指令并将其转换为底层硬件能够理解的信号。同时,ROS 层还负责接收来自底层 MCU 传递过来的传感器数据,并进行解析和计算,包括里程计数据融合、位姿估计等,从而实现对机器人运动状态的监测和控制。

为了更好地实现任务控制和路径规划等高级功能,ROS 层还提供了强大的算法支持和工具库,例如 SLAM(Simultaneous Localization and Mapping)、Navigation Stack 等。

③硬件层:硬件层是机器人控制系统中的底层层次,包括本体结构和传感器以及用于接受上层信息的 MCU 模块。底盘采用三轮全向轮结构,配备 BLDC 电机和承重轴承等部件,以获得更好的稳定性和负载能力。

④MCU 模块负责接收 ROS 层发送的控制信号,并将之转换为 PWM 信号,控制 BLDC 电机的速度和方向。同时,MCU 模块还负责采集传感器数据,例如激光雷达、摄像头等,并将数据发送到 ROS 层进行处理。通过硬件层的支持,机器人能够实现精确的运动控制和环境感知,从而更好地完成各种任务需求。

11.2　ROS 概述

ROS(Robot Operating System)是一个针对机器人应用的开源软件平台,它提供了一整套与机器人有关的功能模块、工具库和语言库,以及创建、编译、测试和部署机器人程序所需的基本工具,并且能够运行在不同平台和操作系统上。

在机器人中涉及很多传感器的使用,不同传感器有不同数据结构在机器人中扮演不同的角色。然而要实现这些数据为机器人所用需要复杂的计算和数据间通信,因此 ROS 采用一种分布式的架构,通过节点间的消息传递实现多个进程之间的通信。ROS 中最小的软件单元是节点(Node),一个节点可以包含一个或多个运行模块,每个模块被称为一个"Publisher"或"Subscriber"。节点之间可以建立话题(Topic)或服务(Service)通信方式,来实现信息交互。

此外在软件开发中,ROS 还提供了可视化工具集来帮助用户设计、测试和调试算法。RViz 是一款三维可视化工具,用于显示机器人的传感器数据和机器人的 3D 模型,从而检查和排除故障,后面我们也会使用到。另外,rqt 和 rqt_plot 都是 ROS 中常用的可视化工具,前者用于制图和调试,后者用于实时绘制消息数据的动态图。

除此之外,ROS 还提供了大量的软件包来支持机器人的运动控制、感知、导航、SLAM、模拟、仿真等任务,例如 move_base, gmapping, turtlebot 等。这些软件包可以直接用于机器人开发,也可以被扩展和重新实现。

虽然 ROS 在机器人领域的应用非常广泛,但它也存在许多挑战,例如分布式环境下的数据传输和处理、运行时效率问题等。因此,ROS 社区一直在努力解决这些问题,并推出新的版本和工具来改善用户体验。

11.2.1　ROS 安装

ROS 在 ubuntu(debian 系列)系统支持最好,下面介绍在 ubuntu18 上安装 ROS 的方法。

ROS 实际上并不是一个系统或者说不是一个操作系统,其只能运行于操作系统之上。安装 ROS 首先要安装系统 ubuntu18.04,ubuntu18 对应的 ROS 版本为 melodic。melodic 是 ROS 官方在 2018 年推出的,每一年 ROS 官方都会推出一个版本并命名。在偶数年份,他们推出长期支持版(LTS 版本)和 ubuntu 系统对应,奇数年份的版本不受长期支持,在一小段时间后会停止维护。

安装 ubuntu18 可以使用虚拟机安装和双系统等方法,虚拟机安装方式适用于大多数人。双系统或者直接安装 ubuntu18 到一台主机上虽然能够使用到系统的全部性能,但是对于初学者来说 Linux 系统可能会存在使用卡顿、错误无法处理和驱动安装困难等问题。建议初学者学习虚拟机安装,想深度学习 ROS,也可使用其他安装方式。虚拟机安装 ubuntu 系统步骤可以简单分为 3 个部分:

①获取系统镜像文件,文件可以在各大国内镜像网站获取。

②配置虚拟机参数,新建虚拟机选择稍后安装操作系统,选择创建 Linux 下的 ubuntu 系统,然后根据自身电脑情况配置其他参数。

③安装系统,在新建的虚拟机中配置启动的文件为下载的系统文件,然后启动虚拟机开

始安装系统,根据需要设置 ubuntu18 系统完成开机。

进入 ubuntu 系统开始安装 ROS 系统。参照官方教程安装 ROS。安装步骤如下:

(1)设置源文件 sources. list

在终端输入:

```
sudo sh -c'. /etc/lsb-release && echo "deb
http://mirrors. ustc. edu. cn/ROS/ubuntu/ ' lsb_release -cs' main" >
/etc/apt/sources. list. d/ROS-latest. list'
```

(2)设置秘钥

在终端输入:

```
sudo apt install curl # if you haven't already installed curl
curl -s https://raw. githubusercontent. com/ROS/ROSdistro/master/ROS. asc | sudo apt-
key add -
```

(3)安装 ROS

在终端输入:

```
sudo apt update
sudo apt install ros-melodic-desktop-full
```

(4)环境和依赖设置

在终端输入:

```
echo "source /opt/ROS/melodic/setup. bash" >> ~/. bashrc
source  ~/. bashrc
sudo apt install python-rosdep python-rosinstall python-rosinstall-generator python-wstool
build-essential
```

初始化环境:

```
sudo apt install python-rosdep
sudo ROSdep init
rosdep update
```

(5)测试

终端输入 roscore 运行成功,会显示 ROS 版本信息等。

11.2.2   ROS 基础

机器人本身是个复杂的学科,机器人研究上也有很多较大的区别。研究机器人识别、研究机器人自主能力和研究机器人情感能力等众多方面,会给机器人带来很大的各领域结合的挑战。ROS 在这方面做出了自己的贡献,自然其使用的系统软件构建带来的或者使用的计算机方面的概念会很多。下面简要介绍如何使用 ROS 和如何理解 ROS 的核心概念。

1)ROS 文件系统

ROS 的文件系统是由工作空间和包组成,一定程度上可以将二者其理解为程序软件包的集合和单个程序包,在工作空间下可以同时编译多个软件包或者单独编译一个。ROS 的工作空间是组织 ROS 项目文件的文件夹。这里 ROS 程序的编译使用的是 catkin,其是一个基于 Cmake 构建的编译工具,将 ROS 项目的源码编译成可执行的二进制文件。使用 catkin 作为编译工具的 ROS 工作空间主要包含 src 空间、devel 空间、build 空间、log 空间。

要创建使用 catkin 的工作空间,在 home 目录下打开新的终端,依次输入以下指令创建 catkin 工作空间:

```
mkdir -p tr_tutorial_ws/src
cd tr_tutorial_ws
catkin init
catkin build
```

ROS 的包组织了 ROS 应用中不同的功能模块,其位于 src 空间中,存放用户代码。ROS 包必须包括两个文件,(1) package. xml:包括了 package 的描述信息 name, description, version, maintainer(s), license, authors, dependencies, plugins 等;(2) CMakeLists. txt:构建 package 所需的 CMake 文件,调用 Catkin 的函数/宏,解析 package. xml,找到其他依赖的 catkin 软件包,将软件包添加到环境变量。

通过进入 src 空间创建 ROS Package,使用以下命令创建 ROS Package:

```
cd src
# catkin_create_pkg <new_package_name> <package_deps>
catkin_create_pkg topic_demo rospy std_msgs
```

通过以下指令可以安装整个 src 空间中所有的 Package 所需的依赖:

```
cd <src space>
rosdep install --from-paths . --ignore-src -y
```

2)ROS 计算图

ROS 计算图级概念是理解 ROS 应用最重要的概念,可以认为 ROS 计算图是对运行时的 ROS 应用的形象化表示。计算图(Computational Graph)是一种表示数学运算的图形模型,通常用于机器学习和深度学习中。在计算图中,节点表示算术运算,边缘则代表数据流动。通过计算图,可以直观地表示出复杂的数学公式和神经网络。

在 ROS 软件设计的底层中,ROS 计算图由 ROS_comm 库实现,包含 Master,Node,Topic, Service,Parameter Server 等概念的实现。

Master 是节点管理器,在整个网络通信架构里相当于管理中心;管理各个 Node,Node 首先在 Master 处进行注册,然后进入整个 ROS 网络;Master 引导各个相关节点建立直接的连接(数据的传输不经过 Master),实现分布式计算节点间的通信;ROS 程序启动时,第一步先启动 Master,随后启动 Node。在使用 ROS 时,输入 ROScore 即启动了 Master,这时使用 ROSrun 可以启动各个 Node。另外,直接运行 roslaunch,同时启动 Master 和 Node。

Node 是 ROS 的最小进程单元,通常一个 Node 负责机器人的某一个单独的功能,ROS Node 通过 Topic、Service、Action 进行通信,ROS Node 通常由 C++或 Python 实现。

ROS 中的 Topic 是一种重要的通信机制,用于实现不同 Node 之间的消息传递。它将不同的消息组织在一起进行传递,并由两个主要组件构成。第一个组件是 Publisher,用于生成消息并通过 ROS Topic 向其他 Node 传递。它通常被用于处理原始的传感器信息,如相机、编码器等。第二个组件是 Subscriber,用于接收来自其他 Node 通过 ROS Topic 传递的消息,并通过回调函数进行处理。它通常被用于监测系统状态,例如当机器人关节到达限位位置时,触发运动中断。因此,ROS Topic 作为消息传递的核心机制,对于实现 ROS 应用程序具有非常重要的意义。

Service 是一种 ROS Node 之间的通信方式。它使用请求-响应式的通信模型,而不需要频繁的消息传递,避免高系统资源的占用。只有在接收到请求时,服务才会被执行,这样实现了简单而高效的通信。Service 通常用于一对一的通信,其中每个服务都由一个节点发起,并由同一个节点进行响应。图 11.7 展示了 ROS Node Service 通信的过程,Client Node 和 Server Node 通过 request-response 的方式进行通信。

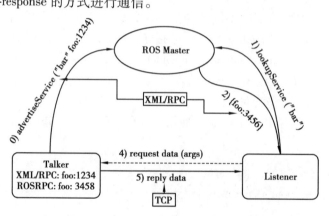

图 11.7　ROS Node Service 通信的过程

ROS Action 是一种适用于 ROS 机器人操作系统的通信机制,它使得多个节点可以协调完成一个长时间、异步的任务。ROS Action 可以看作一种更高级别的通信模型,相对于 ROS Service 而言,它提供了更为复杂的交互能力。

Parameter Server 是一种分布式系统架构,用于支持机器学习和深度学习领域中的大规模并行数据处理。在这种架构中,有两种类型的节点:Parameter Server 节点和 Worker 节点。Worker 节点负责执行算法推理或训练,并通过网络连接到 Parameter Server 节点以获取所需的参数。Parameter Server 节点存储和管理这些参数,并根据 Worker 节点的请求返回相关参数。在这种架构中,由于参数存储和管理都被放置在 Parameter Server 节点上,因此可以避免数据冗余和不一致性等问题。同时,由于 Parameter Server 节点可以集中控制参数的更新和同步,因此可以提高模型的训练效率和准确性。Parameter Server 架构已经成为大规模机器学习和深度学习应用的主流分布式计算解决方案之一,被广泛应用于工业界和学术界。

3) ROS 社区

ROS 社区是围绕 ROS 系统形成的一个活跃的社区,其成员来自学术界、工业界、个人爱好者等各种不同背景的人们,他们都致力于推进机器人技术的发展和应用。ROS 是一个完全开源的系统,用户可以自由地获取、修改和分享源代码。这使得用户可以快速获得相关的功能模块,并根据自身需求进行二次开发,从而极大地提高了开发的效率和质量。

ROS 社区拥有庞大的用户群体和贡献者,用户可以从中获取帮助、分享经验和交流思想。

社区还定期举办各种活动和会议,以促进交流和合作。因此,ROS 社区是一个对机器人方向的工程师和学者们来说非常有价值的资源。

　　总之,ROS 社区是一个非常活跃、开放和富有创造力的社区,它不仅为机器人领域的专业人士提供了丰富的资源和支持,也吸引了越来越多的新手加入机器人开发的行列中。

11.3　三轮全向移动机器人运动分析

　　移动机器人的运动学是研究机器人运动控制的基础,而轨迹跟踪是衡量移动机器人运动控制性能的重要评价指标。为了能够实现高精度的定位、制图、导航、规划等协助任务,需要对机器人的系统模型有足够的认识。

11.3.1　运动学建模

　　机器人的运动学是完成机器人运动控制的基础,通过解析运动学方程,可以将机器人中心点的位移转化为每个全向轮上各自的转动,从而得到机器人的位姿、速度以及单个全向轮转速之间的关系,有利于分析和解决问题。三轮全向轮底盘如图 11.8 所示,平面控制机器人移动一般只需线速度和角速度即可控制机器人完成各种移动行为。

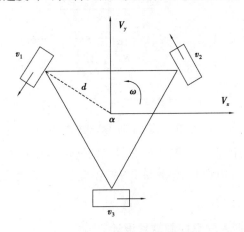

图 11.8　三轮全向底盘示意图

　　三轮机器人机身坐标系的原点与底盘几何中心保持一致,建立三轮全向底盘的运动学方程。其中 v_1、v_2、v_3(m/s)分别表示 3 个全向轮的线速度,d(m)为轮子中心底盘中心的距离,V_x(m/s)和 V_y(m/s)为底盘移动移动速度,一般也是机器人坐标系的速度,ω 为(rad/s)底盘的旋转角速度。

　　三轮全向底盘整体速度与 3 个轮子之间速度转换如式(11.3)所示:

$$v_1 = -V_x \sin \alpha - V_y \cos \alpha + \omega d$$
$$v_2 = V_x + \omega d$$
$$v_3 = -V_x \cos \alpha - V_y \cos \alpha + \omega d \qquad (11.3)$$
$$\alpha = \frac{\pi}{3}$$

通过矩阵的逆变换可以求得机器人中心的速度与全向轮线速度之间的关系,如下所示:

$$\begin{bmatrix} V_x \\ V_y \\ \omega \end{bmatrix} = \begin{bmatrix} -\dfrac{1}{3} & \dfrac{2}{3} & -\dfrac{1}{3} \\ -\dfrac{\sqrt{3}}{3} & 0 & \dfrac{\sqrt{3}}{3} \\ \dfrac{1}{3d} & \dfrac{1}{3d} & \dfrac{1}{3d} \end{bmatrix} \begin{bmatrix} v_1 \\ v_2 \\ v_3 \end{bmatrix} \tag{11.4}$$

机器人的自身坐标系与世界坐标系存在偏差,需要进行坐标变换才能对机器人进行运动控制,其坐标关系如图 11.9 所示。机器人在自身坐标系 $\{\alpha\}$ 上的位姿和速度投影到世界坐标系 $\{s\}$ 上,需要利用转换矩阵 $R(\alpha)$,若坐标系 $\{\alpha\}$ 上的速度向量为 $V_\alpha = [V_x, V_y, w]^T$,投影到坐标系 $\{s\}$ 的速度向量 $\mu = [V_x', V_y', \omega']^T$,两者满足公式(11.6)。

$$R(a) = \begin{bmatrix} \cos\alpha & \sin\alpha & 0 \\ -\sin\alpha & \cos\alpha & 0 \\ 0 & 0 & 0 \end{bmatrix} \tag{11.5}$$

$$V_a = R(\alpha) \cdot \mu \tag{11.6}$$

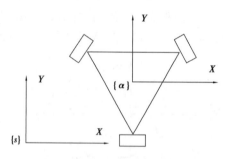

图 11.9　三轮全向底盘坐标变换图

得到运动学方程后,可以由上位机发布机器人的速度指令 $\mu = [V_x', V_y', \omega']^T$,然后根据运动学方程转换为全向轮附着电机所需要的 PWM 占空比,从而控制三轮全向移动机器人的运动。

11.3.2　三轮全向机器人底盘控制软件设计

这里控制底盘是发送速度指令 $\mu = [V_x', V_y', \omega']^T$,通过坐标转换后需要发送的速度指令是 $V_\alpha = [V_x, V_y, w]^T$,最终在底层硬件控制中需要将式(11.4)转换后得到如下所示 3 个轮子的移动量:

$$\begin{bmatrix} v_1 \\ v_2 \\ v_3 \end{bmatrix} = \begin{bmatrix} -\dfrac{1}{2} & -\dfrac{\sqrt{3}}{2} & d \\ 1 & 0 & d \\ -\dfrac{1}{2} & \dfrac{\sqrt{3}}{2} & d \end{bmatrix} \begin{bmatrix} V_x \\ V_y \\ \omega \end{bmatrix} \tag{11.7}$$

在控制底盘移动中需要许多下位机的其他设置,这需要根据具体使用的硬件进行软件设计。在此主要介绍根据三轮全向底盘的运动学控制底盘移动的主要部分。

电机控制需要配置 HAL 库,这里配置时钟树 48MH,开启 SYS — Debug Serial Wire,如果需要可以配置 NVIC。首先 main 方法中添加下面的代码完成 PWM 初始化。

```
/* USER CODE BEGIN 2 */
  /*电机代码*/
HAL_TIM_Base_Start(&htim2); //TIM2
  HAL_TIM_Base_Start(&htim3); //TIM3
  HAL_TIM_Base_Start_IT(&htim14);
  HAL_TIM_PWM_Start(&htim2, TIM_CHANNEL_1);      // TIM2_CH1(pwm)
  HAL_TIM_PWM_Start(&htim2, TIM_CHANNEL_2);      // TIM2_CH2(pwm)
  HAL_TIM_PWM_Start(&htim3, TIM_CHANNEL_1);      // TIM3_CH1(pwm)
  HAL_TIM_PWM_Start(&htim3, TIM_CHANNEL_2);      // TIM3_CH2(pwm)
  HAL_TIM_PWM_Start(&htim3, TIM_CHANNEL_3);      // TIM3_CH3(pwm)
  HAL_TIM_PWM_Start(&htim3, TIM_CHANNEL_4);      // TIM3_CH4(pwm)
  /* USER CODE END 2 */
  /* Infinite loop */
  /* USER CODE BEGIN WHILE */
  while (1)
  {
  /* USER CODE END WHILE */
  /* USER CODE BEGIN 3 */
  }
```

在 main 方法上面添加电机判断方法,判断电机是否正常工作:

```
void Motor_set(int id,int speed){
    switch (id){
        case 3: // MotorC
        if(speed > 0){
            __HAL_TIM_SET_COMPARE(&htim2, TIM_CHANNEL_1, speed);
            __HAL_TIM_SET_COMPARE(&htim2, TIM_CHANNEL_2, 0);
        }else{
            speed = speed * -1;
            __HAL_TIM_SET_COMPARE(&htim2, TIM_CHANNEL_1, 0);
            __HAL_TIM_SET_COMPARE(&htim2, TIM_CHANNEL_2, speed);
        }
        break;
        case 1: // MotorA
        if(speed > 0){
            __HAL_TIM_SET_COMPARE(&htim3, TIM_CHANNEL_1, speed);
```

```
                            __HAL_TIM_SET_COMPARE(&htim3, TIM_CHANNEL_2, 0);
            } else {
                    speed = speed * -1;
                    __HAL_TIM_SET_COMPARE(&htim3, TIM_CHANNEL_1, 0);
                    __HAL_TIM_SET_COMPARE(&htim3, TIM_CHANNEL_2, speed);
            }
            break;
    case 2: // MotorB
        if( speed > 0) {
                    __HAL_TIM_SET_COMPARE(&htim3, TIM_CHANNEL_3, speed);
                    __HAL_TIM_SET_COMPARE(&htim3, TIM_CHANNEL_4, 0);
            } else {
                    speed = speed * -1;
                    __HAL_TIM_SET_COMPARE(&htim3, TIM_CHANNEL_3, 0);
                    __HAL_TIM_SET_COMPARE(&htim3, TIM_CHANNEL_4, speed);
            }
            break;
        }
    }
```

添加底盘结算代码,添加方法传入车的 X 方向 Y 方向 w 方向(自 yaw)的速度解析每个轮的速度:

```
void Speed_Moto_Control(float vx, float vy, float vw)
{
        MotorA.set_speed    = (-1/2 * vx - sqrt(3)/2 * vy + L_value * vw);
MotorB.set_speed    = (vx + L_value * vw);
        MotorC.set_speed    = (-1/2 * vx + sqrt(3)/2 * vy + L_value * vw);
}
```

11.4 基于 ROS 的三轮机器人底盘控制

11.4.1 基于 ROS 的底盘节点

在 11.3.2 中,讲三轮全向机器人的控制时,没有输入速度信息,在一般情况下使用蓝牙或其他方法可以向底盘发送速度信息。在 Speed_Moto_Control( )函数中实现控制机器人移动。这里使用 ROS 设计底盘节点,接收来自用户端的速度控制信息,例如使用键盘控制或者遥控器控制。

在软件设计中只需要在控制电机速度的程序中加入 ros/ros. h 和 geometry_msgs/Twist. h

两个头文件,另外写一个接收速度信息的函数。下面给出主要设计过程,实际设计中还要考虑实时接收速度信息和转换。

```
void motor_control(const geometry_msgs::Twist& cmd_vel)
{
    vx = cmd_vel.linear.x * 100;
    vw = cmd_vel.angular.z * 100;
    vy = cmd_vel.linear.y;
    Speed_Moto_Control();
}
ros::Subscriber<geometry_msgs::Twist> sub1("/cmd_vel", motor_control);    //订阅
cmd_vel 话题的数据(方向话题)
```

11.4.2　上位机底盘控制节点

控制节点只需向/cmd_vel 发送速度信息即可,例如发送速度信息使机器人以 0.1 m 的速度一直前进的代码如下:

```
#include "ros/ros.h"
#include "geometry_msgs/Twist.h"
int main(int argc, char * * argv)
{
    ros::init(argc, argv, "velocity_publisher_node");
    ros::NodeHandle nh;
    ros::Publisher velocity_publisher =
nh.advertise<geometry_msgs::Twist>("/cmd_vel", 10);
    geometry_msgs::Twist vel_msg;
    vel_msg.linear.x = 0.1;
    vel_msg.angular.z = 0;
    ros::Rate rate(10); // 10 Hz
    while (ros::ok())
    {
        velocity_publisher.publish(vel_msg);
        rate.sleep();
    }
    return 0;
}
```

ROS 中需要创建包,例如:

```
catkin_create_pkg my_package roscpp geometry_msgs
```

该命令将在当前工作空间中创建一个名为 my_package 的新 ROS 包,并添加所需的依赖

267

项。接下来,需要创建一个名为 velocity_publisher_node. cpp 的 C++源文件,并将其保存在 my _package/src 目录下,填入上述代码。这将是我们用来发布速度信息的 ROS 节点。

上述代码将初始化一个名为 velocity_publisher_node 的 ROS 节点,并将 geometry_msgs:: Twist 消息类型发布到 /cmd_vel 主题中。在 while 循环中,我们使用 publish( ) 方法将速度信息发布到 ROS 主题,并使用 ros::Rate( ) 命令指定发布速率。

最后,需要在终端中运行以下命令来编译 ROS 包:

```
catkin_make
```

然后,运行以下命令来启动 ROS 节点:

```
rosrun my_package velocity_publisher_node
```

此命令将启动名为 velocity_publisher_node 的 ROS 节点,并开始将速度信息发布到 ROS 主题。底盘的 ROS 节点可以订阅该主题,并接收速度信息。

11.5　本章小结

本章主要介绍了三轮全向移动机器人的基本设计和 ROS 概述,并深入探讨了运动分析和底盘控制软件设计。在 11.1 中,讲述了三轮全向机器人的发展现状并对底盘设计进行了分析。通过运动学建模的方法,可以对机器人的运动进行精确计算,从而为底盘控制提供支持。然后阐述了如何安装 ROS 以及 ROS 的基础知识。本章详细讨论了三轮全向机器人运动分析的问题,包括运动学建模和底盘控制软件设计等方面。最后,介绍了基于 ROS 的三轮机器人底盘控制,并介绍了基于 ROS 的底盘节点和上位机底盘控制节点。最后,本章通过课后习题对所学知识进行了巩固和强化。

11.6　本章习题

1. 三轮全向机器人的发展现状是什么? 它们有哪些优势和应用场景?
2. 什么是 ROS? 如何安装 ROS? 请简要介绍 ROS 的基础知识。
3. 三轮全向移动机器人运动学建模的目的是什么? 如何进行运动学建模?
4. 如何设计三轮全向机器人的底盘控制软件?
5. 基于 ROS 的三轮机器人底盘控制的节点有哪些? 它们各自的作用是什么?

参考文献

[1] 严海蓉,李达,杭天昊,等. 嵌入式微处理器原理与应用:基于 ARM Cortex−M3 微控制器 (STM32 系列)[M]. 2 版. 北京:清华大学出版社,2019.

[2] 梁晶,吴银琴. 嵌入式系统原理与应用:基于 STM32F4 系列微控制器[M]. 北京:人民邮电出版社,2021.

[3] 张超. 嵌入式实时操作系统 FreeRTOS 原理及应用:基于 STM32 微控制器[M]. 北京:电子工业出版社,2021.

[4] 奚海蛟,童强,林庆峰. ARM Cortex-M4 体系结构与外设接口实战开发[M]. 北京:电子工业出版社,2014.

[5] 郭建,陈刚,刘锦辉,等. 嵌入式系统设计基础及应用:基于 arm cortex-M4 微处理器[M]. 北京:清华大学出版社,2022.

[6] 秦志强,彭刚. 移动机器人基础:基于 STM32 小型机器人[M]. 北京:电子工业出版社,2022.

[7] 刘火良. STM32 库开发实战指南[M]. 北京:机械工业出版社,2013.

[8] 冯新宇. ARM Cortex-M3 嵌入式系统原理及应用:STM32 系列微处理器体系结构、编程与项目实战[M]. 北京:清华大学出版社,2020.

[9] 赵柏山,吕瑞宏. STM32F4××嵌入式系统及通信接口开发案例[M]. 武汉:武汉大学出版社,2022.

[10] 薛磊. 二轮平衡机器人控制系统设计及实现[D]. 西安:西安电子科技大学,2020.

[11] 姜涛. 两轮自平衡移动机器人系统设计[D]. 哈尔滨:哈尔滨理工大学,2019.

[12] 黄嘉兴. 基于 STM32 的两轮平衡机器人设计[D]. 广州:广东工业大学,2019.

[13] 乔林. 两轮自平衡机器人控制策略研究[D]. 哈尔滨:哈尔滨工程大学,2019.

[14] 袁俊. 两轮自平衡机器人的建模、控制与实验研究[D]. 西安:西安电子科技大学,2014.

[15] 采长涛. 两轮小车自平衡控制系统的研究与设计[D]. 淮南:安徽理工大学,2018.

[16] 刘火良,杨森. STM32 库开发实战指南:基于 STM32F4[M]. 北京:机械工业出版社,2017.

[17] 郑亮,王戬,袁健男. 嵌入式系统开发与实践:基于 STM32F10x 系列[M]. 2 版. 北京:北京航空航天大学出版社,2019.

[18] 孙阳,辛颂,雷荣芳,等.双轮自平衡小车的动力学建模与分析[J].硅谷,2014,7(5):170-171.

[19] 张洋,刘军,严汉宇,等.原子教你玩STM32:库函数版[M].2版.北京:北京航空航天大学出版社,2015.

[20] 陆贵荣,张新,郝永梅.基于嵌入式传感器TSA G115的塑料模型内部温度测量系统研究[J].仪表技术与传感器,2017(12):63-66.

[21] 张磊,张进秋,岳杰,等.磁流变阻尼器嵌入式传感器设计[J].机械设计与制造,2012(6):269-271.

[22] 王敏,张芃,韩博,等.集成嵌入式传感器的设计[J].车辆与动力技术,2014(3):42-45.

[23] 惠小亮,张朦朦,李鹏豪,等.电调伺服驱动执行器嵌入式控制系统研制[J].内燃机,2020(5):13-18.

[24] 阮彬鑫.基于嵌入式的车轮动平衡检测系统的研究[D].阜新:辽宁工程技术大学,2013.

[25] 刘文,张建军.基于嵌入式控制技术的抗干扰设计思想[J].现代电子技术,2004,27(13):52-54.

[26] 梁俊宇,陈家斌.嵌入式控制技术在定位定向系统中的应用[J].中国惯性技术学报,2002,10(1):36-40.

[27] 吕彦卿.室内智能小车的轨迹跟踪控制研究[D].大连:大连理工大学,2020.

[28] 国子尧.基于嵌入式系统开发的智能小车控制方法研究与实现[D].保定:河北大学,2022.

[29] 黄国伟,林伟.基于嵌入式设备的自适应PID控制系统设计[J].电气开关,2020,58(1):21-25.

[30] 段科俊,马娅,李小丽,等.基于模糊PID控制的自动灌溉系统设计[J].农业装备与车辆工程,2023,61(5):24-27.

[31] 王兴松.Mecanum轮全方位移动机器人原理与应用[M].南京:东南大学出版社,2018.

[32] 丘柳东,王牛,李瑞峰,等.机器人构建实战:"创意之星"工程套件实践与创意[M].北京:人民邮电出版社,2017.

[33] 陈白帆,宋德臻.移动机器人[M].北京:清华大学出版社,2021.

[34] 熊蓉,王越,张宇,等.自主移动机器人[M].北京:机械工业出版社,2021.

[35] 王佐勋,王桂娟,颜安.两轮机器人的运动控制与应用研究[M].北京:中国纺织出版社,2019.

[36] 张军,余志强.基于ROS的室内巡检机器人多目标点导航研究与仿真[J].绥化学院学报,2023,43(6):141-144.

[37] 胡春旭.ROS机器人开发实践[M].北京:机械工业出版社,2018.